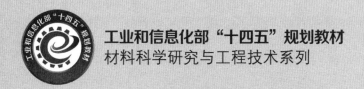

工业和信息化部"十四五"规划教材

材料科学研究与工程技术系列

微纳连接原理与方法

Principles and Methods of Microjoining and Nanojoining

田艳红 主编

内容提要

本书以当前集成电路芯片封装所出现的技术变革为背景,介绍了电子封装技术中所涉及的微纳连接方法、原理以及重要应用方向。系统介绍了:固相键合中的热压键合、超声键合和超声热压键合方法的原理;微软钎焊方法的原理、钎料合金和界面冶金;微熔化焊中的微电阻焊、微激光焊和微电子束焊;粘接方法和导电胶;先进封装互连方法,包括芯片键合方法、晶圆键合方法、三维封装硅通孔技术和多芯粒封装技术;纳米连接技术,包括纳米颗粒连接技术、纳米线连接技术、纳米浆料烧结技术和纳米薄膜连接技术,纳米连接在柔性电子器件中的应用;微互连缺陷与失效,包括电迁移失效、热疲劳失效、振动失效等。

本书作为电子封装技术专业的本科生教材,对从事电子封装工艺、互连材料、电子封装可靠性和其他相关领域的研究人员、工程师以及专业人员具有重要的参考价值,同时也可作为集成电路、材料科学与工程、机械工程、电气和电子工程学科研究生和高年级本科生的参考书。

图书在版编目(CIP)数据

微纳连接原理与方法/田艳红主编. —哈尔滨:哈尔滨工业大学出版社,2023.10
(材料科学研究与工程技术系列)
ISBN 978-7-5767-0858-5

Ⅰ.①微… Ⅱ.①田… Ⅲ.①微电子技术-纳米技术 Ⅳ.①TB383 ②TN4

中国国家版本馆 CIP 数据核字(2023)第 101673 号

策划编辑	许雅莹 宋晓翠
责任编辑	杨 硕 宋晓翠
封面设计	刘 乐
出版发行	哈尔滨工业大学出版社
社 址	哈尔滨市南岗区复华四道街 10 号 邮编 150006
传 真	0451-86414749
网 址	http://hitpress.hit.edu.cn
印 刷	哈尔滨市工大节能印刷厂
开 本	787mm×1092mm 1/16 印张 21.5 字数 484 千字
版 次	2023 年 10 月第 1 版 2023 年 10 月第 1 次印刷
书 号	ISBN 978-7-5767-0858-5
定 价	68.00 元

(如因印装质量问题影响阅读,我社负责调换)

前　言

微纳连接是焊接的一个特殊而重要的分支,在集成电路(Integrated Circurt,IC)封装与组装、微机电系统(Micro-Electro Mechanical System,MEMS)、医疗器械、仪器仪表、传感器、柔性电子等领域具有广泛而重要的应用。与传统焊接不同,微纳尺度的互连既是器件结构的一部分,也发挥着功能单元的作用。近年来,电子产品的微型化、高密度化以及多功能化使得封装互连的结构尺寸达到微米甚至纳米量级,要求精度也进入亚微米和纳米尺度,成为制约微电子系统性能的瓶颈。本书作为电子封装技术专业本科生教材,力求从电子封装领域的应用角度,针对不同微纳连接方法的原理进行阐述,并对最新涌现的连接方法和前沿应用进行拓展。

电子封装技术伴随集成电路的发明应运而生,主要功能是完成电源分配、信号分配、散热和保护,随着芯片技术的发展,封装技术也在不断革新。集成电路产业的黄金定律"摩尔定律"发展接近物理极限,芯片特征尺寸已经达到 3 nm 甚至更小,进一步减小特征尺寸将造成制造成本提高以及器件性能不稳定,因此先进封装技术将是"后摩尔时代"突破芯片制造技术瓶颈的关键。微纳互连是电子封装的核心技术之一,是实现从芯片到元器件乃至电子系统的桥梁,起到电气互连、机械支撑和散热的作用。微纳互连的质量直接决定了电子产品的可靠性。

电子封装中涉及的微纳连接方法非常广泛,包括固相焊、钎焊、激光焊、电阻焊、粘接、阳极键合、晶圆键合、纳米尺度连接等,而电子封装技术的发展日新月异,每年都会有新的电子器件结构产生,从而带来连接方法的变革。因此本书将针对这些连接方法的基本原理和理论、微纳尺度连接的特殊性进行阐述,并针对新兴的前沿领域如三维系统级封装中的晶圆键合、堆叠芯片三维互连新方法、柔性电子和智能传感器件中的纳米连接等最新方法的原理和应用进行归纳和介绍,期待本书能够填补电子封装技术专业关于微纳互连方面核心课程教材的缺失,为培养电子封装领域的专业人才提供全面和最前沿的教材。本书也可以作为集成电路、材料科学与工程、机械工程、电气和电子工程学科研究生和高年级本科生的参考书。

本书共分为 8 章。第 1 章绪论,主要介绍微纳连接技术的定义与内涵、微纳连接与电子工业领域的关系、微纳连接技术的重要意义;第 2 章固相键合原理与方法,主要介绍固相键合的定义及机理、热压键合、超声键合、超声热压键合等;第 3 章微软钎焊原理与方法,介绍微软钎焊方法原理、无铅软钎焊技术、无钎剂软钎焊技术、电子组装软钎焊方法等;第4章微熔化焊,介绍微熔化焊基础、微电阻焊、微激光焊接、微电子束焊等;第5章粘接,介绍各向异性导电胶粘接原理、各向同性导电胶粘接原理等;第6章先进封装互连方法,介绍芯片键合方法、晶圆键合方法、三维封装硅通孔技术等;第7章纳米连接技术,介绍纳米颗粒连接技术、纳米线连接技术、纳米浆料烧结技术,以及纳米薄膜连接技术等;第8章微互连缺陷与失效,介绍微互连缺陷和微互连失效等。

全书根据编者面向电子封装技术专业本科生核心课程"微纳连接原理与方法"授课的讲义进行编写,是编者自电子封装专业成立以来十余年的经验积累。本书的完成也离不开团队成员的付出和努力:第1章由田艳红编写,第2章由杭春进编写,第3章由陈宏涛、田艳红编写,第4章由张威编写,第5章由张威、文嘉玥编写,第6章由刘威、王晨曦编写,第7章由王尚、田艳红编写,第8章由安荣、冯佳运编写。田艳红对全书进行统稿、整理和校对。

本书的出版也得到了很多热心学者和同行的支持,团队中的博士研究生张贺、撒子成、马竞轩、王一平、王帅、吴卓寰、李庚、吴芃、关旗龙、温志成、康秋实等为本书的编写付出了辛勤的劳动,在此一并对大家的付出与支持表示衷心的感谢。

由于编者水平及经验有限,书中可能出现疏漏及不足之处,希望广大读者提出宝贵的意见和建议。

编 者

2023年6月

目　录

第 1 章　绪论 ····· 1
1.1　微纳连接技术的定义与内涵 ····· 1
1.2　微纳连接与电子工业领域的关系 ····· 4
1.3　微纳连接技术的重要意义 ····· 12
1.4　本书主要内容 ····· 14
本章习题 ····· 14
本章参考文献 ····· 14

第 2 章　固相键合原理与方法 ····· 16
2.1　固相键合的定义及机理 ····· 16
2.2　引线键合 ····· 20
2.3　Au 球键合可靠性问题 ····· 40
2.4　引线键合设备及质量控制 ····· 45
2.5　引线键合方法最新发展 ····· 57
本章习题 ····· 63
本章参考文献 ····· 63

第 3 章　微软钎焊原理与方法 ····· 65
3.1　软钎焊方法原理 ····· 65
3.2　无铅软钎焊技术 ····· 76
3.3　无钎剂软钎焊技术 ····· 84
3.4　电子组装软钎焊方法 ····· 88
3.5　微软钎焊界面反应 ····· 95
3.6　微软钎焊焊点的形态 ····· 107
本章习题 ····· 109
本章参考文献 ····· 109

第 4 章　微熔化焊 ····· 111
4.1　微熔化焊基础 ····· 111
4.2　微电阻焊 ····· 115
4.3　微激光焊 ····· 126
4.4　微电子束焊 ····· 138
本章习题 ····· 145

本章参考文献 … 145

第5章 粘接 … 147
5.1 粘接基础 … 147
5.2 导电胶 … 151
5.3 各向异性导电胶粘接机理与工艺 … 156
5.4 各向同性导电胶粘接机理与工艺 … 161
5.5 点胶与混胶 … 164
本章习题 … 166
本章参考文献 … 167

第6章 先进封装互连方法 … 168
6.1 芯片键合方法 … 168
6.2 晶圆键合方法 … 176
6.3 三维封装硅通孔技术 … 194
6.4 多芯粒封装技术 … 202
本章习题 … 212
本章参考文献 … 212

第7章 纳米连接技术 … 215
7.1 概述 … 215
7.2 纳米颗粒连接技术 … 216
7.3 纳米线连接技术 … 218
7.4 纳米浆料烧结技术 … 246
7.5 纳米薄膜连接技术 … 275
本章习题 … 280
本章参考文献 … 280

第8章 微互连缺陷与失效 … 283
8.1 微互连缺陷 … 283
8.2 微互连失效 … 294
8.3 总结 … 318
本章习题 … 318
本章参考文献 … 319

附录 部分彩图 … 321

第1章 绪 论

1.1 微纳连接技术的定义与内涵

1.1.1 微纳连接技术的定义

微纳连接是指微细材料的连接技术。当被连接的材料尺寸非常微细时,在传统焊接方法中可忽略的因素可能对连接过程和质量起到关键的作用。为适应这些作用的影响,需要设计新的连接方法。比如超细引线超声键合过程中氧化膜的变形和破碎、微细异种材料精密电阻焊时产生的极性效应、超薄多层材料钎焊过程中的溶解和扩散,以及微小焊点在大的电流密度下的电迁移以及焊点形态等,都会对微纳连接焊点的质量和可靠性产生重要的影响,因此在微纳连接过程中需要特殊的考虑并对连接方法和设备进行专门的设计。一般而言,微连接要求被连接材料某一维度的尺寸位于 $1\sim500~\mu m$,纳连接要求被连接材料某一维度的尺寸位于 $1\sim100~nm$。但其实,微连接与纳连接是十分宽泛的概念,并没有十分严格的定义。可以按照表1.1从被连接尺寸的角度对连接类型进行分类。

表1.1 按照被连接材料的尺寸分类

连接类型	宏观连接	亚毫连接	微连接	亚微连接	纳连接
尺寸范围	$\gg 1~mm$	$0.5\sim1~mm$	$1\sim500~\mu m$	$0.1\sim1~\mu m$	$1\sim100~nm$

微纳连接是焊接领域一个特殊而重要的分支,在集成电路封装与组装、微电子机械系统、柔性电子等领域具有广泛的应用,并发挥着关键作用。被连接材料十分微细,一些在传统焊接中虽然存在但不起主要作用或几乎可以忽略的因素,如溶解、扩散、表面张力、电子风力等,可能会在微纳连接过程中起到关键的作用,使得微纳连接具有显著的特殊性和尺寸效应。其特殊性主要体现在以下四个方面。

(1) 性能要求的特殊性。

力学性能是结构材料焊接中最为关注的指标,然而微纳连接多应用于电子工业界,电子产品往往需要完成信号的传输、处理转化等功能,因此微互连焊点会更加注重功能性要求,如导电性能、导热性能、电磁兼容性能等。电子产品中的焊点在使用过程中会承受电、热、振动等多种物理场载荷,性能极易发生劣化甚至失效,为了满足电子产品的长期稳定服役要求,焊点的可靠性也需要得到优先保障。

(2) 结构的特殊性。

一方面,出于对功能性要求的特殊考虑,微互连焊点的结构从力学角度可能不够合理,如图 1.1 所示,片式电阻和电容的焊点圆角存在尖状区域,这些尖状区域会存在应力集中,在后续的使用中经常会在这些尖状区域发生开裂,但是电子器件独特的焊接结构无法避免这种形态焊点的产生。另一方面,近年来随纳米材料、纳米器件的不断发展,先进的高密度电子封装中的互连结构已横跨纳－微－宏多级尺度、芯片－基板－印制电路板(Printed Circuit Board,PCB)－母板多级层次,因此,微纳互连工艺的开发必须考虑多级互连梯度连接材料和多层结构在热匹配方面的兼容性,如图 1.2 所示。

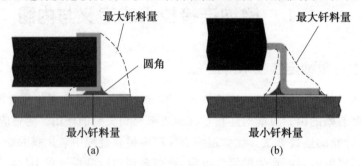

图 1.1　表面贴装焊点的不同圆角形态

图 1.2　先进电子封装中多尺度多级互连结构

(3) 工艺的特殊性。

微纳焊点尺寸微小精细,互连材料多为细丝,附着于基板表面的薄膜、厚膜等,互连界面承受的力、热等极易随时间变化,进而直接影响互连焊点的力学性能、电气信号传输及长期服役可靠性,因此需要连接方法精度高、过程快、能量输入能够精准控制。对于微纳连接中超细的薄膜结构,其溶解需要精确控制,其氧化膜的处理方式也需要特殊的设计。

(4) 原理的特殊性。

微纳连接极其微小的尺寸使得宏观尺度的金属冶金理论可能不再适用,传统焊接中材料的熔化、润湿、溶解、扩散等理论由于尺寸效应的存在可能会颠覆,需要发展新的微纳连接界面冶金理论。

微纳连接技术涵盖了材料、机械、物理、化学、电子等在内的多学科交叉内容,在本书内容中涵盖了材料性质、力学结构、连接方法、冶金原理、电学性能和可靠性等多方面的理论和方法,从材料、工艺、原理、方法和性能等,多角度、全方位地对微纳连接技术进行介绍,以期为电子产业及其他相关领域的发展提供参考。

1.1.2 微纳连接技术的分类

微纳连接技术可以从多种角度进行分类,如图 1.3 所示。按照上文所述的互连材料尺度,可分为微连接、亚微连接、纳连接。按照连接原理不同,可以分为微纳钎焊、微纳熔化焊和微纳固相连接。按照实现连接的外加能量场不同,可以分为微纳电阻焊接、微纳激光焊接、微纳超声焊接、微纳压焊以及多种能量场复合作用下的微纳连接技术,如热压微纳连接、超声热压微纳连接等。按照被连接材料的几何形状不同,可以分为微纳米颗粒连接、微纳米线连接、微纳米薄膜连接等。按照被连接材料是否为同质材料,可以分为同质微纳连接和异质微纳连接。

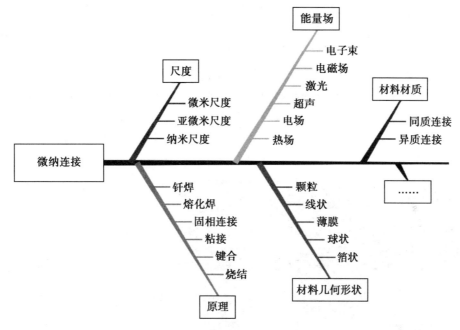

图 1.3 微纳连接技术分类
(注:本书中,固相连接称为连接,熔化焊称为焊接,其他为钎焊、键合、烧结)

1.1.3 微纳连接技术的起源

早在 20 世纪 50 年代,微连接的概念便已被提出。1957 年,美国贝尔实验室发现在热压的混合作用下,可以实现金属(如 Au、Cu、Ag 等)细丝与硅或者镓半导体之间的连接,因此提出引线键合技术,并提出了楔形键合和球形键合两种互连方式。引线键合技术最后也席卷了电子工业界,成为芯片级封装中最为主流的互连方式。1960 年,超声被引入引线键合技术,这也是目前引线键合最为主要的工艺方法。1996 年,加州大学伯克利分校的研究人员报道了基于碳纳米管异质结的纳米器件,这是目前关于纳米连接比较早的研究报道。

1.2 微纳连接与电子工业领域的关系

1.2.1 半导体集成电路领域

集成电路(IC)是一种微型电子器件或部件。它是采用氧化、光刻、扩散、外延、蒸镀、溅射等半导体制造工艺,把一个电路中所需的晶体管、二极管、电阻、电容和电感等元器件及布线互连在一起,制作在一小块或几小块半导体晶圆或介质基片上,然后封装在一个管壳内的具有所需电路功能的微型结构,其中所有元器件在结构上已组成一个整体,使电子元器件向着微小型化、低功耗和高可靠性方面迈进了一大步。集成电路是现代电子核心产业的基础,是5G通信、人工智能、物联网、云计算等领域发展的基石,是关系国家经济建设与国防安全的核心产业。

集成电路的发展历程中,有几次里程碑事件与微纳连接技术有关。如1947年,美国贝尔实验室的巴丁(Bardeen)、肖克利(Sockley)和布拉顿(Brattain)发明了晶体管,如图1.4所示,他们在第一个晶体管中,采用了热压连接技术,并获得了1956年的诺贝尔物理学奖。20世纪80年代,集成电路铜连接技术取代了传统的铝连接技术,可以兼顾性能和成本需求。

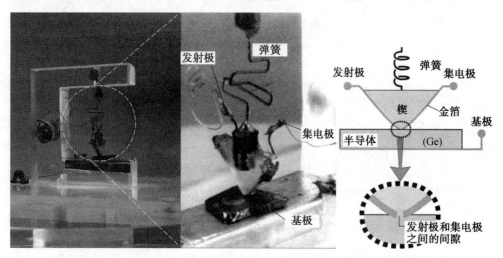

图1.4 世界上第一个晶体管

集成电路的发展主要来自三个方向的推动,即芯片设计、芯片制造及封装测试技术,这也是目前集成电路领域的三大支柱产业。

(1) 芯片设计。

芯片设计是指根据芯片的目的和功能,使用硬件描述语言(Hardware Description Language,HDL)和电子设计自动化工具(Electronic Design Automation,EDA)来规划、设计和验证芯片的电路图和逻辑结构。芯片设计需要考虑芯片的性能、功耗、面积、成本等因素,以及与制造工艺的兼容性。

(2) 芯片制造。

芯片制造是指将芯片设计转化为实际的物理结构,也就是在晶圆(wafer)上刻画出成千上万个相同的芯片单元。晶圆是由高纯度的单晶硅制成的圆形薄片,其直径可以从几厘米到几十厘米不等。芯片制造需要经过数百个工艺步骤,主要包括以下工艺过程,如图1.5所示。

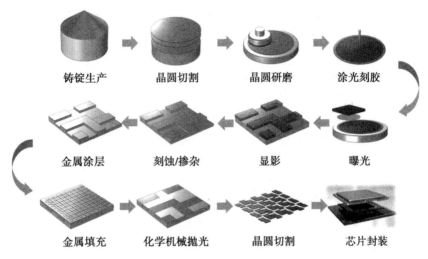

图1.5　芯片制造主要工艺流程

① 铸锭生产。铸锭生产是将高纯度的单晶硅制成圆柱形的硅锭,用于后续的晶圆切割。铸锭生产的方法有直拉法、区域熔化法、半连续铸造法等。

② 晶圆切割。晶圆切割是指将硅锭通过金刚石线锯法、内环式刀片法、激光切割法等方法切割成圆形的薄片,也就是晶圆。

③ 晶圆研磨。晶圆研磨是指将晶圆背面磨薄,达到封装需要的厚度,一般在$100\sim300~\mu m$之间。研磨可以提高芯片的散热性能和灵活性,也可以节省材料成本。研磨时需要注意控制研磨速度和压力,避免损伤晶圆或引入应力。

④ 涂光刻胶。涂光刻胶是指通过旋涂法、喷涂法、浸涂法等方法在晶圆表面覆盖一层光敏材料(photoresist),用于后续的光刻过程。

⑤ 曝光。曝光是指通过一张有特定图案的掩模(mask)照射紫外光(UV)到光刻胶上,使光刻胶发生化学变化,从而形成所需的图形。曝光是晶圆制造中最重要和最精密的工艺之一,它决定了芯片的尺寸和性能。曝光的方法有接触式曝光、投影式曝光、扫描式曝光等。不同的方法有不同的分辨率和对准精度,需要根据芯片的设计规则进行选择。

⑥ 显影。显影是指利用溶剂或碱性溶液去除掉曝光后变得可溶的光刻胶部分,留下所需的图形。

⑦ 刻蚀/掺杂。刻蚀是指利用湿法或干法,去除掉不需要的薄膜或材料,留下所需的图形。刻蚀需要精确地控制刻蚀速度和深度,以保证图形的质量和一致性。刻蚀的方法有湿法刻蚀、反应离子刻蚀(Reactive Ion Etching,RIE)、深反应离子刻蚀(Deep

Reactive Ion Etching,DRIE)等。

⑧ 金属涂层。金属涂层是指在晶圆表面形成一层或多层金属薄膜,用于构成芯片的不同部分,如电极、接触、互连等。金属涂层的方法有化学气相沉积(Chemical Vapor Deposition,CVD)、物理气相沉积(Physical Vapor Deposition,PVD)、电镀(electroplating)等。

⑨ 金属填充。金属填充是指利用金属涂层填充晶圆表面的凹槽或孔洞,形成平整的表面。金属填充可以提高芯片的电气性能和可靠性。

⑩ 化学机械抛光。化学机械抛光是指利用化学溶剂和机械摩擦,去除掉晶圆表面多余的材料,形成平整和光滑的表面。化学机械抛光可以提高芯片的平面度和清洁度,为后续的工艺提供便利。

⑪ 晶圆切割。晶圆切割是指将经过前道工艺加工的晶圆,切割成一个个单独的芯片颗粒(die,也称 chip)。晶圆切割的方法有金刚石线锯法、内环式刀片法、激光切割法等。

1.2.2　电子封装技术领域

图 1.5 中芯片制造最后一个步骤是电子封装与测试。电子封装与测试是集成电路领域发展的三个重要方向之一。电子封装是为基本的集成电路(如存储器、处理器等)建立互连和合适的操作环境的科学和技术,是一个涉及多学科并且超越学科的制造和研究领域。电子封装技术是沟通芯片内部电路与外部世界的桥梁,不仅起到安装、固定、密封、支撑、保护等结构作用,还起到电气联通、信号传输、增强散热等功能作用。电子封装技术包含一级封装、二级封装和三级封装三个层次。一级封装一般指利用金属、陶瓷、塑料等封装外壳封装成单芯片或多芯片组件的芯片级封装,二级封装一般指元器件组装到基板或者印制电路板的板级封装,三级封装指将二级封装组装到母板上,最终形成整机,如图 1.6 所示。

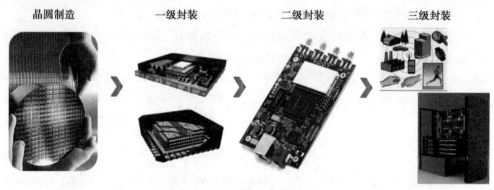

图 1.6　电子封装技术的不同层次

1.2.3　电子封装技术的发展历程

1965 年,戈登·摩尔(Gordon Moore)首次提出摩尔定律。这一定律并不是物理定律，而是一个经验规律。摩尔定律的具体内容为集成电路上可以容纳的晶体管数目每经过18～24个月便会增加一倍，换言之，处理器的性能大约每两年翻一倍，同时价格下降为之前的一半。这一定律也被称为集成电路领域的黄金定律，即硅晶圆上晶体管的特征尺寸不断下降，系统的集成度不断提高。

半个多世纪以来，摩尔定律不断推动着半导体器件的发展。目前，半导体制程已经来到了3 nm节点，正在朝向2 nm甚至更小的节点迈进，硅基微电子已经接近物理和经济成本的极限。各界纷纷猜测，摩尔定律不久将面临失效，半导体产业将进入"后摩尔时代"，如图1.7所示。后摩尔时代集成电路的发展内涵不再仅仅依赖于提升芯片的性能，而更多地依靠电路设计、系统算法优化以及先进封装技术，实现器件性能的提升。在这一技术路线中，先进封装技术的作用尤为突出，通过先进封装技术实现异质集成已成为后摩尔时代半导体行业的重要发展方向之一。

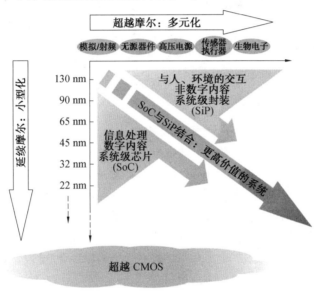

图1.7　摩尔定律与"后摩尔时代"

事实上，在集成电路的发展历程中，电子封装技术一直伴随着集成电路的发展而发展，同时也带来了连接技术的不断创新，三者相辅相成，互相推动。

电子封装技术的发展历程如图1.8所示，自1947年晶体管被发明以来，与之相对应的封装技术便应运而生。从封装形式来看，电子封装经历了通孔组装、表面贴装、先进封装三个主要阶段。通孔组装型是最早的封装形式，20世纪70年代前，坚固牢靠的直插式封装是当时的主流，英特尔的4004、8008处理器，均采用这一方式进行封装。它是通过将封装的引脚插入印刷电路板上的孔中进行安装，典型的代表有晶体管外形（Transistor Outline，TO）封装和双列直插封装（Dual In-line Package，DIP）。

随着封装密度的不断提高，电子封装技术逐渐从通孔组装型向表面贴装型转变，使得封装效率获得了显著提升，表面贴装技术被称为电子封装领域的一场革命。表面贴装型通过将封装的引脚贴在印刷电路板上进行安装，典型代表有小轮廓塑料外延引线

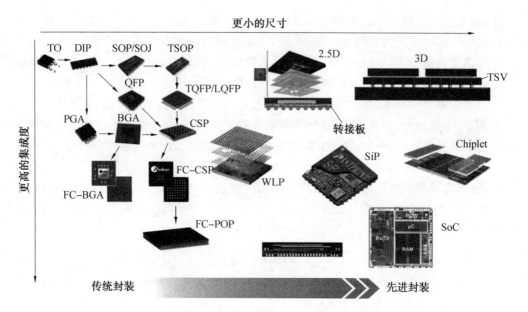

图 1.8 电子封装技术的发展历程

PGA—Pin Grid Array,针栅阵列封装;POP—Package on Package,封装上封装

(Small Out-line J-leaded, SOJ)封装、四边引脚扁平封装(Quad Flat Package, QFP)、球栅阵列(Ball Grid Array, BGA)封装和芯片级封装(Chip Scale Package, CSP)。其中,BGA是一种将芯片焊接在印刷电路板上的封装技术,它使用一排排的焊球作为连接器。BGA封装可以提高芯片的 I/O 密度,降低电阻和电感,提高信号完整性。采用BGA封装的芯片有:苹果的 A14 Bionic1、三星的 Exynos 21002、台积电的 28 nm FPGA3 等。芯片级封装(CSP)是一种封装尺寸不超过芯片本身1.2倍,必须是单芯片且可连接的封装技术。CSP可以进一步缩小芯片的体积,降低成本,提高可靠性。采用CSP的芯片有:苹果的 M1、三星的 LPDDR5、台积电的 InFO(Integrated Fan-out)等。这些封装形式具有体积小、引脚数多、电气性能好等特点,适应了集成电路密度和复杂度的提高。

后摩尔时代,以硅通孔(Through Silicon Via, TSV)技术为代表的先进封装技术成为学术界和产业界的关注热点。先进封装是指采用先进的设计思路和先进的集成工艺,对芯片进行封装级重构,并且能有效提高系统高功能密度的封装技术。现阶段先进封装主要是指倒装芯片(Flip Chip, FC)、晶圆级封装(Wafer Level Package, WLP)、2.5D封装、3D封装(3D IC)、片上系统(System on Chip, SoC)、多芯粒(Chiplet)封装、系统级封装(System in Package, SiP)等集成度更高、工艺更加复杂的封装结构。

(1)倒装芯片。倒装芯片是一种将芯片有源区面对着基板,通过芯片上呈阵列排列的钎料凸点(bump)实现芯片与衬底的互连技术。它可以缩短互连长度,提高电性能,增加 I/O 数量,提高可靠性和散热能力。它主要应用于计算类芯片,如 CPU、GPU等。英特尔的酷睿处理器 Core i9-11900K1、AMD的锐龙处理器 Ryzen 9 5950X、高通的骁龙处理器 Snapdragon 888 等芯片使用 FC 封装技术。

（2）晶圆级封装。晶圆级封装（WLP）是一种在晶圆上直接完成封装的技术，无须切割晶圆，可以利用现有的晶圆制备设备，缩短设计和生产周期，降低成本。它可以实现更小的封装尺寸、更高的集成度、更低的功耗。它主要应用于移动无线、LED、CMOS 图像传感器等领域。苹果的 A 系列处理器 A15 Bionic 和三星的 Exynos 处理器 Exynos 2100 芯片使用 WLP 技术。

（3）2.5D 封装。2.5D 封装是一种利用转接板（interposer，也称中介层）连接芯片并进行重新布线，再将硅转接板封装到基板上的技术。它可以提供更高的互连带宽和更低的互连延时，从而获得更高的性能。它主要应用于高性能计算、人工智能、5G 通信等领域。AMD 的 Radeon 显卡 Radeon RX 6900 XT、英特尔的 Ponte Vecchio 显卡 EMIB 芯片、三星的 I-Cube 芯片、英伟达的 Volta GPU-Tesla V100 等均采用了 2.5D 封装结构。

（4）3D 封装。3D 封装（3D IC）是一种通过单个封装体内多次堆叠，并使用硅通孔（TSV）或其他互连方案进行连接，实现存储容量的倍增，进而提高芯片面积与封装面积的比值的技术。它可以实现更小、更简单的电路，更大的带宽，更低的电容，更低的功耗。它主要应用于存储器、微处理器、微机电系统（MEMS）等领域。苹果的 A12 Bionic、三星的 HBM2E、台积电的 SoIC、索尼的 CMOS 图像传感器如 IMX586 等芯片采用 3D 封装技术。

（5）片上系统。片上系统（SoC）是将多个具有特定功能的集成电路组合在一个芯片上形成的系统或产品，其中包含完整的硬件系统及其承载的嵌入式软件。由于整合了多个集成电路，片上系统配置更加灵活，在性能和功耗方面优势更加明显，这一特性使得片上系统更能满足后摩尔时代的需求。华为的麒麟处理器 Kirin 810、820、990 等众多芯片均采用 SoC 封装形式。

（6）多芯粒（Chiplet）封装。多芯粒封装是一种将多种功能芯片，包括处理器、存储器等功能芯片集成在一个封装内，从而实现一个基本完整功能的技术。英特尔的 Lakefield 处理器 Core i5L16G7、AMD 的 EPYC 处理器 EPYC 7763 等芯片使用了 Chiplet 技术。

（7）系统级封装。系统级封装（SiP）是一种将一个或多个有源芯片及无源元器件整合在一个封装中的三维堆叠的技术，通过在芯片和芯片之间、晶圆和晶圆之间制作垂直导通，实现了芯片之间的高密度连接，缩短了互连长度和寄生参数。系统级封装技术可以提供更高的性能、更低的功耗、更小的体积和更灵活的设计。苹果的 Watch S6、三星的 PMIC、台积电的 CoWoS 系列芯片使用了 SiP 技术。

随着第三代半导体、人工智能、高性能计算、可穿戴电子、医疗电子以及物联网技术的不断发展，先进封装技术的需求与日俱增。先进封装技术可以实现异质异构集成，实现芯片封装的小型化和多功能化，进而推动电子产品的小型化和轻量化，降低电子产品功耗，提升带宽，减小信号传输损耗，降低先进节点研发和制造的昂贵成本，缩短电子产品开发周期，提升电子产品良率。与先进封装技术相关的关键材料、加工技术、特色工艺的研究是后摩尔时代需要重点关注的问题,是集成电路产业革新的重点方向,是探索后摩尔时代集成电路产业发展的重要途径。

总而言之,电子封装的发展历史反映了电子产品小型化、轻量化、高性能化的需求,也体现了微纳连接技术和封装形式的不断创新和进步。从有线连接到无线连接,从芯片级封装到晶圆级封装,从二维封装到三维封装,电子封装技术为半导体行业和电子信息产业的发展提供了强有力的支撑。

1.2.4 电子封装中的微纳连接技术

在电子封装工程所涉及的四大基础技术即薄厚膜技术、微纳连接技术、基板技术、封接与封装技术中,微纳连接技术实现了芯片到基板到系统的电器互连,是电子封装不可或缺的关键性技术。随着芯片尺寸不断减小,通过更先进的微纳连接技术实现封装器件内部的连接显得尤为重要,每一代封装结构革新的背后都有关键的微纳连接技术作为支撑。典型的连接技术包括引线键合(Wire Bonding,WB)、凸点连接(bumping)技术、硅通孔(TSV)等关键技术。

1. 引线键合

引线键合是最早的连接技术,它是通过超细的金属导线将芯片的焊盘连接到封装的引脚上。图1.9是在器件中采用引线键合将芯片上的引出端与引线框架上的引脚或封装基板上的焊盘相连接的示意图,这种连接结构广泛应用于传统封装结构中,如SOP、QFP、BGA封装结构等,在先进封装结构中也适用于引脚数较少的芯片连接。在带有引脚的封装器件中,封装好的器件将通过引脚与钎料焊接到PCB上,而在BGA器件中,将直接通过封装器件底部BGA焊球再流焊连接到PCB上,其连接原理如图1.10所示。这两种连接方式都是表面贴装方式。

图1.9 含有引线键合的封装器件

2. 凸点连接技术

凸点连接技术是一种基于定制的光掩模,通过电镀、蚀刻等环节在芯片上制作金属凸点的工艺,通过在芯片表面制作金属凸点提供芯片电气互连的"点"接口,是晶圆制造环节的延伸,也是实施倒装芯片(FC)封装工艺的基础及前提,广泛应用于FC、WLP、CSP、3D等先进封装结构中。凸点技术是诸多先进封装技术得以实现和进一步发展演化的基础,经过多年的发展,凸点制作的材质主要有金、铜、铜镍金、锡等,不同金

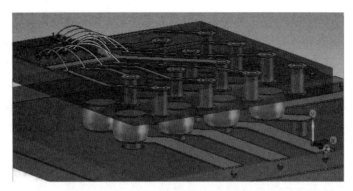

图 1.10　含有引线键合和 BGA 连接技术的封装结构

属材质适用于不同芯片的封装。根据多级互连凸点尺寸的不同,发展出了具有代表性的 C2(Chip Connection) 芯片连接和可控坍塌芯片连接(Controlled Collapse Chip Connection,C4) 技术。

3. 硅通孔

随着三维封装概念的提出,芯片堆叠程度进一步提高,硅通孔(TSV)连接技术应运而生,通过在芯片和芯片之间、晶圆和晶圆之间制作垂直金属通道,实现了芯片之间的高密度连接,缩短了互连长度和寄生参数。

这些微纳连接技术是实现从芯片到器件乃至系统的桥梁。

图 1.11 所示的三维系统级封装结构是一个代表性的先进封装结构,从中可以观察到很多典型的连接技术,通过硅通孔(TSV)技术实现芯片 3D 封装(3D IC)或者是多芯粒(Chiplet)封装,通过 C2 凸点实现芯片到转接板的倒装芯片(FC),转接板内通过再布线(RDL)层和硅通孔连接将芯片上的 I/O 焊盘重新分布到与封装引线相匹配的位置,进而通过 C4 凸点连接转接板与封装基板,最后通过 BGA 钎料球软钎焊实现电子元件到 PCB 的连接。这些互连结构可以为电子产品提供环境保护、热耗散通道、信号分配及电源分配等,对于电子产品的制造具有重要意义。

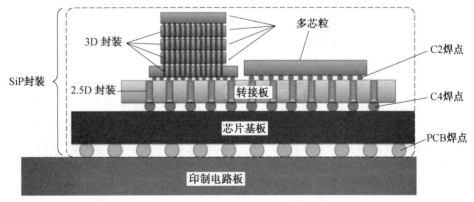

图 1.11　三维系统级封装结构的示意图

尽管微纳连接技术是电子封装中的重要技术,但是微纳连接技术的应用不仅仅局限于电子封装,在精密机械制造、仪器仪表制造、医疗器械制造等领域同样发挥着不可或缺的作用。金属 Cu、Ag 纳米线网络之间的纳米连接对于新兴柔性电子产品中高性能柔性透明导电薄膜的开发具有重要意义。总而言之,电子产业的快速发展急需微纳连接基础研究的支持,但也为微纳连接的发展带来了更多的新挑战。

1.3 微纳连接技术的重要意义

微纳连接技术是芯片封装乃至集成电路产业发展的关键一环,对于推动航空航天、医疗健康、信息通信等领域的发展以及人类的高质量生活具有重要意义。首先,微纳连接技术的进步可以推动封装技术的发展,进而促进集成电路技术革新和产业升级,是适应未来电子产品小型化、轻量化发展趋势的重要技术;其次,发展微纳连接技术是国家制造产业掌握自主知识产权核心技术的需要,可提高我国在封装测试领域乃至集成电路产业的自主创新能力和核心竞争力。

1.3.1 科学意义

微纳连接技术涉及材料、电子、物理、化学、微纳加工、力学等多门学科,需要综合考虑电场、热场、力场、磁场等多场耦合效应来发展微纳连接新材料、开发微纳连接新工艺、提升互连性能,进而优化器件性能,改善长期服役可靠性。因此,微纳连接技术的发展将为这些学科的理论和应用进步带来新的突破,具体表现为以下几点。

(1) 微纳尺度下的焊点将呈现新颖的微观和宏观的物理效应,在电场、热场和力场等单一及多种物理场耦合作用下面临着新的冶金机制和可靠性失效物理,需要发展新的理论和应用。

(2) 微纳连接技术将拓宽传统宏观尺度焊接冶金理论在微米甚至纳米尺度下的对界面原子扩散、溶解过程的理解,揭示在微纳尺寸下界面产物的形成、裂纹的萌生、晶格结构、位错移动对材料性能的影响规律。

(3) 微纳连接技术面向先进封装中的超细尺寸巨量互连,连接质量对电子传输、信号传递和电磁兼容具有重要影响,发展电子器件系统封装和集成的方法学和制造理论,是对传统电子学领域研究的重要扩展和补充。

(4) 微纳连接技术的发展有利于高精度电子器件乃至系统的制备,发展基于力、热、声、光、电等多种能场下器件的设计方法即性能评价、可靠性评价标准,利用先进的微纳连接技术赋予器件独特的性能。另外,微纳互连结构是电子器件结构的一部分,将直接决定器件的性能和可靠性,是造成器件失效的主要原因,因此,对于微纳连接技术的研究将有助于器件与系统可靠性的提升。

1.3.2 产业发展意义

封装测试行业是我国发展速度最快和最有成效的产业,在系统级封装(SiP)、晶圆级封装(WLP)等领域巩固优势的同时,逐步向上游行业拓展,推动了整个集成电路产业的发展。

作为电子封装中的关键制造技术,微纳连接的发展对我国航空、航天、信息、能源、医疗、国防等领域的进步都具有重要的推动作用,将在人工智能、人机交互、无人驾驶等领域的关键器件制备中发挥重要作用,如图1.12所示。经过数十年来的不断发展,微纳连接已经取得了一些显著的成果,在各行各业显现出了重要意义。这些创新成果主要包括新材料的研发,新技术的涌现,高电磁性能、可靠的互连结构的提出等,为电子封装乃至集成电路领域发展注入了新的活力。

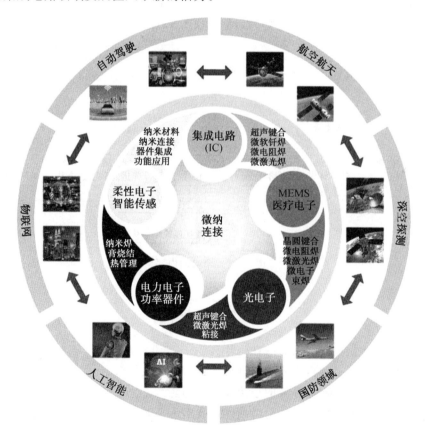

图1.12 微纳连接在不同领域中的应用

1.4　本书主要内容

本书着眼于面向电子工业界的微纳连接技术,共分为 8 章。第 1 章绪论,主要介绍微纳连接技术的定义与内涵、微纳连接与电子工业领域的关系、微纳连接技术的重要意义;第 2 章固相键合原理与方法,主要介绍固相键合的定义及机理、热压键合、超声键合、超声热压键合等;第 3 章微软钎焊原理与方法,介绍软钎焊方法原理、无铅软钎焊技术、无钎剂软钎焊技术、电子组装软钎焊方法等;第 4 章微熔化焊,介绍微熔化焊基础、微电阻焊、微激光焊、微电子束焊等;第 5 章粘接,介绍各向异性导电胶粘接机理、各向同性导电胶粘接机理等;第 6 章先进封装互连方法,介绍芯片键合方法、晶圆键合方法、三维封装硅通孔技术等;第 7 章纳米连接技术,介绍纳米颗粒连接技术、纳米线连接技术、纳米浆料烧结技术,以及纳米薄膜连接技术等;第 8 章微互连缺陷与失效,介绍微互连缺陷和微互连失效等。全书的内容框架如图 1.13 所示。

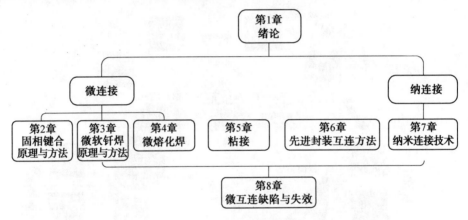

图 1.13　全书的内容框架

本章习题

1.1　微连接的定义及特殊性是什么?
1.2　电子封装的概念及其与微纳连接的关系是什么?
1.3　电子封装制造涉及的连接技术有哪些?
1.4　阐述摩尔定律发展为微纳连接技术带来的挑战。

本章参考文献

[1] 周运鸿. 微连接与纳米连接[M]. 田艳红,王春青,刘威,等译. 北京:机械工业出版社,2011.

［2］中国机械工程学会焊接学会. 中国焊接1994—2016［M］. 北京：机械工业出版社，2017.

［3］中国机械工程学会焊接学会. 焊接技术路线图［M］. 北京：中国科学技术出版社，2016.

［4］李晓延. 国际焊接学会(IIW)2021研究进展［M］. 北京：清华大学出版社，2022.

［5］WALDROP M. The chips are down for Moore's law［J］. Nature，2016，530(2)：145-147.

［6］图马拉，斯瓦米纳坦. 系统级封装导论：整体系统微型化［M］. 北京：化学工业出版社，2014.

［7］梁新夫. 集成电路系统级封装［M］. 北京：电子工业出版社，2021.

［8］杨东升，张贺，冯佳运，等. 电子封装微纳连接技术及失效行为研究进展［J］. 焊接学报，2022，43(11)：126-136.

第 2 章　固相键合原理与方法

固相键合是最古老的连接方法之一。早在明代宋应星《天工开物》中就有关于固相键合的记载:"凡焊铁之法,西洋诸国别有奇药。中华小焊用白铜末,大焊则竭力挥锤而强合之,历岁之久终不可坚。"根据美国焊接学会(American Welding Society,AWS)定义,最早出现的锻焊工艺利用铁锤锤打铁砧上的两种金属,使两者之间形成连接。在过去数十年中,随着新能量形式的出现,固相键合方法得到快速发展,一些新的固相键合工艺不断涌现,这些方法包括压力焊、扩散焊、摩擦焊、超声焊等。本章将首先介绍传统固相键合的定义和机理,进而介绍电子封装中固相键合的特殊性以及常用的引线键合方法,包括热压键合、超声键合以及超声热压键合,最后介绍引线键合过程在线质量检测方法,以及铜丝超声键合技术和超细引线键合技术。

2.1　固相键合的定义及机理

2.1.1　固相键合定义

焊接是指通过外加能量的方式(电弧、热源、电磁场、激光、超声、电子束、等离子束等),使两个分离的待焊材料表面达到原子间结合,形成永久性冶金连接的一种工艺方法。固相键合是指母材不需要经过熔化形成熔融金属以及重新凝固就能完成两者键合的工艺。固相键合工艺一般采用施加变形或热能的方法,促使两待焊金属表面之间产生紧密的接触从而形成可靠的连接。

固相键合工艺也被应用到微连接领域中,如超声键合、超声热压键合等一系列超声微连接技术。至今固相键合技术仍是芯片级器件互连中的主导技术,图 2.1 是 IC 制造中的引线键合技术。

 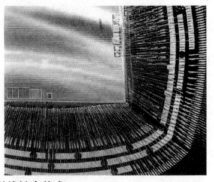

图 2.1　IC 制造中的引线键合技术

固相键合工艺通常包含两个阶段：加热阶段和施压阶段。首先，利用热量降低工件材料的屈服强度，使待焊材料在较小的施锻力作用下即可发生必要的塑性变形；其次，加热促进了待焊材料原子间的互扩散，促进了键合行为的发生。锻压力促使键合界面发生局部变形，克服接触表面粗糙度的影响，在待焊金属表面间形成紧密接触；同时能粉碎材料表面氧化膜层，促进原子间键合。键合完成后界面处残留的热能将进一步提高界面结合强度。

2.1.2 固相键合机理

固相键合机理如图 2.2 所示，包含工件待连接表面的变形机理、表面污染物溶解机理和界面结构均匀化机理。首先发生的是工件待连接表面的变形机理，在一定的压力下待连接表面相互接触，局部塑性变形使氧化膜破碎，界面产生微小的连接；随即发生表面污染物溶解机理，随时间延长，紧密接触的部位由于蠕变变形和扩散逐渐生长；在温度的作用下，扩散继续进行，污染物溶解，空隙逐渐消失；最终发生界面结构均匀化机理，待焊材料原子通过体积扩散，空隙完全消失，产生互相结晶，界面消失。

固相键合连接质量与工件待连接处的微观组织以及表面状况紧密相关。从微观角

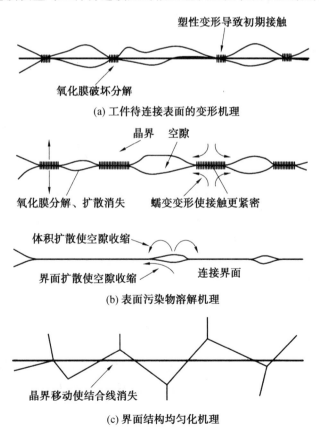

图 2.2 固相键合机理

度来看,键合表面为不规则形态,存在一定的表面粗糙度,同时表面还可能覆盖各种连续的脆性污染物层和氧化物层,这都会增加连接难度。图 2.3 是待连接工件表面结构示意图,键合表面从外至内分为四层,分别是:污染物层(气体吸附层和氧化膜层)、微晶组织、变形层(冷加工硬化层)和母材。

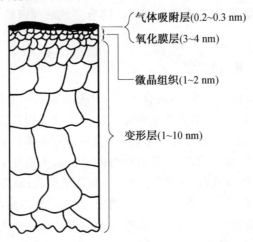

图 2.3　待连接工件表面结构(不含母材)示意图

污染物层通常为连续的脆性层,且结合面两侧金属表面污染物层成分互不相同,污染物层会对固相键合强度产生非常不利的影响。因此,在固相键合前需要去除两待焊金属表面的污染物层。对于有机污染物表面膜的去除比较简单,通过超声波或紫外线辐照方法就可以有效去除。去除表面氧化物层时需要考虑氧化物的性质,对于完全分解型氧化物,如 Ti、Ti 合金和无氧铜的氧化物,在连接的初期,界面氧化物分解并扩散到母材中,对键合质量无影响,可以不去除;对于部分分解型氧化物,如 Cu 和 Fe 的氧化物,氧化膜会在界面和空隙中凝聚并以夹杂物的形态残存下来,键合过程中氧化膜部分分解,氧原子向母材中扩散使夹杂减少,这类氧化膜层的去除较为困难;对于完全不分解型氧化物,如 Al 的氧化物,这类氧化物非常稳定,在扩散连接条件下不能分解消失,可以通过塑性变形方法暴露出清洁的 Al 表面,得到局部连接。

工件连接表面氧化物层的破碎是形成连接的必要条件,氧化物层的破碎可以通过施加表面接触应力的方法来实现。表 2.1 中列出了室温下一些常见金属及其氧化物的维氏硬度。一般来说,氧化膜的硬度越大,越表现出脆性。如图 2.4 所示,氧化膜与母材的硬度比值越大,在机械力的作用下氧化膜越容易破碎,例如,Al_2O_3 与 Al 的硬度比为 3,在键合界面施加 60% 左右的应变就可以使氧化膜破碎,实现固相键合。若表面氧化物层可以在母材中发生溶解,则不需要考虑键合过程中氧化物层的破碎问题。金属 M 的氧化物 M_xO_y 在金属 A 中的平衡溶解度积可以表示为

$$K_{eq} = Z/(C_M)^x (C_O)^y \tag{2.1}$$

式中　K_{eq}——平衡溶解度积;

　　　C_M——金属 M 在金属 A 中的浓度;

C_O—— 氧在金属 A 中的浓度；

Z—— 有关于活性系数的比例常数。

若 K_{eq} 很大，说明氧化物易溶解于金属 A 中，易形成固相键合；若 K_{eq} 很小，说明氧化物难溶解于金属 A 中，很难形成固相键合。

若氧化物为金属 A 的氧化物，平衡溶解度积可以表示为

$$K_{eq} = Z(C_O)^y \tag{2.2}$$

表 2.1 室温下一些常见金属及其氧化物的维氏硬度

金属种类	维氏硬度（HV）	氧化物	维氏硬度（HV）
Al	15	Al_2O_3	1 800
Cu	40	Cu_2O	160
Ag	26	AgO_2	135
Au	20	—	—

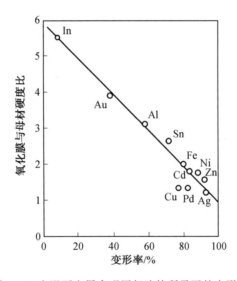

图 2.4 室温下金属实现固相连接所需要的变形率

待连接表面的粗糙度通过影响结合面接触影响固相键合行为。工件表面的凹凸越微细，结合面之间的扩散机制越起到主要作用，此时接触面主要发生横向移动，空隙消失越迅速。当工件表面的凹凸宽度较大时，结合面之间的扩散机制减弱，接触面附近空隙表面向接触面的移动起主要作用，使结合面生长。

除表面氧化膜、表面粗糙度等连接材料本身的因素会对键合过程产生影响外，固相键合工艺参数也会影响键合质量。固相键合的工艺参数主要包括：键合温度、键合压力和键合时间。键合温度的上升有助于金属原子的扩散；键合压力的提高有助于增加金属的塑性变形程度，增大接触面积；键合时间决定了键合过程发展的程度。

2.1.3 微电子封装互连中固相键合的特殊性

在常规固相焊如扩散焊过程中,不能使待焊材料发生大的塑性变形,界面表面粗糙度以及长时间加热加压产生的蠕变以及扩散起到重要的作用,如图 2.5 所示。

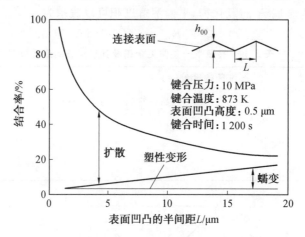

图 2.5 固相键合方法中各种因素所起的作用

在电子封装的引线固相键合过程中,其键合方法和机理则发生很大的变化,表现出以下特殊性:芯片上金属化薄膜厚度在微米数量级,硅片的光洁度极高;由于时间很短,蠕变变形几乎没有贡献;塑性变形所起的作用很小;常用键合材料如铝、铜表面氧化膜难以去除;键合通常在毫秒数量级完成,材料之间很难发生充分的扩散;为防止对硅片及电路的破坏,压力和温度要尽量低。因此在芯片封装引线键合过程中,可以考虑增加键合引线的变形、增加接触,去除氧化膜,或者施加超声能量、动态摩擦去除氧化膜;由于键合焊点并不需要很大的机械强度,因此可以不要求扩散过程完整。下面将针对芯片封装中的几种引线键合方法进行介绍。

2.2 引线键合

引线键合技术是最早发展起来的集成电路(IC)微连接技术。该技术具有可靠性高、散热性能好和成本低等优点,对各种电子器件封装需求具有良好的适应性,因此具有广泛的工业基础。

引线键合中采用的金属引线通常为直径十几到几百微米的 Au、Cu、Al、Pt 金属丝或者合金丝。引线键合的形式也多种多样,按照键合工具结构形式分类,引线键合可分为球形键合(ball bonding)和楔形键合(wedge bonding)。球形键合的键合工具为毛细管(capillary)劈刀,楔形键合的键合工具为楔形(wedge)劈刀。按照键合能量形式分类,可分为热压键合、超声键合、超声热压键合。

2.2.1 热压键合

热压键合是集成电路封装领域最早采用的工艺方法,是一种依靠键合工具施加压力和基板加热共同完成的键合技术,属于典型的固相连接方法。世界上第一根引线键合如图 1.9 所示,是 1947 年美国贝尔实验室采用热压键合方法制作出的。热压键合加热温度一般在 280~380 ℃ 之间,键合在 1 s 左右完成。热能所提供的金属活化能以及界面处原子间短程作用力促使界面完成键合过程。键合时,可采用加热平台对器件整体进行加热,也可采用加热劈刀(> 400 ℃)对待焊区域进行局部加热,还可采用加热劈刀与加热平台组合对器件共同加热。图 2.6 是 Au 丝热压键合过程示意图。首先利用电火花打火(Electronic Flame Off,EFO)使直径为 25~50 μm 的 Au 丝端头熔化形成自由空气球(Free Air Ball,FAB),随后用毛细管劈刀将 Au 球压焊在芯片 Al 焊盘上,形成键合点,最后将劈刀抬起,继续下一个循环。采用的键合参数如下:键合时间为 20~80 ms,键合力为 100 gf(1 gf = 10^{-3} kgf = 9.8×10^{-3} N),加热平台温度为 300~350 ℃,劈刀温度为 100 ℃。

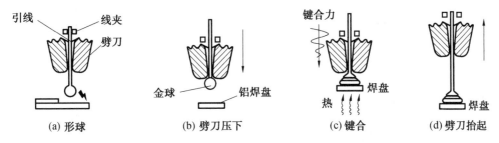

图 2.6 Au 丝热压键合过程示意图

可以实现热压键合的金属材料组合有如下几种:① 固态可以形成固溶体因而扩散良好的金属,如 Au—Ag、Au—Cu;② 相互间可以形成低熔点共晶的材料,如 Al—Si、Au—Si;③ 通过扩散可形成金属间化合物(Intermetallic Compound,IMC)的金属,如 Au—Al、Al—Cu。材料之间能否通过热压键合实现连接,首先要考虑材料的本质问题,这可以借助相图进行分析。热压键合金属材料相图如图 2.7 所示。

热压键合机理如图 2.8 所示。工件待键合表面在热和压力的共同作用下发生了很大的塑性变形,表面产生滑移线,滑移线的洁净表面呈阶梯状被压入镀膜 Al 焊盘,镀膜表面被切出相应的凹凸槽,表面氧化膜破碎,洁净表面相互接触,最后固相状态下原子相互扩散,实现连接。

相较于其他键合方法,热压键合对污染物层去除得不充分,对表面污染物十分敏感,只能使用氧化物层较少、氧化层去除相对容易的金属线(如 Au 线)进行键合,并且由于键合时间长、界面温度高,会对芯片造成损伤。因此,在微电子制造领域,热压键合技术逐渐被超声键合技术取代。

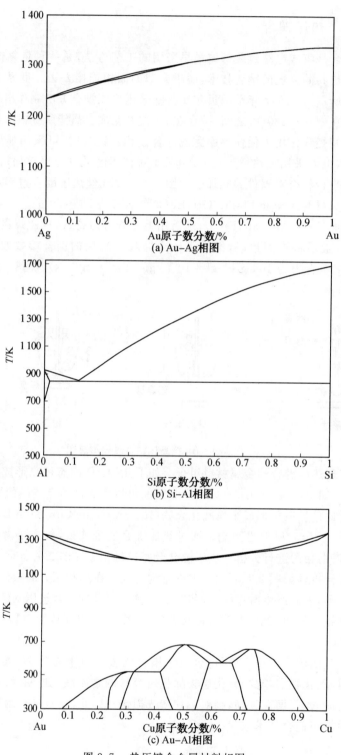

图 2.7 热压键合金属材料相图

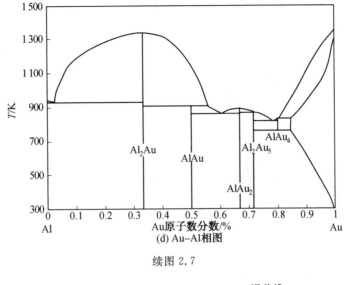

(d) Au-Al相图

续图 2.7

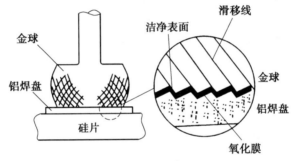

图 2.8　热压键合机理

2.2.2　超声键合

1978年,Winchell和Breg提出超声键合的概念:超声键合是在由楔形键合设备所提供的几种静态和动态外力共同作用下金属材料软化发生"流动"而形成的键合。超声键合过程中,超声波发生器产生超声频率的电能并通过换能器转换成超声频率的机械振动,然后由传能杆变幅并传递带动劈刀产生交变剪应力,同时在劈刀上施加一定的垂直压力,使被焊部位紧密接触。在垂直压力作用下金属丝和金属焊盘之间产生超声频率的相对摩擦。这种摩擦一方面消除金属丝和金属膜接触处的气体吸附层和氧化膜层,另一方面产生热量,使金属丝和金属膜发生塑性变形,获得两个纯净的金属面的紧密接触,发生原子间的扩散,形成牢固的冶金键合。

用于微电子引线键合的超声换能器如图2.9所示。其中,A是电能－机械能转换器,通常是一个压电器件,将超声电能转变为超声机械振动能;B是夹具,位于振动节点上,如果B位于振动节点以外位置上,超声能将传递到键合工具上而不是劈刀上;C是变幅杆,可以传递超声波机械振动能到劈刀上,具有改变超声振动振幅和速度的功能;

D 代表超声波幅值；E 是楔形劈刀，垂直于变幅杆。超声产生后沿着振幅杆长度方向以纵波形式传播，沿劈刀方向以横波形式传播。振动节点（振幅为零的位置）将出现在振幅杆或劈刀上。振动节点的数量和位置取决于超声振动频率和劈刀的形状。经过振幅杆和劈刀的传递，在劈刀的嘴部将出现振荡的切向位移运动。在装夹芯片和基板（引线框架）的平台上装有加热底座，由其提供键合过程中所需的热能。

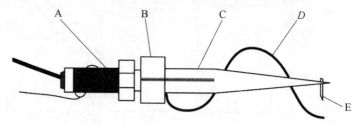

图 2.9　用于微电子引线键合的超声换能器

图 2.10 是楔形键合（超声键合）过程示意图。楔形键合过程中引线通过楔形劈刀背面的小孔实现穿丝，引线与芯片水平表面成 30°～60°。当楔形劈刀下降到 IC 键合区上时，劈刀将引线与键合区表面进行挤压，采用超声或超声热压辅助完成键合。具体键合过程为：① 引线夹闭合，劈刀带动金属引线高速运动，并在接近焊盘上方时减速至规定接触速度；② 施加键合压力和超声能量完成第一键合点的键合；③ 松开引线夹，垂直抬起劈刀，然后水平移动到第二个键合位置上方；④ 劈刀高速移动，并在接近焊盘上方

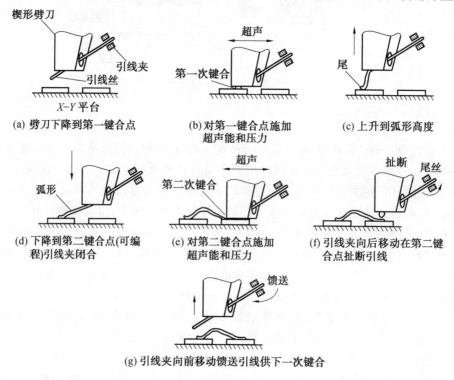

图 2.10　楔形键合（超声键合）过程示意图

时降速至规定接触速度;⑤ 施加键合压力和超声能量完成第二键合点的键合;⑥ 引线夹闭合,在劈刀背部半径方向移动,扯断金属引线;⑦ 劈刀抬起,同时引线夹推动引线至指定长度。

超声键合采用楔形劈刀进行键合,楔形劈刀结构示意图如图 2.11 所示。楔形劈刀广泛应用于 Al、Au、Cu 等金属的细丝、粗丝以及扁带(大功率器件封装)与金属焊盘的键合。超声键合应用实例如图 2.12 所示。超声键合可以在室温下进行,对器件无热影响。超声键合适合微波器件、混合电路、板上直接组装、陶瓷封装、多芯片封装特别是大功率器件的封装。其工艺参数主要包含垂直向下的压力和水平方向的超声振动。采用超声键合焊接的金属体系见表 2.2。

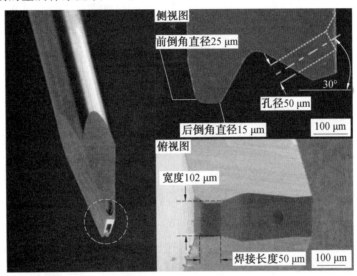

图 2.11　楔形劈刀结构示意图

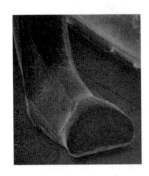 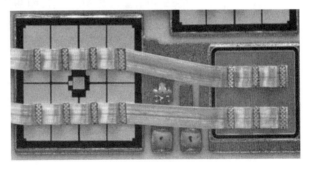

图 2.12　超声键合应用实例

表 2.2　采用超声键合焊接的金属体系

基板	金属镀膜	引线	
		金属线材料	直径或厚度范围 /in[①]
玻璃	Al	Al 线	0.002～0.01
	Al	Au 线	0.003
	Ni	Al 线	0.002～0.02
	Ni	Au 线	0.002～0.01
	Cu	Al 线	0.002～0.01
	Au	Al 线	0.002～0.01
	Au	Au 线	0.003
	Ta	Al 线	0.002～0.02
	Ni－Cr 合金	Al 线	0.002～0.01
	Ni－Cr 合金	Au 线	0.003
	Ni－Cr－Fe 合金	Al 线	0.002 5～0.02
	Pt	Al 线	0.01
	Au－Pt	Al 线	0.01
	Pd	Al 线	0.01
	Ag	Al 线	0.01
Al$_2$O$_3$	Ag 上镀 Cu	Cu 扁带	0.028
	Mo	Al 扁带	0.003～0.005
	Au－Pt	Al 线	0.01
	Mo－Li 合金上镀 Au	Ni 扁带	0.002
	Cu	Ni 扁带	0.002
	Mo－Mn 合金上镀 Ag	Ni 扁带	0.002
Si	Al	Al 线	0.01～0.02
	Al	Au 线	0.002
石英	Ag	Al 线	0.01
陶瓷	Ag	Al 线	0.01

注：1 in = 2.54 cm。

超声键合过程中金属丝变形的两个阶段如图 2.13 所示。第一阶段主要发生金属丝与金属化薄膜的摩擦过程，金属流动方向与超声振动方向平行；第二阶段开始时金属丝与金属化薄膜已经形成了部分连接，该阶段主要发生劈刀与金属丝之间的滑动过程，金属流动方向与超声振动方向垂直。Al 丝超声键合过程中 20 ms 附近存在一个拐点，是第一阶段和第二阶段的分界点，金属丝的总变形量通常由第二阶段决定。

对于不同的键合材料,两个变形阶段的时间将发生变化,连接的机理也不同。如图 2.14(a) 所示,Al 丝和 Au 膜键合时,由于摩擦系数小,丝与膜之间将发生长时间的相互摩擦,键合点中心部位有与超声振动方向平行的流动,而在其外侧有与超声振动方向垂直的流动。变形第一阶段长,第二阶段短。如图 2.14(b) 所示,Al 丝和 Al 膜键合时,由于摩擦系数大,滑动摩擦很快停止。键合点中心未连接,只在边缘发生连接。流动与超声方向垂直。变形第一阶段短,第二阶段长。

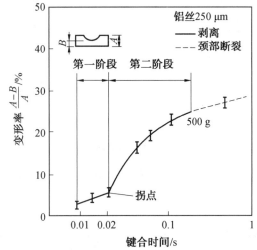

图 2.13 超声键合过程中金属丝变形的两个阶段

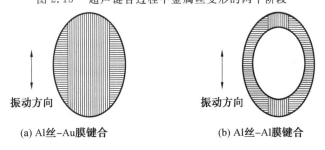

(a) Al 丝–Au 膜键合 (b) Al 丝–Al 膜键合

图 2.14 Al 丝－Au 膜键合和 Al 丝－Al 膜键合连接面示意图

金属丝变形特性与键合压力之间的关系如图 2.15 所示。超声键合过程中,金属丝变形特性与键合压力有关,施加的键合压力越大,丝与膜之间越易更早形成连接,且丝与膜相对滑动的第一阶段时间缩短。

由于超声键合过程无加热阶段且键合时间短,因此存在焊点扩散不充分而造成的焊点键合强度不高的问题。可以采用适当时间的焊后加热促进键合界面扩散解决该问题。图 2.16(a) 给出了焊后加热对超声键合点结合力的影响,焊后加热促进界面金属原子发生进一步扩散,键合点结合力提高。但是结合力不会随着加热时间的增加一直增加,图 2.16(b) 给出了键合点结合力与焊后加热时间之间的关系,可以看出焊后加热时间超过 30 min 时,结合力不再增加。焊后加热为超声键合提供了一种更优的工艺方案,即以较小的超声功率或较短的键合时间进行键合,通过焊后加热使键合点结合力提高。

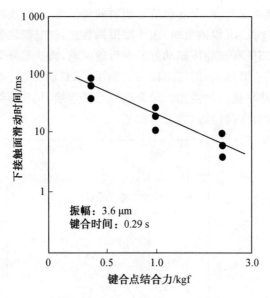

图 2.15 金属丝变形特性与键合点结合力之间的关系

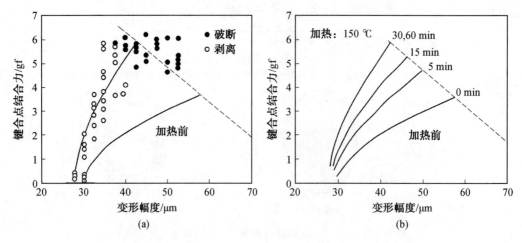

图 2.16 焊后加热对超声键合键合点结合力的影响

2.2.3 超声热压键合

采用适当时间焊后加热促进金属原子扩散,提高焊点强度的方法可以在一定程度上提高超声键合焊点强度,但在实际生产中此方法生产效率低且成本高,很难大规模应用在芯片封装领域。1970 年,Coucoulas 将超声能与热能结合,发明了超声热压键合方法。超声热压键合方法常用于 Au 丝和 Cu 丝的键合,采用毛细管劈刀实现键合过程,在超声键合设备的基础上增加加热平台,将热压键合和超声键合方法的优势结合起来。热源辅助降低了金属引线的变形难度,促进界面 IMC 的形成,提高了两种金属间的连接效率。一般情况下,超声热压键合的温度范围为 150 ~ 200 ℃,键合时间为 5 ~

20 ms,键合温度和键合时间远小于热压键合和超声键合方法。超声热压键合焊点形貌为球－楔形,广泛应用于塑料封装的半导体集成电路制造、SOP(小外型封装)、QFP(四边引脚扁平封装)、PLCC(塑封引线封装)、PBGA(塑封球栅阵列封装)。

超声热压键合过程如图 2.17 所示,包括如下步骤:① 毛细管劈刀下降,FAB 被锁定在端部中央;②FAB 在压力、超声、温度三个因素的共同作用下形成第一键合点;③ 劈刀上升到弧形最高端;④ 劈刀高速运动到第二键合点,形成弧形;⑤ 在压力、超声、温度三个因素的共同作用下形成第二键合点;⑥ 劈刀上升至一定位置,送出尾丝;⑦ 引线夹夹紧上提,拉断金属尾丝;⑧ 引燃电弧,形成 FAB,进入下一键合循环。

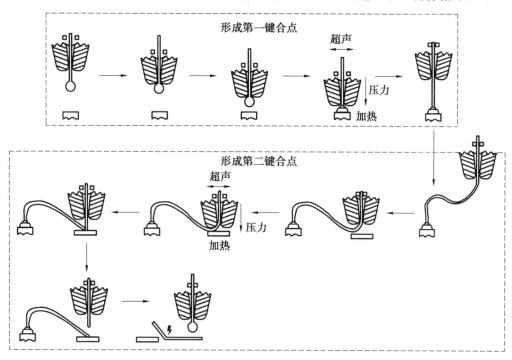

图 2.17　超声热压键合过程

图 2.18(a) 是韧化 Al_2O_3 陶瓷毛细管劈刀及其内部凹槽结构示意图。劈刀内部凹槽形状主要影响第一键合点的形状,具有非常重要的作用:① 在形成第一键合点前使焊球位于中央部位;② 将超声能量传递到焊球形成第一键合点;③ 控制第一键合点的尺寸;④ 使金属丝顺利形成弧形;⑤ 形成第二键合点的一部分,使劈刀可以顺利上升到一定的尾丝高度。图 2.18(b) 给出了劈刀内部凹槽的主要参数,即 CD(凹槽直径) 和 ICA(内凹槽角度)。当劈刀内部凹槽参数发生变化后,第一键合点形状也随之发生变化(图 2.19)。超声热压键合第二键合点由针脚(stitch bond) 和尾丝(tail bond) 两部分组成,第二键合点的形状尺寸与劈刀端部直径有关,如图 2.20 所示。其中针脚部分是第二键合点的主要部分,起到实现牢固连接、提供键合强度的作用。尾丝部分起到防止劈刀上升阶段键合点被拉开的作用,不提供键合强度。

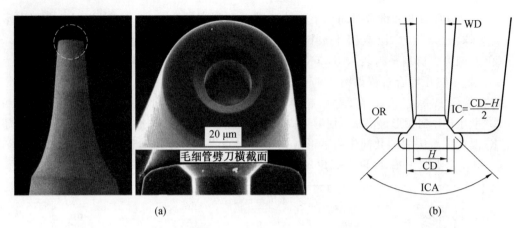

图 2.18　毛细管劈刀形状示意图

WD— 引线直径；OR— 劈刀外围曲率半径

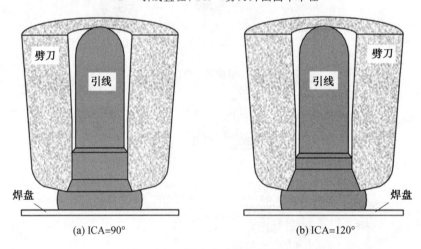

(a) ICA=90°　　　　　　　　　(b) ICA=120°

图 2.19　劈刀内部凹槽参数对第一键合点形状的影响

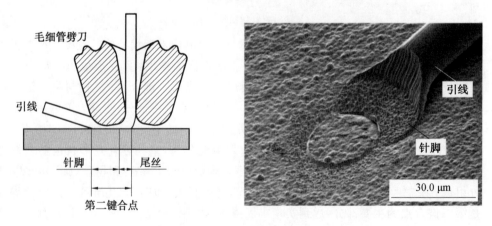

图 2.20　第二键合点形状

超声热压键合与超声键合具有相似的机理,二者都利用了劈刀产生的超声机械振动使金属丝与金属焊盘之间相互摩擦,从而使金属材料发生塑性变形,破坏金属表面氧化膜。二者机理的不同点是,超声热压键合焊点区的高温以及高频振动使得金属晶格上的原子处于激活状态,更易发生相互扩散,实现键合。

界面间两种金属相互扩散速率受辅助热源、超声波能量、键合时间以及两种金属材料纯度等因素的共同影响,其中超声能量起决定性作用。键合过程中,超声波可以增加界面处金属原子的迁移率和界面晶格位错密度。

采用超声热压键合方法将 Au 引线键合到 Al 焊盘上时,超声振动去除铝焊盘表面的脆性氧化层并暴露出洁净的铝金属表面,键合焊点开始形成连接。键合界面处相对滑移产生洁净表面,如图 2.21 所示。新暴露出的金属表面晶格结构存在缺陷,材料界面处将出现原子互扩散现象。扩散原子与相邻原子共享外层电子形成键合。

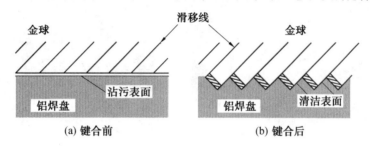

图 2.21　键合界面处相对滑移产生洁净表面

由于超声热压键合机械去氧化膜更加充分且键合温度高,因此金属原子的扩散将在整个界面上快速进行。图 2.22 是超声热压键合界面显微组织随键合时间的变化。首先,在接触面上分散地形成扩散的核心;随后,合金层在超声振动方向开始形成,并逐渐生长;最终,合金层生长至布满整个接触面。

超声热压键合方法与超声键合和热压键合方法相比具有很大优势。如图 2.23(a) 所示,与超声键合相比,超声热压键合方法在较短键合时间和较小振幅下就可以得到更大的球径变化。如图 2.23(b) 所示,与热压键合相比,超声热压键合采用较短的键合时间就可以得到较大的拉断载荷。超声键合一般需要 $3\ \mu m$ 以上的振幅和约 $1\ s$ 的键合时间,而超声热压键合仅需要超声键合 $1/10$ 的振幅和 $1/20$ 的时间即可完成。

如图 2.24 所示是 FAB 的热影响区(Heat Affected Zone,HAZ)位置示意图。HAZ 位于金属引线热稳定区和 FAB 之间的过渡位置,键合过程中金属引线在该处弯曲形成线弧。在打火形成 FAB 的过程中,金属引线末端熔化形成 FAB,其上方的区域经历了退火过程,HAZ 晶粒较金属引线母材晶粒发生粗化,硬度较母材下降 20%。因此 HAZ 是整条引线中最薄弱的位置,其性能显著影响金属引线的弧高和硬度,如图 2.25(a) 所示。如图 2.25(b) 所示,金属线熔点、热导率等因素均会对 HAZ 长度产生影响。

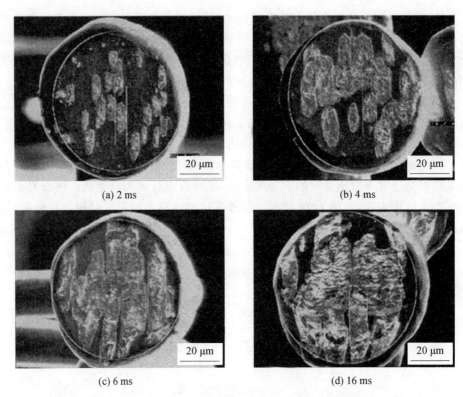

图 2.22 超声热压键合界面显微组织随键合时间的变化

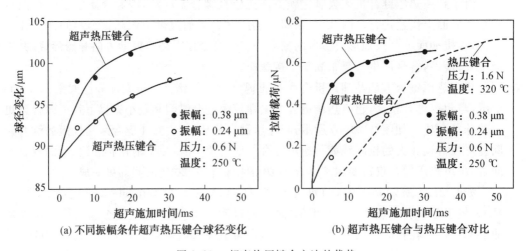

(a) 不同振幅条件超声热压键合球径变化

(b) 超声热压键合与热压键合对比

图 2.23 超声热压键合方法的优势

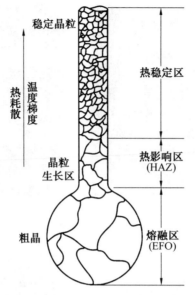

图 2.24　FAB 的热影响区位置示意图

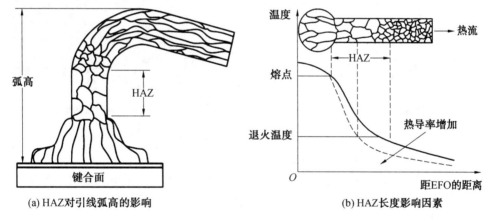

(a) HAZ 对引线弧高的影响　　(b) HAZ 长度影响因素

图 2.25　HAZ 对引线弧高的影响及 HAZ 长度影响因素

如图 2.26 所示是 Cu FAB 宏观组织和显微组织，成型良好的 Cu FAB 内部显微组织由几个粗大且取向不同的柱状晶组成，柱状晶的生长方向与 Cu 丝轴线方向大致平行。由于凝固过程中 Cu 球表面位置与空气直接接触，温度梯度较大，因此靠近 Cu 球表面的区域被细小的胞状晶组织环绕。Cu 球底部胞状晶的密度大于其他区域，从侧面印证了 Cu 球凝固的过程是从丝球结合处向 Cu 球底部进行的。

超声热压键合和超声键合方法都采用了超声手段，因此理解超声对金属键合的影响对阐明超声热压键合机理至关重要。超声在键合过程中起到的作用主要包括超声热效应、促进金属丝塑性变形、应变硬化以及微滑移磨损。

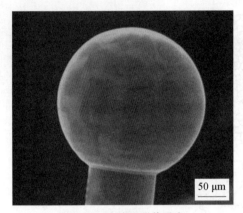
(a) Cu FAB 宏观形貌照片

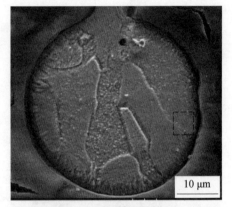
(b) Cu FAB 显微组织

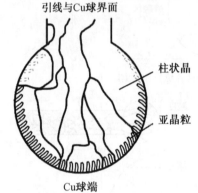
(c) 快速凝固后 Cu FAB 内部组织结构示意图

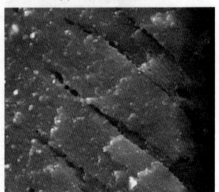
(d) 图(b)矩形框区域放大的显微组织图

图 2.26　Cu FAB 宏观组织和显微组织

1. 超声热效应（界面温升并促进原子扩散）

键合过程中超声振动引起界面相对运动，在键合压力作用下界面发生相互摩擦，在局部区域产生较多热量，同时超声产生的高频振动使金属原子处于激活状态，在两种因素的共同作用下界面金属原子互扩散行为被促进。研究者们采用模拟仿真和在芯片内嵌入微型温度传感器方式分析界面温升，结果表明键合过程中界面温升可达 80 ～ 300 ℃，但远未达到 Au、Al 等键合材料的熔点，键合区域也没有出现金属熔化迹象，因此键合过程应以固相扩散连接方式进行。

2. 促进金属丝塑性变形（再结晶和超声软化）

超声促进金属丝塑性变形主要体现在超声促进再结晶和超声软化两方面。超声促进再结晶是指在超声键合过程中，超声能量被键合金属晶体中的位错选择性吸收，位错在极低的应力下即可开动。在键合温度和键合压力的作用下，金属原子运动能力增强，晶界不断吸收位错，使得焊点内部变形拉长且内部多位错的晶粒逐渐演变为内部无位错的等轴再结晶晶粒。超声软化是指金属晶体中的位错优先吸收超声振动产生的声能，使被杂质、第二相粒子等钉扎的位错激活，降低了金属变形所需的屈服应力，增加了金属的塑性变形能力。以 Al 丝为例，仅施加压力时，需要 1.7 N 的压力才可以使 Al 丝发生塑性变形。当施加超声时,仅需 0.25 N 的压力即可使 Al 丝发生相同程度的塑性变形。相较于热能,使 Al 发生相同程度塑性变形所需的超声的能量密度要比热能低约 7 个数量级。如图 2.27 所示,在低温下施加较低的超声能量密度即可使 Al 丝达到高温下才能达到的易发生塑性变形的状态。

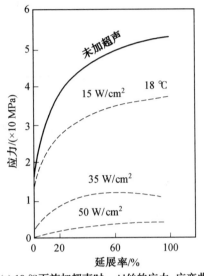

(a) 18 ℃下施加超声时,Al 丝的应力-应变曲线

(b) 18 ℃、200 ℃、400 ℃和 600 ℃下,Al 丝的应力-应变曲线

图 2.27 超声对 Al 丝应力－应变的影响

3. 应变硬化

应变硬化现象在键合采用足够的超声振幅后产生,是与超声能量相关的另一个现象。如图 2.28 所示,将 15 W/mm² 能量密度的超声能量施加在 Zn 单晶上,Zn 单晶发生了软化,超声停止后,将产生一个残余效应,即 Zn 单晶发生了应变硬化。应变硬化现象广泛出现在 Au 丝、Al 丝和 Cu 丝键合过程中。

4. 微滑移磨损

丝球键合过程可以用两个经典接触力学模型来近似表达:两个理想弹性球体间的接触与理想弹性球体和弹性平面间的接触。当两个表面接触时,它们将承受法向力(N)和切向力(S)的同时作用。当切向力超过临界值 $\mu_s N$ 时(μ_s 为静态摩擦系数),界面间将出现微观滑移。当切向力小于临界值时,不会出现明显滑移,但切向力产生的应变会使接触界面的某些区域发生相对切向移动,该局部相对位移可称为两滑移面间的"微滑移"。随着无滑移式的剪切牵引力 q 不断增大,材料将通过微滑移形式释放不断增大的应力,微滑移距离一般在 $0.25 \sim 2.5\ \mu m$ 之间。

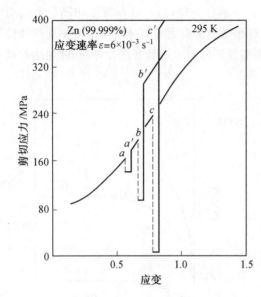

图 2.28 超声硬化和超声软化作用

接触边界上微滑移环的大小可由以下公式描述：

$$a' = a\left(1 - \frac{S}{\mu_s N}\right)^{1/3} \quad (2.3)$$

式中　a'——微滑移环的内径；

　　　a——微滑移环的外径，即界面接触区域半径；

　　　S——切向力；

　　　N——法向力；

　　　μ_s——摩擦系数。

内径以内的区域为静态区，该区域内不会出现微滑移。图 2.29 所示为接触界面由微滑移向整体滑移过渡过程示意图。随着切向力的不断增大，滑移环逐渐向内生长。当切向力达到微观滑移的临界值 $\mu_s N$ 时，微滑移环向内生长至中心，此时接触区域整体发生滑移。当弹性球向弹性平板接触并施加一个振荡的切向力时，在整体滑移出现之前平板表面将出现一个微滑移环。随着切向力的增大，滑移环内径不断减小，直至出现整体滑移。

连接在一起且可相对运动的物体之间将出现微滑移磨损现象。键合过程中接触界面上的往复相对运动也会导致接触表面出现微滑移磨损，材料的磨损可用公式进行定量描述：

$$t = d\frac{H}{K}\frac{1}{pv} \quad (2.4)$$

式中　t——作用时间；

　　　d——材料磨损的深度；

　　　p——平均压力；

H—— 材料的硬度；
K—— 磨损系数常量；
v—— 滑移速度。

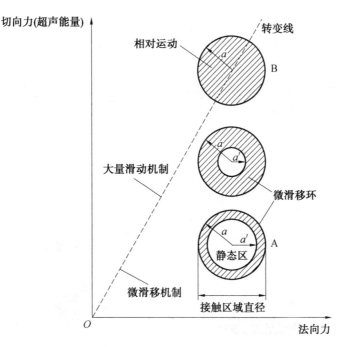

图 2.29　接触界面由微滑移向整体滑移过渡过程示意图

随着表面材料的磨损,新鲜的底层材料被暴露出来,利于键合界面的形成。

超声振动会产生往复式的切向力。当振幅较小时,微滑移将出现在键合接触区的外围区域。微滑移将清除接触表面的污染物,并使污染物下面的新鲜金属暴露出来。在法向力和切向力的共同作用下,新鲜金属表面相互接触并连接在一起,形成最终的连接。

将键合后的金属引线去除,在焊盘上的键合区域可以观察到键合痕迹,另外,失败的键合也会在表面留下痕迹或磨损迹象。键合区域上残留的痕迹,如其表面形貌变化或金属引线残留等是发生微滑移的直接证据。键合过程中键合面积等同于焊盘上发生磨损的面积或金属引线残留面积。将焊盘表面超声丝球焊以及超声楔焊点去除后,均可观察到焊盘表面的微滑移现象,可见微滑移磨损机制是这两种引线键合技术的重要键合机制。

键合工具劈刀几何形状复杂,球键合时会造成金属球变形不均匀,并导致球焊点键合界面处经历了不同阶段的微滑移过程。图 2.30 是焊点痕迹随超声功率变化过程示意图,阴影部分表示发生磨损的位置,虚线环表示劈刀内腔直径,斜线密度代表焊点连接密度。随着超声功率的增加,微滑移逐步转变为整体滑移。图 2.30(a) 所示为键合界面发生部分磨损,随着超声功率增加界面处将发生更多变形。图 2.30(b) 所示为超声功率增强引发更多塑性变形,界面处发生大量滑移,最终形成较高连接强度的键合界面。焊点界面上正向应力分布示意图如图 2.31 所示,受键合工具特殊几何外形的影响,球焊点与焊盘接触界面出现最大正应力的位置将在劈刀嘴部对应的键合区域,该区域表面磨损最严重。在焊点中心区域上的正应力相对较低,因此,该区域的表面磨损也较少。

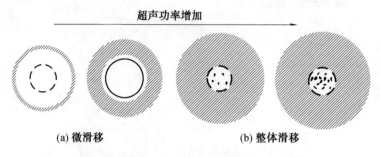

图 2.30 焊点痕迹随超声功率变化过程示意图

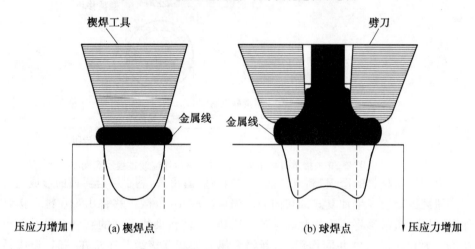

图 2.31 焊点界面上正向应力分布示意图

除金属线材料、劈刀材料以及劈刀几何外观有所差别之外,丝楔焊工艺与丝球焊工艺接近,且超声楔焊中的键合表面磨损机制与超声丝球焊中的类似。图 2.32 是楔焊点痕迹随超声功率变化过程示意图,描述了焊盘表面形态的变化规律,阴影部分表示发生磨损位置,斜线密度代表焊点连接密度。键合超声能量较小时,界面处发生部分磨损和少量连接,如图 2.32(a) 所示。随着超声功率的增强,界面处发生更多变形并出现大量滑移,如图 2.32(b) 所示。当界面处出现较大量滑移时,焊点开始成型。与丝球焊工艺不同,楔焊过程中键合界面出现最大压应力的位置为焊盘中心,因此楔焊点中心位置为主要键合区域。

无论在球形焊点还是楔形焊点中,微滑移都是从界面处较低正应力的位置(如焊点外边缘)开始出现。式(2.3)表明,法向力越大,微滑移所导致的表面磨损越严重,同时由微滑移转变为整体滑移所需要的超声能量也越大。

在引线键合过程中,超声振动将导致金属线与基板表面间出现往复式切向移动,键合界面将出现磨损,材料表面污染物也将被去除。增加超声功率可增大界面移动幅度,进一步提高表面污染物清理效果。键合表面越清洁,洁净表面的接触越紧密,键合效果越好。

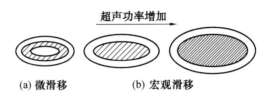

图 2.32　楔焊点痕迹随超声功率变化过程示意图

除超声作用外,超声热压键合方法的工艺参数如键合压力、键合温度和键合时间,也会对键合质量产生至关重要的影响。

(1) 键合压力。

在超声键合过程中,键合压力起到紧密夹持待焊丝线的作用,以便使超声能量传递到键合界面,通过"阻尼效应"影响键合质量。在相同的超声功率作用下,劈刀端部的振幅随着键合压力的增加呈指数关系下降。在施加超声的过程中,需要对金属线施加一个压力以保证金属线与焊盘之间紧密接触。所有的现代键合机所用的压力曲线都分为两个阶段。键合过程中键合压力的施加如图 2.33 所示,这两个阶段一般用两个不同的参数控制,分别称为山形冲击压力(termed impact force)和键合压力(bond force)。在山形冲击压力阶段无超声振动作用在键合界面,在键合压力阶段,劈刀开始施加超声振动。在工业标准中,冲击压力值通常为键合压力值的 1.5～2 倍。一般来说,焊球的绝大部分塑性变形来源于变形压力的作用,其他少量变形来源于后续的超声和键合压力的综合作用。采用较大的键合压力能保证键合过程中具有足够的摩擦能,但过高的压力会限制界面相对滑动的幅度并导致摩擦能过低,使得焊点结合强度下降,甚至导致芯片被破坏。界面间摩擦力过大会导致键合工具振幅下降,这可以通过提高超声功率的方法进行补偿。

(2) 键合温度。

键合温度可以为键合过程提供额外的能量,促进键合点形成,提高键合效率,具体机理为:金属的屈服强度随温度的提高而下降,使金属丝线在键合过程中容易变形而实现结合;在某些情况下,适当提高键合温度有利于表面污染物层的去除。但较高的键合温度有可能导致某些金属(如 Cu 等)表面出现氧化物层并引起键合性能退化。因此,对不同的键合材料组合采取恰当的键合温度是十分必要的,例如,对表面镀 Ag 的 Cu 引线框架进行键合时,键合温度一般为 220～240 ℃。对于聚合物基的基板键合,键合温度一般为 120～150 ℃。过高的键合温度可能导致电子器件受到损伤。

(3) 键合时间。

采取适当的键合时间,不仅可以提高键合质量,也可以降低成本,例如,将 Au 线键合到 Al 焊盘上所需要的键合时间仅为 10～20 ms,在这种情况下采用过长的键合时间并不能带来更多的键合面积,以获得更高的键合强度。键合过程中,焊点与焊盘间的总滑动距离取决于劈刀尖端振动位移,而振动位移则主要取决于超声振幅和超声频率。当焊点开始与焊盘结合时,超声所引起的焊点变形量很小。焊点结合强度达到一定数值时,由超声引起的额外应力场将再次作用于金属线并迫使它发生屈服,导致焊点发生更多变形。缩短键合时间可提高生产效率,但对表面存在韧性氧化物层的金属线(如Cu线)进行键合时,采用较长的键合时间更为有利,键合时间越长,金属线表面的氧化物去除越充分。

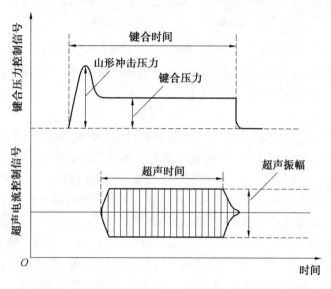

图 2.33　键合过程中键合压力的施加

2.3　Au 球键合可靠性问题

Au 具有电导率大、耐腐蚀、韧性好等优点,因此传统丝球焊(超声热压键合)广泛采用 Au 丝 Al 焊盘组合来完成键合,但是键合界面硬脆 Au－Al IMC 的产生和由此形成的大量克肯达尔空洞给 Au 球键合可靠性带来了巨大挑战。Au－Al 相图和 Au－Al 反应过程如图 2.34 所示。从图 2.34(a)所示的 Au－Al 相图中可以看出,Au－Al 反应系统共生成五种 IMC,分别为 Au_5Al_2、Au_4Al、Au_2Al、$AuAl_2$ 和 AuAl。图 2.34(b)给出了不同数量 Au 和 Al 反应最终生成的 IMC 类型,当 Au 数量远小于 Al,即对应于 Al 丝 Au 焊盘的情况,反应的最终结果是 Au 被完全消耗,生成 $AuAl_2$ IMC(紫斑)。当 Au 和 Al 数量相当时(实际很少出现这种情况),反应的最终结果是 Au 和 Al 完全消耗生成 AuAl IMC。当 Au 数量远大于 Al,此时对应 Au 丝 Al 焊盘的情况,反应的最终结果是 Al 被完全消耗,生成 $AuAl_4$ IMC。需要注意的是,实际生产或试验中反应不会发生到 Au 或 Al 被完全消耗的程度,因此当 Au 和 Al 反应物数量不等时,绝大多数的 Au－Al IMC 都可以在反应区发现。

通过对试验结果的观察表明,IMC 生长速率遵循抛物线规律:

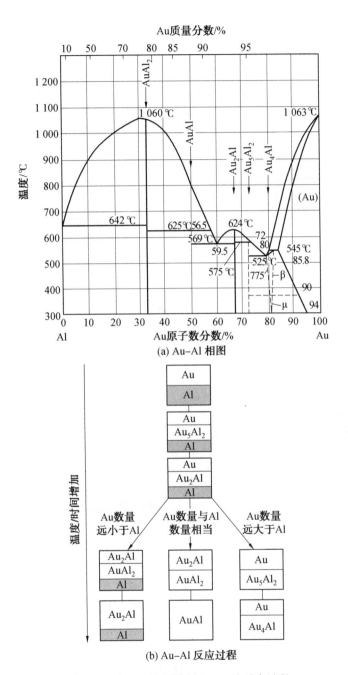

图 2.34 Au — Al 相图和 Au — Al 反应过程

$$x = Kt^{1/2} \tag{2.5}$$

式中　x——IMC 层厚度；

　　　t——时间；

　　　K——速率常数，计算公式为

$$K = Ce^{-E/kT} \tag{2.6}$$

其中　C——常数；

　　　E——IMC 层的生长活化能；

　　　k——玻尔兹曼常数；

　　　T——绝对温度(K)。

400 ℃ 老化温度下五种 Au－Al IMC 的生长速率如图 2.35 所示。可以看出 Au_5Al_2 IMC 的生长速率远超其他四种 IMC，侧面说明 Au_5Al_2 IMC 的生成是引起 Au－Al 键合界面克肯达尔空洞，诱发焊点失效的主要原因。

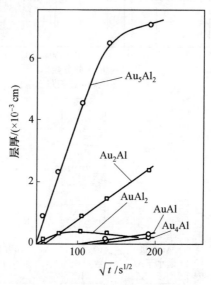

图 2.35　400 ℃ 老化温度下五种 Au－Al IMC 的生长速率

五种 Au－Al IMC 的力学性能之间差异很大是 Au－Al IMC 影响 Au－Al 键合可靠性的根本原因，具体差异见表 2.3。①Au－Al IMC 晶格常数较 Au 和 Al 单晶的大，因此界面处生成 IMC 后会发生体积膨胀，造成焊球抬起缺陷。②Au－Al IMC 的热膨胀系数(CTE) 较 Au 和 Al 的小，因此在焊接热循环的作用下键合界面易发生收缩不同步，引起键合界面显微裂纹，诱发焊点在界面处断裂，降低焊点强度和可靠性。③Au－Al IMC 的硬度大、脆性大，焊点在受到热循环应力或外加载荷时易在硬脆 IMC 中产生显微裂纹，诱发焊点断裂。由 Au－Al IMC 间力学性能不同导致的 Au－Al 键合界面的失效模式如图 2.36 所示。

表 2.3　Au－Al IMC 的结构和性能

相	晶体结构	晶格参数	成分（Au质量分数）/%	维氏硬度（5 kg）	电阻系数/(Ω·cm)	线膨胀系数/×10⁻⁵	相颜色	400 K 时的生成热（±500）/cal[②]
Au	面心立方	$a = 4.08$ Å[①]	84～100	60～90	2.3	1.42	金色	
Au_4Al	立方	$a = 6.92$ Å	80～81.2	334	37.5	1.2	古铜色	
Au_8Al_3	斜方六面体	$a = 6.92$ Å $α = 30.5°$	72.7	271	25.5	1.4	古铜色	
Au_5Al_2	密排六方	$a = 7.71$ Å $c = 41.9$ Å						
Au_2Al	斜方晶系	$A = 3.36$ Å $B = 8.84$ Å $C = 3.21$ Å	65～66.8	130	13.1	1.3	古铜色	－8 300
AuAl	单斜晶系	$A = 6.40$ Å $B = 3.33$ Å $C = 6.32$ Å	50	249	12.4	1.2	白色	－9 200
$AuAl_2$	面心立方	$β = 92.99°$ $A = 5.99$ Å	32.33～33.92	263	7.9	0.94	紫色	－10 100
Al	面心立方	$A = 4.05$ Å	0～0.6	20～50	3.2	2.3	银色	

注：①1 Å = 0.1 nm；②1 cal = 4.186 8 J。

除硬脆 Au－Al IMC 导致的 Au 球键合可靠性低问题外，界面处 Au、Al 原子扩散产生的克肯达尔空洞也是影响 Au 球键合可靠性的重要因素。产生克肯达尔空洞的原因是在焊点高温老化的过程中，界面处的 Au 原子快速扩散进入 Au－Al IMC 中，不断消耗界面处的 Al 原子，造成某些位置发生过度反应，从而在该位置处产生空洞，长时间发展下去克肯达尔空洞将不断增加，导致 Au 球实际键合面积减小，界面弱化，最终导致焊点断裂，如图 2.37 和图 2.38 所示。由于克肯达尔空洞的产生，键合面积减小，界面电阻增大，界面产热随之增加，会进一步促进原子扩散过程，形成恶性循环。

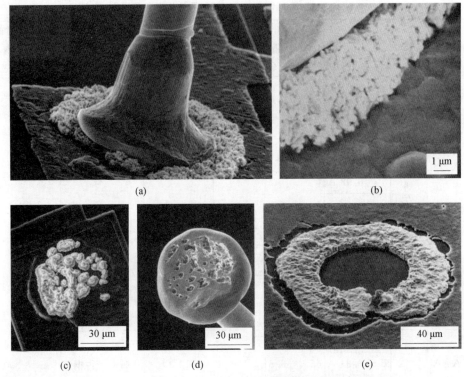

图 2.36 Au—Al IMC 典型失效模式

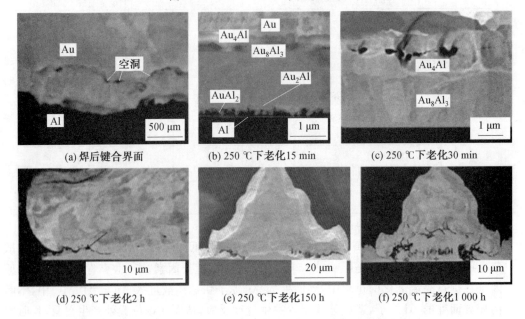

图 2.37 Au—Al 界面克肯达尔空洞产生示意图

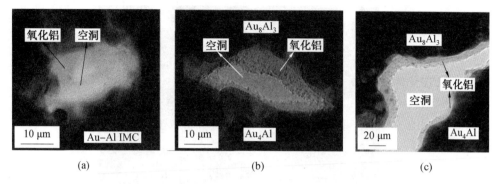

图 2.38　Au 球焊点界面化合物导致克肯达尔空洞示意图

2.4　引线键合设备及质量控制

2.4.1　键合设备

图 2.39 是自动超声丝球键合光学照片。自动超声丝球键合机可以按照设定程序在无人监管的情况下连续不断地执行键合任务。键合程序内包含连续执行键合所需的所有参数，如键合位置、键合压力和键合材料管控参数等。键合程序可对每个焊点的键合参数进行单独设定。在自动超声丝球键合机焊头上方安装有高分辨光学相机，与视觉识别软件结合构成先进的视觉系统，自动超声丝球键合机劈刀位置如图 2.40 所示。视觉系统可在键合程序运行之前完成芯片识别、对准等工作。在键合机上还可安装独立的光学显微镜装置来检测焊点形貌。

图 2.39　自动超声丝球键合机光学照片

图 2.40　超声自动丝球键合机劈刀位置

自动键合机还包括键合材料自动处理系统。该系统可按设定程序将键合材料从进料端自动传输到键合区域,在键合完成后再将材料传输到出料端。当键合材料进入键合区时,真空吸附装置以及夹紧平台将键合材料固定在预定的键合位置上。在实际生产中,材料通常以多个键合区域为一组的带状形式出现。键合过程中,键合材料处于锁定状态,通过焊头的移动来完成不同位置上的键合任务。在一些超声自动楔形键合机键合过程中,可能需要将键合材料进行平面转动,以保证丝弧与变幅杆平行。

图 2.41 是半自动键合机照片。该类键合机主要用于科学研究或小批量生产场合。键合平台在夹持固定键合材料的同时还可对材料进行加热。键合材料的固定主要通过真空吸附或者弹簧压片的方式实现。在显微镜的帮助下,键合平台可在 $X-Y$ 平面上移动。人工移动键合平台对键合位置进行调整定位,手动触发自动键合程序进行键合。在全自动键合机中,各种键合参数可在预设的键合程序中设置。在半自动键合机中,则通过手动调节旋钮或开关的方法进行键合参数调整。半自动键合机的可调键合参数远远少于自动键合机,主要包括超声功率、键合时间、键合压力和丝弧高度等核心参数。

图 2.41　半自动键合机照片

2.4.2 焊点强度测试

焊点形成后要进行质量评估,键合强度是评价焊点质量的一个非常重要的指标。通常认为,在保证键合点无其他形状失效的前提下,键合点强度在某个标准以上就可以认为是合格键合点。焊点键合强度主要通过破坏性测试方法(也可采用非破坏性测试方法)进行抽样评估,测试方法主要有两种:拉力测试和剪切强度测试。

1. 拉力测试

拉力测试包含破坏性拉力测试和非破坏性拉力测试。

(1) 破坏性拉力测试。

破坏性拉力测试用来测试球焊点或者楔焊点的抗拉强度。测试时,将吊钩置于丝弧的下方,然后以设定的速度抬升,直到被测焊点被完全破坏,此时测试仪将记录下破坏被测焊点所需要的最大拉力。破坏性拉力测试主要步骤如下:① 将待测样品固定,使得样品不会发生晃动;② 将吊钩拉伸速度设置为 0.5 mm/s;③ 在第一键合点和丝弧中点之间放置吊钩;④ 吊钩垂直基板方向施加拉力;⑤ 记录拉断金属引线的拉力;⑥ 进行下一次键合拉力测试。

对于直径为 25 μm 的 Au 线焊点,规定的拉力最小值为 3 gf。拉力测量值与测试时吊钩的位置有关,如图 2.42 所示。对于图示的两个焊点,吊钩的位置应该更接近被测焊点。当楔焊点的键合强度很高时,金属线可能在楔焊点根部断开。对键合强度适中的 Au 球焊点进行拉力测试时,金属线往往在球焊点的颈部断裂,因此球焊点的键合强度不能完全通过拉力测试方法来表征,但通过拉力测试可以获得低质量焊点的拉力极限值。至今,拉力测试仍然在工业生产中用于测试评估第一、第二键合点的键合质量。

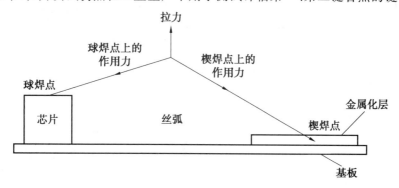

图 2.42 拉力测试中的力平衡示意图

拉伸位置的变化会引发不同的失效模式。一个键合点的质量和可靠性与其拉力测试失效模式相关。拉力测试时出现"焊球抬起"失效和"楔焊点抬起"失效时说明键合质量低。即使失效时出现高拉力值,仍认为键合质量不合格,需对未键合原因进行分析,并实行必要的改进措施。焊球抬起和楔焊点抬起失效模式如图 2.43 所示。

如图 2.44 所示,Au 焊球拉力测试时发生的主要失效模式包括:焊球抬起、焊球颈部断裂、丝弧中间引线断裂、踵部断裂和楔焊点抬起。除以上情况外,失效还可能发生

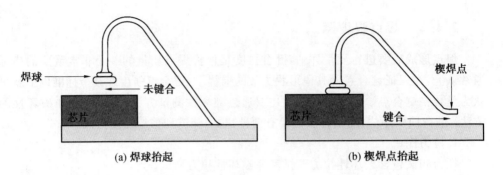

图 2.43　焊球抬起和楔焊点抬起失效模式

在其他位置,如键合焊盘金属层脱起、键合焊盘下面露底和引脚金属层剥离,该类型的失效主要与键合材料质量以及键合参数设置不当有关,在实际生产过程中出现的概率较小。下面介绍上述五种常见的失效模式。

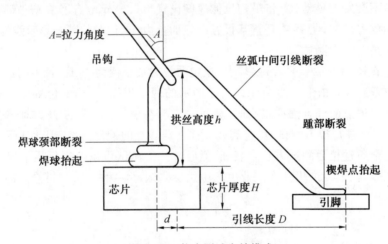

图 2.44　拉力测试失效模式

① 焊球抬起。焊球抬起的发生表明焊球与键合焊盘的结合力非常弱,界面间没有形成键合或键合不牢固。引线键合机参数设置不当和键合焊盘表面存在污染物是焊球抬起的主要原因。键合参数设置不合理、夹具装卡不稳定和键合工具过度磨损也可能导致键合焊盘和焊球之间的初始键合质量较差或界面间 IMC 形成不充分,导致结合力过小。焊盘上存在污染物时会在焊球和键合焊盘之间形成一道屏障,严重阻碍金属引线与焊盘间接触。焊盘表面的污染物包括未完全刻蚀的玻璃、未移除的光刻胶、硅锯屑以及来自芯片粘接树脂的渗出等,以上污染物都能阻碍键合并导致焊球抬起。卤化物也会对键合焊盘造成腐蚀并导致键合失效。此外,金属引线与焊盘间形成可靠键合后,两者之间过度互扩散会生成过多的克肯达尔空洞并导致结合力的显著下降。如 Au 焊点与 Al 焊盘间过度扩散并生成"紫斑",界面处形成大量空洞,导致键合界面结合强度明显下降。

热塑性芯片粘接材料在过高键合温度下的软化也会导致焊球抬起。因粘接材料发生软化,键合过程中球焊点将带动下方的芯片受迫运动,同时金属球与金属焊盘之间的相对运动大幅度减小,因此实际被利用的超声能量不足以产生可靠键合焊点,从而造成焊球抬起。键合过程中金属焊盘下方 Si 晶圆因受到过大压力而发生局部破碎,拉力测试时键合焊盘下面的 Si 与球焊点一起抬起脱离,这种缺陷称为露底,又称弹坑缺陷。此外,大部分芯片键合前将接受电路测试,以保证所键合芯片为合格品。通常采用金属探针作为电极,与焊盘接触并测试电路是否导通。电路测试过程中,探针会对焊盘表面造成一定程度的破坏,若探针对焊盘表面造成过于严重的塑性变形损伤,球焊点键合质量将严重下降并导致后续拉力测试中球焊点发生抬起失效。

② 焊球颈部断裂。丝球焊中金属丝尾部需与打火杆放电烧球,金属丝尾端快速熔化并成球,经历了一个快速熔化与凝固的过程。其中金属球与金属丝结合处区域为 HAZ,该区域内部组织发生粗化,机械性能明显下降,是金属丝最薄弱的部位。键合完成后进行拉力测试时,金属引线在 HAZ 附近断开的概率很高,失效形式如图 2.45(a)所示,金属引线在颈部与焊球结合处断开。此外,造成颈部断裂的原因还包括不合理的键合参数和键合头运动轨迹设置等。键合参数设置不当会导致一个变细的或有裂纹的颈部,拉力测试时很容易在该位置发生断裂。过大的反向键合头运动和低弧高设置将使引线承受过大拉应力,在拉力测试时出现颈部断裂。

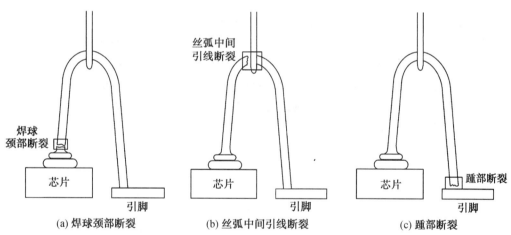

图 2.45 金属引线拉力测试中出现的失效模式

③ 丝弧中间引线断裂。在丝弧中间发生断裂的模式如图 2.45(b)所示。这种失效模式表明金属引线是因受力发生塑性变形和延展断裂而最终失效的。同时间接表明球焊点以及楔焊点键合质量高。通常在丝弧中间位置的失效将得到最大的键合拉力值,接近金属引线的极限张力。

④ 踵部断裂。踵部是金属引线与键合区域的结合部分。踵部断裂是引线从楔形或月牙形焊点边缘上断开,如图 2.45(c)和图 2.46 所示。踵部断裂的主要原因是踵部微裂纹的存在。不合理的键合头运动和低弧高设置会使引线承受过大拉应力,导致踵部出现裂纹并在残余应力作用下进一步长大。过大的键合压力以及过高的超声波能量

等因素都可能导致踵部微裂纹的形成。此外,劈刀损坏、堵塞或劈刀嘴部过度磨损也是踵部微裂纹形成的重要原因。

图 2.46 楔形键合中的踵部裂纹

一个楔形键合点中踵部裂纹的数量取决于劈刀外部形状和尺寸。在楔形键合中能够被接受的踵部裂纹数量取决于引线直径、允许的最小拉力强度以及器件的封装类型。

⑤ 楔焊点抬起。楔焊点抬起是指楔形键合焊点从焊盘或键合界面位置分离,或者月牙形键合焊点从引脚框架上焊盘表面分离,如图 2.47 所示。与焊球抬起相同,即使在非常高的键合拉力值下出现楔焊点抬起也认为键合质量不合格。键合能量过低、引脚框架上存在污染物、焊盘金属层较硬或劈刀和引脚之间超声波耦合不当等因素都会造成楔焊点抬起。引线框架偏软或装夹不实也会弱化劈刀和引脚之间超声耦合并导致焊点键合强度下降。

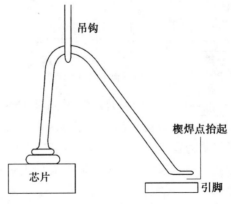

图 2.47 楔焊点抬起

(2) 非破坏性拉力测试。

图 2.48 为非破坏性拉力测试示意图。与破坏性拉力测试方法有所区别的是,非破坏性拉力测试方法会事先设置一个拉力值,拉伸过程中拉力达到该预定值时,测试过程

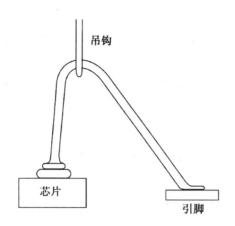

图 2.48　非破坏性拉力测试示意图

将中止。通过这种测试方法可以暴露出脆弱的或临近失效的键合点,同时避免破坏强度合格的键合点。预先设置的拉力值与金属引线尺寸、金属材料种类和金属引线断裂强度相关。测试过程中,金属线会发生轻微变形,且测试过程较长,因此很少采用该方法进行大批量引线键合拉力测试。非破坏性拉力测试包括以下步骤:① 设置拉力速率。② 固定待测试样,安装抬升机构,根据金属引线材料及尺寸施加拉力。③ 移动待测试样,使得吊钩位于丝弧中间位置,吊钩拉力方向垂直于基板,在不影响金属引线变形的情况下,吊钩的位置应尽量靠近丝弧中点位置。④ 键合拉伸测试期间,吊钩抬升机构应以金属线最小冲击载荷为标准对金属引线键合施加应力。最大拉力停留时间不能超过 1 s。⑤ 观察键合是否被破坏。⑥ 如果键合被破坏,除非器件可以接受返工,否则报废该器件并测试下一个器件。记录被破坏的引线键合和包含该键合的器件。若返工可以接受,在返工前所有的引线键合都需要被测试,返工后的所有引线键合将再次被测试。⑦ 如果器件中没有键合焊点被破坏,则该器件合格。⑧ 重复①～⑦ 步骤,直至所有的键合点测试完成。⑨ 记录失效的引线键合数量和失效的器件数量。

2. 剪切强度测试

破坏性拉力测试是对第一键合点(即焊球－键合焊盘接触面)的强度和整体键合质量的测试,提供的信息较少,具有一定的局限性。一个优质的焊球键合可以承受超过十倍的引线破坏拉力,一个低质量的键合焊点要被抬起可能需要比引线破坏最大拉力还要高的力,在拉力测试条件下可能不会发生抬起失效。拉力测试虽然可以提供引线键合成品率信息,但不能提供焊点的实际键合强度(球焊点抬起失效除外)。因此,剪切强度测试常被用作键合拉力测试的补充来测试球焊点的键合强度。剪切强度测试属于破坏性测试,用来评估焊球与焊盘键合界面的完整性。焊球剪切数据通常能够反映 IMC 构成和焊点键合面积。

图 2.49 所示为焊点剪切强度测试示意图。测试过程中,剪切刀头在离焊点底部的固定高度上(一般为 3 μm)对焊点进行剪切。测试仪将记录剪切过程中所需要的最大推力。一个键合质量良好的焊点经过剪切测试后,剪切断面将出现在焊点内部,在基板

上留下一层金属线材料。当焊点键合质量不高时,在剪切力作用下焊点可能直接脱离基板,只有少量金属线材料残留在基板上。焊点剪切强度取决于焊点和基板材料的组合、键合连接区域直径等因素。焊点的剪切强度等于剪切力除以键合区面积。剪切强度测试方法也可用于楔焊点键合强度的评估,但并不是一种标准的测试方法。

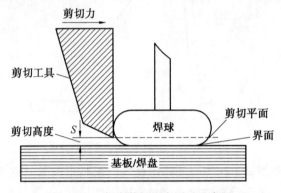

图 2.49　焊点剪切强度测试示意图

焊球剪切测试中常见的失效模式包括：焊球脱开、金属化层脱开、焊球剪切、金属间化合物开裂和弹坑断裂,如图 2.50 所示。

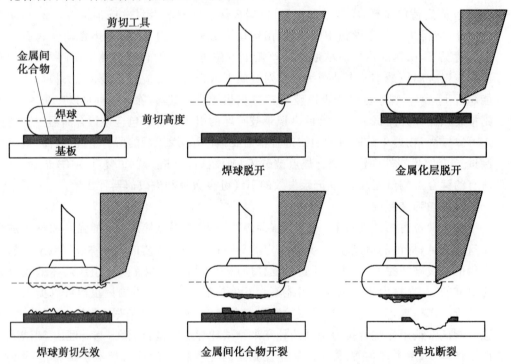

图 2.50　焊球剪切测试中常见的几种失效模式

焊球脱开即为焊球与焊盘表面分离,焊球表面很少或者没有金属间化合物残留；金属化层脱开为焊盘和下方的基板分离；焊球剪切失效为整个焊球从焊点界面处断开,键合界面处所生成的部分 IMC 残留在焊盘上；由于界面键合强度较高,而 IMC 为脆性物质,因此在IMC层处开裂;由焊盘或者焊盘下方的芯片材料中存在的残余应力导致的键合点失效则称为弹坑断裂。

2.4.3 在线质量检测

按照时效性将质量检测方法进行划分,可分为离线检测和在线检测两类。其中离线检测包含传统检测方法、非破坏性键合点强度检测和键合焊点图像检测方法等。这类方法都是在键合过程完成之后进行检测,对键合焊点的状态和工艺参数的缺陷不能及时反馈,无法对工艺过程进行实时调整。从实用性和效率方面考虑,键合质量在线检测无疑是最理想的方法。在线检测方法主要包括键合过程状态信息(包括键合工具、换能器振动特性、键合接触面摩擦特性、超声波耦合电信号等)的检测和处理,能够反映键合过程瞬态细微的变化,可以极大地提高键合质量。图2.51给出了现有键合质量检测方法的具体分类。

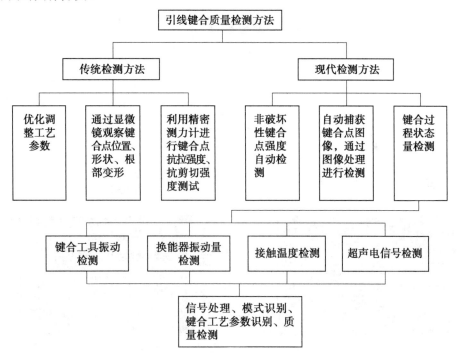

图 2.51 键合质量检测方法

本节主要介绍基于键合过程状态信息的键合质量自动识别和检测方法。

键合过程状态信息与键合质量之间存在密切联系,这些状态信息主要包括键合区域温度、摩擦应力特性、键合工具振动特性寿命信息、换能器系统振动特性以及具有自传感效应的压电换能器超声电信号等。

1. 键合区域温度和应力分布检测

键合过程主要是通过键合工具、引线和基板直接接触摩擦作用来实现的,键合界面间摩擦力是实现键合过程的关键。因此,键合过程中接触摩擦特性监测至关重要。键合接触区摩擦信号微弱,可通过高灵敏度温度传感器实现监测(图 2.52),将微型温度传感器嵌入芯片基板表面,获取键合过程中键合接触区域的温度分布(图 2.53),并以此温度分布来评估键合接触区域的摩擦接触状况,进而评估键合质量。采用阵列压电传感器均匀嵌入芯片基板表面的方法,可以用来测量键合接触区域各个方向上的应力及应变情况。通过有限元的方法模拟键合球接触过程,可计算出键合过程中键合接触区域温度与应力场的分布规律以及各种可能出现的键合失效模式,使操作者更加深刻地理解键合工艺。目前,对键合接触区域温度检测、接触应力检测等技术已经进行了大量的研究,基于键合接触区域温度监测的键合质量在线检测方法也得到了相应发展。

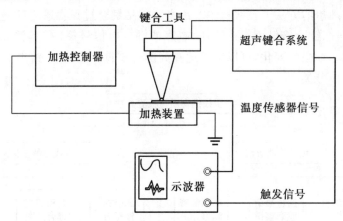

图 2.52 键合接触区域温度检测系统

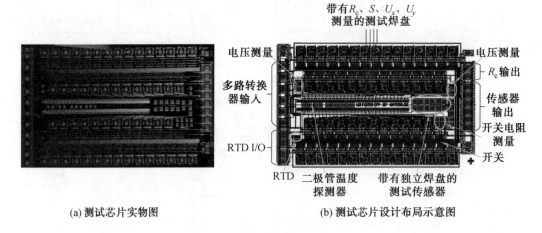

(a) 测试芯片实物图　　(b) 测试芯片设计布局示意图

图 2.53 测试芯片示意图

R_c— 接触电阻;S— 应力传感器测量值;U_x—x 轴电压;U_y—y 轴电压;RTD— 电阻温度检查器

上述技术的一个共同特点是需要在键合接触区域内嵌入微传感器,且要求微传感器位置与键合区域相对固定。随着 IC 芯片引脚数目的不断增加,焊点数量急剧增多,温度及压力传感器的安放成为一个极难解决的问题,该技术的实用性还有待提高。然而,上述研究成果在键合过程机理方面积累了大量的理论和实践经验,对键合机理的进一步研究具有很强的指导作用。

2. 键合工具振动特征检测

键合工具的振动特性可以间接地反映键合过程中接触区域的变化特征,进而反映键合质量。利用高精度激光干涉仪可以精确测量键合过程中键合工具尖端的振动情况,如图 2.54 所示。高频振动对激光检测设备的精度和分辨率要求非常高。此外,激光测试系统必须安装在键合系统换能器上,以同步检测键合工具的振动,这样便增加了换能器的质量,影响其能量传输及振动稳定性。基于以上原因,上述质量检测方法仅应用于一些科学研究的场合,不会应用于实际生产过程中。振动信号包络特征提取方法出现后也被用于键合质量检测领域。如对键合工具振动特性进行监测后获取相关振动信息,采用小波分析、联合时频分析等方法对振动信号进行解析并建立解析结果与键合质量之间的联系,取得了良好检测效果。利用有限元方法构建键合工具动态接触模型,可以模拟出各种不同边界条件下键合工具尖端的振动情况,进而研究超声波加载频率与键合工具固有频率不匹配时键合过程受到的不利影响。利用键合设备本身配备的高精度位置传感器对不同金属球进行可变形性测试,可以迅速确定金属球在键合过程中受力变形的实时情况,也是一种行之有效的在线键合质量检测方法。

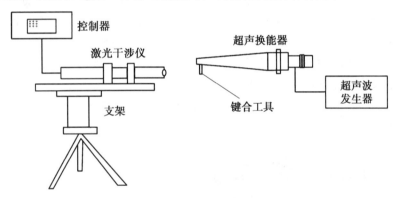

图 2.54 键合工具振动检测系统

3. 换能器系统振动特性检测

键合过程中接触区域摩擦边界条件的改变会影响键合工具尖端的振动特性(响应频率和振动位移),进而影响换能器系统的振动特性。键合工具非常细小,监测其振动和位移变化相对困难。相对来说,换能器尺寸较大,因此可以通过安装振动传感器的方式检测换能器的振动变化从而评估键合质量。采用一种微型压电传感器并将其粘贴在压电换能器上,压电传感器可以在键合过程中测量压电换能器的振动和变形情况,具体过程如图 2.55 所示。通过有限元法对换能器振动规律进行模拟,可以确定适当的压电传感器安装位置。

在换能器上粘贴压电传感器简单易行、价格便宜,然而传感器与换能器之间可能会相互影响。尽管两者之间可以用电磁屏蔽层进行隔离,但超声波的强穿透能力决定了两者之间的相互影响不可避免,并且在高频率键合的情况下该问题更加突出。此外,在

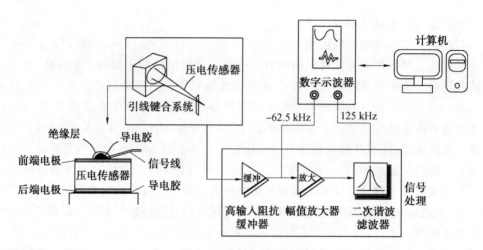

图 2.55 换能器振动检测系统

换能器上安装传感器会影响系统的动力学性能,对键合精度产生不利影响。将智能环压电传感器安装在键合系统换能器压电晶圆内部(图 2.56),对换能器系统的振动特性进行监测。该方法可以识别缺引线键合(wire missing)、根部剥落键合点(peel off bonds)、虚焊点(non-stick bonds)、正常键合点(good bonds)等键合模式,具有良好的监测效果。上述方法同样存在传感器与键合系统之间相互影响的问题。此外,对于精密换能器系统,在换能器内部安装传感器势必会影响系统的稳定性。如果在键合系统设计阶段进行传感器安装,会取得更好的效果。

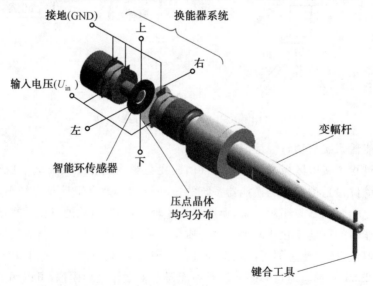

图 2.56 基于智能环压电传感器的换能器振动检测

4. 换能器超声电信号检测

上述方法都需要安装专用的传感器,而且对传感器的安装位置要求非常严格,在工业实际应用中难以实现。超声波发生器驱动电信号与键合质量有密切联系,因此可以通过监测驱动电信号的方法来评估键合质量。

压电换能器是引线键合系统的关键设备,其核心构件即压电晶体的双向压电效应,使得换能器既是一个执行器,也具有传感器的功能。基于压电晶体的反向压电效应,压电换能器作为一个执行器来完成超声波电能到机械能(机械振动)的转换,通过变幅杆和键合工具,机械振动被传输到键合界面并完成引线键合过程;基于压电晶体的正向压电效应,压电换能器具有压电传感器功能。键合过程中随着键合界面结构尺寸、材料属性的变化,键合工具尖端的振动状况持续发生细微变化。经由变幅杆和键合工具的传递,这个变化能够被压电晶体感应并直接引发超声波发生器电信号的变化。对检测到的超声电信号变化进行处理,能够提取出键合工具尖端细微的振动变化并进一步评估键合质量,如利用超声波发生器电信号特征对键合工艺参数进行检测,对键合系统断线失效进行有效识别和对位置偏离键合进行识别。借助超声电信号计算换能器系统阻抗特征可对键合质量进行定性评估。超声电信号捕获简单可靠,检测过程对键合系统基本无影响。图 2.57 所示为基于超声电信号的键合质量检测原理图。

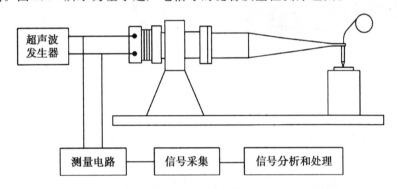

图 2.57　基于超声电信号的键合质量检测原理图

此外,超声电信号的特征提取对键合质量在线检测效果有重要影响。目前主要运用传统的信号处理方法(如快速傅里叶变换、时频分布和包络等)提取能够反映键合过程变化的一些统计特征,对简单的键合质量缺陷进行识别。但由于键合信号的瞬态特性,现有的特征提取技术在描述键合信号各个阶段局部细微变化方面存在不足,不能对复杂键合过程的变化进行准确识别。

2.5　引线键合方法最新发展

2.5.1　Cu 丝球超声键合

如上所述,Au－Al 键合过程中界面位置易产生硬脆 IMC 影响焊点可靠性,且 Au 价格昂贵,因此人们急于寻找 Au 线的替代品来同时完成高质量引线键合。较 Au 线而言,Cu 线价格低廉,具有良好的抗电迁移能力,HAZ 更小(弧高小),具有更高的抗拉强度(290 MPa vs 240 MPa)、更高的弹性模量(120 GPa vs 80 GPa)、更高的电导率

$(5.88×10^7 \, \Omega \cdot m \, vs \, 4.55×10^7 \, \Omega \cdot m)$、更慢的 IMC 生长速率（与 Au 球－Al 焊盘相比）和更高的热导率（394 W/(m·K) vs 311 W/(m·K)）。裸 Cu 线和镀 Pd Cu 线是目前应用最多的两种 Cu 线。

虽然铜引线具有以上优点，但是在键合过程中仍然存在一定挑战。由于铜具有容易氧化的性质，需要在键合全过程中进行气体保护；由于其硬度较大，键合丝成弧形的过程中弯曲速度降低，工艺窗口较小，键合困难。另外，容易在芯片上产生弹坑（cratering）缺陷，如图 2.58 所示。

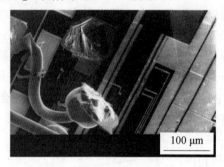 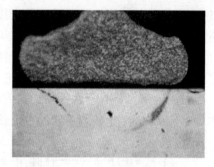

图 2.58　铜引线键合中的弹坑效应

图 2.59 是 Cu－AlSi 和 Au－AlSi 焊盘键合界面组织。如图 2.59(a) 和 (b) 所示，是 Cu 球焊点 180 ℃下老化 800 h 和 Au 球焊点 200 ℃下老化 200 h 界面 IMC 的生长情况，即使 Cu 焊球的老化时间大于 Au 焊球，但是 Cu－AlSi 键合界面的 IMC 层厚度远小于 Au－AlSi 键合界面，说明 Cu－Al IMC 生长速率远小于 Au－Al IMC。如图 2.59(c)～(f) 所示，Au 球底部经腐蚀后留下明显的 IMC 分布痕迹，而 Cu 球底部几乎没有 IMC 的分布痕迹，这表明 Cu－AlSi 界面电阻率较 Au－AlSi 界面更低，焊点服役过程中产生更少的热量，封装寿命更长，具有更高的可靠性。

图 2.60 是 Cu 线在不同气氛下所形成的金属球。Cu 线键合技术的应用也存在一些挑战。首先，与 Au 相比，Cu 非常容易被氧化，因此在 EFO 过程中需要进行防氧化气体保护，在保护气氛下烧成的球如图 2.60(a) 所示。对于直径为 25 μm 的 Cu 线，保护气体一般为 95% N_2＋5% H_2（体积分数），气体流速为 0.2 L/min。如直接在空气中进行烧球，所获得的 Cu 球表面氧化严重，且形状不规则，如图 2.60(b) 所示。其次，相对于 Au 线，Cu 线在常温空气中易被氧化，当 Cu 线暴露在空气中数天后，其键合性能将明显下降，因此 Cu 线需要在保护性气体氛围内进行储存。解决 Cu 线表面氧化问题的另一种方法是在其表面镀 Pd 涂层，并且 Pd Cu 线可以仅在 N_2 保护气氛中形成均匀形状的 FAB，避免了混合保护气体的使用。

Cu 丝球键合应用的另一挑战来自于 Cu 线本身。图 2.61 为 Cu 线键合工艺窗口。与 Au 线相比，Cu 线具有更高的硬度和屈服强度，键合工艺参数窗口窄，键合参数设置稍有不当则会导致键合缺陷，如芯片弹坑等。此外，与 Au 线相比，Cu 线内部晶粒尺寸更大，将 Cu 丝切断形成尾丝所需的拉力具有更大的离散性。不合理的尾丝键合会使金属丝线被切断之前脱离基板并反弹缩进劈刀内部，键合过程会被迫中断。

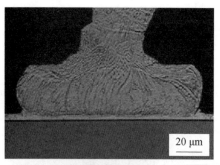
(a) Cu-AlSi焊盘键合界面组织（180℃下进行800 h老化处理）

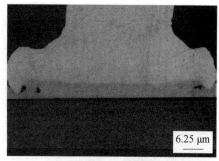
(b) Au-AlSi焊盘键合界面组织（200℃下进行200 h老化处理）

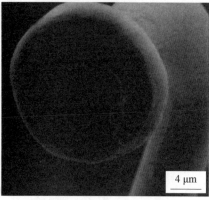
(c) Cu球键合界面IMC分布

(d) Cu-AlSi焊盘键合界面IMC分布

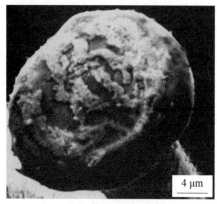
(e) Au球键合界面IMC分布

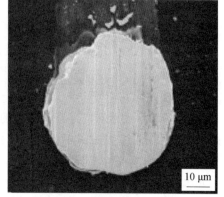
(f) Au-AlSi键合界面IMC分布

图 2.59　Cu－AlSi 和 Au－AlSi 焊盘键合界面组织

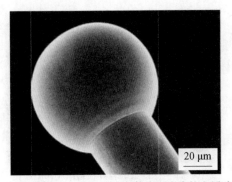 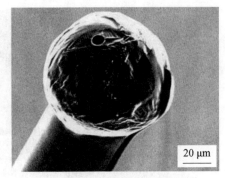

(a) Cu线在95%N_2+5%H_2混合气体中所形成的金属球　　(b) Cu线在空气中所形成的金属球

图 2.60　Cu线在不同气氛下所形成的金属球

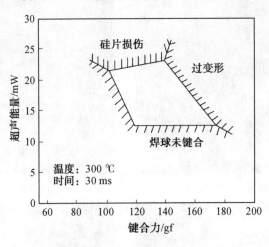

图 2.61　Cu线键合工艺窗口

2.5.2　低介电常数材料键合

随着 IC 芯片尺寸和内部互连尺寸的减小,互连延迟成为技术瓶颈。为实现良好的电路性能并限制金属线之间的寄生耦合效应,必须降低互连绝缘层的介电常数(k),因此低介电常数(Low-k)材料应运而生。介电常数越低表明材料的绝缘性能越好,空气的介电常数为 1 F/m,被认为是最好的绝缘介质之一。目前,芯片中常用的绝缘材料为 SiO_2,其介电常数为 4.1 F/m,新兴的 Low-k 材料则小于 3 F/m(一般为 2.7 F/m),而未来高端 CMOS 技术只能通过使用低介电常数(Low-k)材料来实现($k<2.3$ F/m)。为了降低大型集成互连中的阻容延迟(互连延迟主要体现为阻容延迟),且考虑到常用的引线键合工艺中 Al 线和 Au 线较软的问题,工业生产中已经将 SiO_2 基板替换为 Low-k 材料,并将 Al 线替换为 Cu 线。使用 Cu/Low-k 材料组合具有更高芯片速度、更细金属互连线、更高电流密度等优点。对于 Cu/Low-k 键合焊点来说,界面金属化介质(Intermetallisation Dielectric,IMD)具有十分重要的影响,会存在线弧拉伸力随 IMD 屈服应力降低而显著降低的问题。在已有 Low-k 材料中引入

气孔是目前公认的生成性能更优 Low－k 材料比较理想的方法之一。但随之也带来一系列问题,如钝化层／金属在切割过程中脱离、金属焊盘发生剥落、与焊盘不黏合等问题。研究表明,大多数焊盘剥落缺陷发生在 Low－k 材料层,如图 2.62 所示。使用 Cu/Low－k 材料键合的优点和缺点见表 2.4。

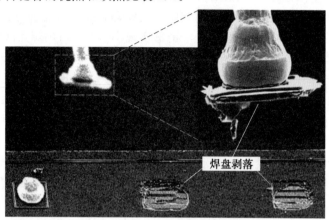

图 2.62　焊盘剥落示意图

表 2.4　使用 Cu/Low－k 材料键合的优点和缺点

优点	引线更细;芯片速度增加、性能更好;互连延迟低;抗电迁移性能更好;晶圆制造步骤更少;制造成本更低
缺点	断裂韧性低、弹性模量低、附着性差;高键合参数设置导致键合点与焊盘剥落／抬起、与焊盘不黏合、键合成品率低;工艺窗口窄

为了解决上述问题,研究者们采用实验和有限元模拟方法提出了以下解决措施:① 采用纯度更高(硬度更低)的金属线以降低键合过程中的超声能量;② 优化劈刀形状和内部结构(减小 ICA,增大 IC 和 CD,如图 2.63 所示);③ 优化键合参数设置(增大劈刀初始下压力,降低超声波发生器功率等)。

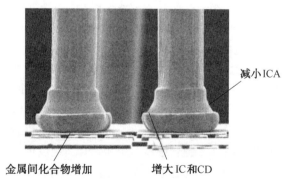

图 2.63　使用改进参数后的劈刀得到的两个性能良好的球形焊点

2.5.3 超细间距引线键合

随着器件的小型化发展,高集成度、高 I/O、高频芯片使用更加广泛,且芯片尺寸越来越小。节约空间最可行的方法是缩小焊盘尺寸和减小焊盘间距。作为对电路密度更大和互连尺寸更小等需求的回应,超细间距引线键合技术应运而生。随着键合劈刀内部凹槽尺寸的降低和精度的提高,已经能够实现小于 40 μm 的焊点间距,球焊点的侧向扩展变得更小,球焊点直径与金属线直径的比例也在不断下降。

同样,超细间距引线键合技术难度也不断提高。为实现超细间距引线键合,金属线尺寸不断减小。当引线间距为 40 μm 时,金属线直径需要减小至 18 μm,这将带来一系列挑战,如线弧长度要足够短(过长会发生引线摆动,造成相邻引线间短路)、焊点键合强度低、电导率低、引线强度低等。当引线尺寸减小,焊球尺寸相应减小,小焊球尺寸控制和球形焊点键合强度成为影响键合可靠性的主要因素。键合参数设置过大会引起金属焊盘剥落,键合参数设置过小则会引起引线与金属焊盘不黏合。焊球尺寸公差要控制得非常小,相应毛细管劈刀尖端直径也随之变小,以防毛细管劈刀与相邻金属线之间相互干扰。此外,细间距引线键合的另一个问题是焊点可靠性下降。芯片测试时在焊盘表面遗留下的探针痕迹可能会对焊点可靠性产生巨大影响。对细间距焊点进行长时间运行测试时,因界面间原子互扩散行为而形成的裂纹会引起焊点可靠性严重退化。对细间距球焊点进行 175 ℃ 高温老化(JEDEC 标准)不到 1 000 h 时,裂纹已占据大部分键合界面。

超细间距引线键合的优点和缺点见表 2.5。

表 2.5 超细间距引线键合的优点和缺点

优点	高 I/O;低成本;芯片尺寸小;轻量化封装;高晶圆产量;更好的电性能
缺点	引线尺寸小,无法黏合在焊盘上,焊球抬起,键合性差;引线长度短,电导率、强度、硬度低;毛细管劈刀尖端直径需要足够小;对键合参数设置敏感;在引线框架上的黏合性差,尾丝键合点张开,导致引线不黏合;探针引起焊盘损伤,导致引线不黏合和引线抬起;超细间距 Cu 引线键合工艺难以控制,易产生引线张开、尾丝长度短等缺陷

采取以下措施可以缓解以上问题:① Au 线表面镀 Ni,提高金属线强度、弹性模量,降低金属线摆动幅度;② 采用具有分离探测区域的焊盘结构,避免了探针痕迹对焊点键合强度的影响;③ 改变劈刀形状和尺寸,从而增加焊点键合强度;④ 提高劈刀振动频率,增加应变速率并提高焊点键合强度;⑤ 选择合适纯度的金属引线,如 99.9% 纯度的 Au 线较 99.99% 纯度的 Au 线更适合超细间距引线键合。

Cu 丝常用作 Au 丝的替代品应用于超细间距引线键合技术中。超细间距 Cu 引线键合的挑战在于 Cu 硬度高,需要更大的键合能量,但过大的键合能量又会引起上述的键合质量问题。为解决以上矛盾,工业界提出第二键合点压球(Bond Stitch on Ball,

BSOB)技术。图 2.64 是 BSOB 技术示意图。在脆弱的芯片焊盘上首先形成一个金属凸点,后续引线键合时将所需键合能量较低的第二焊点键合在金属凸点上,有效缓解了键合能量过大的问题,将所需键合能量较高的第一焊点键合在抗冲击能力更强的焊盘区域如引线框架上的焊盘上。金属线表面镀层法在近几年也被广泛应用于超细间距引线键合技术中,在强度较高且易氧化的 Cu 线表面镀 Pd 层,可以提高金属引线抗氧化和耐腐蚀性能,形成的金属引线在潮湿和偏电流条件下具有更高的稳定性。

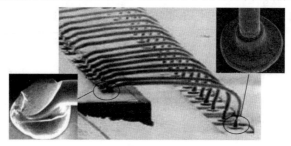

图 2.64　BSOB 技术示意图

本 章 习 题

2.1　热压键合的机理是什么?

2.2　阐述热压键合、超声键合及超声热压键合三种方法的特点。

2.3　Al 丝在 Au 膜和 Al 膜上进行超声键合各有什么特点?

2.4　比较 Ag、In、Al、Au、Ni、Cu 材料热压键合的难易程度。In 是否适合于热压键合?

2.5　氧化膜与母材硬度之比越大越易实现热压键合,是否也说明母材(丝)越软越容易实现热压键合?

2.6　超声热压键合的机理是什么?

2.7　超声在超声键合过程中所起的作用有哪些?

2.8　Au 丝超声热压键合存在哪些可靠性问题?

2.9　Cu 丝键合的优点及挑战是什么?

本 章 参 考 文 献

[1] CHAUHAN P S,CHOUBEY A,ZHONG Z W,et al. Copper wire bonding[M]. New York:Springer,2013.

[2] HARMAN G. Wire bonding in microelectronics[M]. New York:McGraw Hill,2010.

[3] 杭春进. 引线键合铜球可变形性在线测量及 Cu/Al 界面反应研究[D]. 哈尔滨:哈尔滨工业大学,2008.

[4] TIAN Y H,WANG C Q,LUM I,et al. Investigation of ultrasonic copper wire wedge bonding on Au/Nr plated Cu substrates at ambient temperature[J]. Journal of Materials Processing Technology,2008,208:179-186.

[5] HANG C J,WANG C Q,MAYER M,et al. Growth behavior of Cu/Al intermetallic componds and cracks in copper ball bonds during isothermal aging[J]. Microelectronics Reliability,2008(48):416-424.

[6] 计红军. 超声楔形键合界面连接物理机理研究[D]. 哈尔滨:哈尔滨工业大学,2008.

第 3 章 微软钎焊原理与方法

常用的焊接方法主要分为固相焊、熔化焊和钎焊。电子封装中固相焊以 Au、Cu 的丝球焊和 Al 的楔形焊为代表,而钎焊则广泛应用于插装器件、表面贴装器件与印刷电路板的连接以及芯片之间或芯片与基板之间的内部电路互连。相比于固相焊只能实现逐点连接,钎焊作为一种高效的互连手段可以实现所有焊点(solder joint)的一次性快速成型,且连接过程与熔化焊相比更加容易控制,因此在电子封装中应用更为广泛。

本章将首先介绍软钎焊方法的原理,对钎焊过程中的溶解、扩散及润湿过程进行阐述,然后介绍电子封装中微软钎焊方法的特殊性。为响应无铅化环境保护,对无铅钎料的性质及应用进行着重介绍,包括钎料常用的金属元素以及软钎焊钎料的种类选择。随后对无钎剂软钎焊技术及电子组装软钎焊方法进行介绍,包括超声波清洗波峰焊、氩原子溅射无钎剂软钎焊、无氧气氛中的激光无钎剂软钎焊、激光调制超声无钎剂软钎焊、波峰焊、红外再流焊、热风再流焊、气相再流焊、激光再流焊。再对钎焊过程中焊点界面的反应进行介绍,分析各种钎料与焊盘的作用机理及可靠性。最后对微软钎焊焊点的形态仿真方法进行论述,为钎焊过程中焊点形貌可控提供理论支持。

3.1 软钎焊方法原理

钎焊是指焊接过程中母材不发生熔化,当温度超过钎料熔点后,钎料熔化,呈液态在母材表面润湿铺展,通过钎料和母材金属元素之间的溶解和扩散发生冶金反应,凝固后实现冶金连接。

钎焊过程与熔化焊和扩散焊相比,加热温度低,变形和应力小,可根据强度和焊接温度的需要填充多种金属,且适合于异种金属、难熔金属的连接,但焊点强度一般低于母材,多采用搭接焊点。

钎焊连接按照钎料熔点不同,一般可以分为硬钎焊($>$ 450 ℃)和软钎焊($<$ 450 ℃)。电子封装中常用的钎料熔点较低(如 Sn63Pb37 的熔点为 183 ℃、Sn96.5Ag3.0Cu0.5(SAC305)的熔点为 217 ℃),属于软钎焊的范畴。

软钎焊的过程可以描述为:在钎剂去除金属化层表面的氧化物后,暴露出新鲜的金属与熔融钎料接触,钎料要在焊盘金属上充分地润湿和铺展;焊盘金属元素溶解进入熔融的钎料,形成金属间化合物。虽然不同的焊盘金属化层和钎料会发生不同的冶金反应,但大体都包括溶解、扩散、反应和凝固几个过程。

3.1.1 润湿与填缝

1. 钎料的润湿

液态钎料与母材接触后,由于体系自由能降低而自动铺展的现象称为润湿,如图3.1 所示。润湿的驱动力来自液体和固体接触后体系自由能降低。润湿行为取决于母材表面、液态钎料表面和固—液界面的能量变化。因此在介绍润湿之前,需要先介绍表面张力。

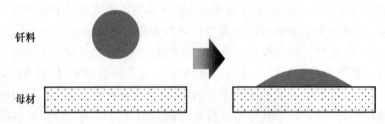

图 3.1 钎料在母材的表面润湿现象

作用于液体表面,使液体表面积缩小的力,称为液体表面张力。分子压力是产生表面张力的根源。相界面处表相分子受力不均匀,表相分子有向体相运动的趋势,因而对体相产生一种压力,称为分子压力。分子压力力图将表面积缩小。也就是说,表面层里的分子比液体内部稀疏,分子间的距离比液体内部大一些,因此分子间的相互作用表现为引力。类似于要把弹簧拉开些,弹簧反而表现具有收缩的趋势。增加单位表面或界面面积所需要的最低能量,就是单位面积上的自由能(J/m^2),单位也可以用 N/m 表示,因此也可以理解为作用在单位长度表面或界面上的切向力。

如图 3.2 所示,液态钎料呈球冠状,构成一个固、液、气三相体系。当固、液、气三相达到平衡时,可以由杨氏(Young)方程表示各界面张力之间的关系,表达式如下:

$$\sigma_{SG} = \sigma_{LG}\cos\theta + \sigma_{LS} \tag{3.1}$$

$$\cos\theta = \frac{\sigma_{SG} - \sigma_{LS}}{\sigma_{LG}} \tag{3.2}$$

式中 σ_{SG}——焊盘与气相的界面张力;

σ_{LS}——液态钎料和焊盘的界面张力;

σ_{LG}——液态钎料和气相的界面张力。

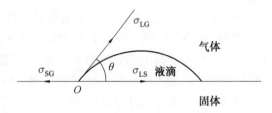

图 3.2 固、液、气三相体系

从三相接触点沿液态钎料和气相的界面作切线,切线与固/液界面的夹角 θ 称为润湿角。当润湿角小于 90°时，$\sigma_{SG} > \sigma_{LS}$，称为润湿；当润湿角大于 90°时，$\sigma_{SG} < \sigma_{LS}$，称为不润湿。极端情况下，当润湿角为 0°时，称为完全润湿；当润湿角为 180°时，称为完全不润湿。

由此可知，σ_{SG} 和 σ_{LS} 差值越大，润湿或不润湿的程度越大，σ_{LG} 影响润湿的程度，不决定是否润湿。

当 σ_{SG}、σ_{LS}、σ_{LG} 处于平衡状态时，三个力之间是相互制约的。σ_{SG} 力图使熔融钎料铺展，而 σ_{LS} 和 σ_{LG} 则力图使熔融钎料收缩，最后达到平衡状态。σ_{SG} 增大或 σ_{LS} 和 σ_{LG} 减小，都可以使润湿角 θ 变小，铺展面积变大。从物理意义上来说，σ_{LG} 减小意味着液体内部的原子对液体表面的原子的吸引力变小，而 σ_{LS} 减小则意味着焊盘对液体的吸引力加强，从而使液体铺展。一般来说，在进行钎焊时，$\theta < 30°$ 效果最佳。

系统总的能量由三部分组成：

$$E_{total} = E_S + E_L + E_{LS} \tag{3.3}$$

式中　　E_{total}——系统总能量；

　　　　E_S——固相表面能；

　　　　E_L——液相表面能；

　　　　E_{LS}——固-液界面能。

各部分能量可由面积与表面或界面张力的乘积表示：

$$E_{total} = (A_{S0} - A_{LS})\sigma_{SG} + A_L\sigma_{LG} + A_{LS}\sigma_{LS} \tag{3.4}$$

软钎焊过程中，可认为钎料体积不变，则体积为常数，忽略重力作用，液面表面积和固-液界面积达到平衡时：

$$\frac{dE_{total}}{dr} = 0 \tag{3.5}$$

式中　　r——液滴半径。

2. 钎料的填缝

当把钎料放在钎缝间隙附近，钎料熔化后有自动填充间隙的能力，即钎料填缝。这是由于液态钎料对母材润湿而产生弯曲液面。如果将金属细管插入液态钎料中，管子的半径足够小，则在管壁处的液面呈现连续的弯曲液面，因而产生附加压力，使钎料沿细管上升，这就是通常所说的毛细现象。

毛细现象对于钎焊过程具有实际的意义。当将两互相平行的金属板垂直插入液态钎料中时，假设平行金属板无限大，钎料量无限多，由于存在毛细作用，如果钎料可以润湿金属板，钎料能否填满钎缝取决于它在母材中的毛细流动特性。图 3.3 是液态钎料填充平行板示意图。液面的最大爬升高度可由杨-拉普拉斯（Young-Laplace）方程计算：

$$\Delta p = \sigma_{LG}\left(\frac{1}{R_1} + \frac{1}{R_2}\right) \tag{3.6}$$

式中　　Δp——弯液面两侧的附加压力差；

　　　　σ_{LG}——界面张力；

　　　　R_1、R_2——两垂直方向上的曲率半径。

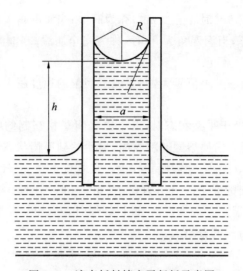

图 3.3　液态钎料填充平行板示意图

R— 液面曲率半径；h— 液面上升高度；a— 两平行板间隙

由于假设平板为无限大，所以沿平行于平板方向上的曲率半径 $R_1 \to \infty$，则 $\dfrac{1}{R_1} \to 0$，所以

$$\Delta p = \sigma_{LG}\left(\dfrac{1}{R_1}+\dfrac{1}{R_2}\right)=\dfrac{\sigma_{LG}}{R_2} \tag{3.7}$$

根据流体静力学的关系可知：

$$\Delta p = \rho g y \tag{3.8}$$

所以

$$y = \dfrac{\sigma_{LG}}{\rho g R_2}=\dfrac{\sigma_{LG}\cos\theta}{\rho g x} \tag{3.9}$$

式中　ρ——液态钎料的密度；

　　　g——重力加速度；

当 $x=a/2$ 时，θ 为润湿角，此时有

$$y = h = \dfrac{2\sigma_{LG}\cos\theta}{\rho g a}=\dfrac{2(\sigma_{SG}-\sigma_{SL})}{\rho g a} \tag{3.10}$$

在钎焊中，润湿是填缝的必要条件。润湿产生凹液面及附加压力。因此当润湿时，液体向间隙内部自动进入，间隙越小，上升高度越大；不润湿时液体自动退出间隙，如图 3.4 所示。

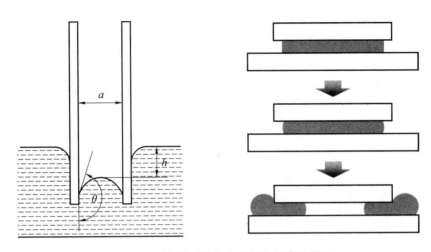

图 3.4 不润湿时液体自动退出间隙示意图

3. 钎料润湿性评价

对润湿行为的定量表征一般是测量润湿角、铺展面积和润湿力。测量钎料润湿角时取一定体积的钎料,采用相应的去膜措施在规定的温度保持一定的时间冷凝后切取横截面,测量润湿角。图 3.5 是动态润湿角测量设备示意图。

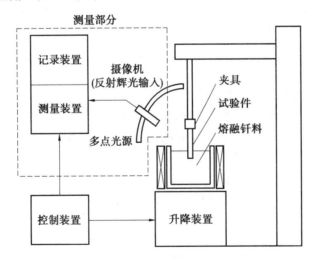

图 3.5 动态润湿角测量设备示意图

润湿力测量是将试片浸入熔融钎料中,在浸入和拉出的期间测量作用在试片上的作用力,通过信号变换器在记录仪上连续记录润湿力和时间的关系曲线,润湿力测量曲线如图 3.6 所示。测量过程中试件不动而钎料动。开始时,不润湿,有氧化膜,润湿力为负;圆角为平时,润湿力为 0;圆角凹时,润湿平衡。关键参数有加热开始时间、润湿爬升时间和最大润湿力。

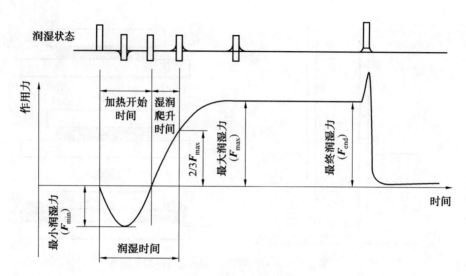

图 3.6　润湿力测量曲线

4. 影响钎料润湿性的因素

影响钎焊中的润湿铺展行为的本质因素主要取决于钎料与母材的成分、金属表面的氧化物和表面活性物质等。工艺因素则包括温度和时间、钎剂和表面粗糙度等。一般来讲，纯金属很少用作钎料，因为可选择范围很小。如果加入合金元素，则可以调节钎料熔点和钎焊的温度，改善润湿性、强度、塑性、电导率、耐腐蚀性等。应注意尽量加入与母材形成共同相的合金元素，加入合金元素后应使液态钎料与母材的界面张力减小，且应避免使钎料的熔点升高太多。

（1）温度对润湿铺展的影响。

高的温度会带来更大的原子活度，提供克服表面障碍的能量，使反应速率呈指数增加。温度决定了一个给定合金成分的相的关系，无论是形成固溶体还是金属间化合物。同时，液态钎料的流动性也会随着温度的升高而提高。

液体的表面张力（σ）与温度（T）的关系可以用如下表达式描述：

$$\sigma A_\mathrm{m}^{2/3} = K(T_0 - T - \tau) \tag{3.11}$$

式中　A_m——一个摩尔液体分子的体积；

K——常数；

T_0——表面张力为零时的临界温度；

τ——温度常数。

随着温度的升高，液体的表面张力减小，提高了润湿铺展性能；固液反应增强，界面张力减小；但温度升高过度，钎料铺展性太强，会造成钎料流失。另外，高温也会促进氧化物的形成，给钎焊带来困难。

（2）时间对润湿铺展的影响。

润湿行为因为涉及钎料和焊盘间反应的动力学速率、钎剂的作用、焊盘的热传导等，所以是时间相关的。钎焊过程需要为钎料的润湿、进入或者吸入焊盘的不同部位提供足够的时间。

(3) 蒸气压对润湿铺展的影响。

对于传统的 SnPb 钎料,蒸气压可以忽略不计,但是对于其他钎料,蒸气压可能是显著因素,在选择或使用具有相当大的蒸气压的钎料时需要注意。

(4) 表面的冶金和化学性质对润湿铺展的影响。

合金的成分和熔融钎料的流动性会影响润湿以及铺展速度。形成固溶体和金属间化合物对润湿和铺展也有相当大的影响。晶界处的润湿与块体不同。被焊材料表面氧化膜的存在将会阻止润湿铺展,氧化物降低了金属的表面张力,不利于润湿铺展行为的进行,因此,一般钎焊中均采用钎剂去除金属表面的氧化物。当钎料和焊盘金属表面覆盖钎剂后,液态钎料终止铺展时的平衡方程为

$$\cos\theta = \frac{\sigma_{SO} - \sigma_{LO}}{\sigma_{LG}} \Rightarrow \frac{\sigma_{SF} - \sigma_{LS}}{\sigma_{LF}} \tag{3.12}$$

式中 σ_{LF} —— 液相与钎剂的界面张力;

σ_{SF} —— 固相与钎剂的界面张力;

σ_{SO} —— 固相与氧化物的界面张力;

σ_{LO} —— 液相与氧化物的界面张力。

钎剂在钎焊过程中的作用如图 3.7 所示。钎剂使固－液界面张力回复(相对于钎料－氧化膜界面),降低熔融钎料的表面张力,促进钎料在焊盘表面的润湿铺展。类似地,有机物薄膜或颗粒也会影响润湿铺展,比如油污或硅胶,需要不同类型的清洁剂去除。此外,钎剂还可以形成液态薄膜覆盖在焊盘和钎料表面,隔绝空气,保护其不被氧化。

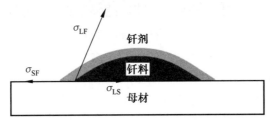

图 3.7 钎剂在钎焊过程中的作用

(5) 表面几何形状对润湿铺展的影响。

润湿角是判断润湿铺展行为的一个关键指标,因此焊盘表面的几何形状是控制铺展的一个重要因素。用钢丝刷打磨被焊金属表面,不仅可以清洁表面,而且所形成的尖锐的沟槽可以作为毛细管,促进钎料润湿和铺展。另一个钎焊中经常遇到的问题是反润湿,即金属表面在初始阶段是可以被钎料润湿的,但是当钎料冷却时,内聚力超过了润湿铺展的力,钎料不再润湿金属表面,而形成球形。这个问题通常是由金属表面污染造成的或者金属表面带入了颗粒,使润湿较弱或者可能只有局部润湿。这里需要指出的是,接触角不同于润湿角,接触角可能由于倾斜角度或其他因素干扰,大于或小于润湿角。

(6) 环境气氛对润湿铺展的影响。

钎焊时,如果钎焊区域暴露在空气中,金属表面极易氧化,严重阻碍钎料的润湿铺展。当采用保护气氛(如惰性气体氮气)钎焊,就可以保护金属不被氧化以利于钎料的润湿。而如果采用还原性气氛(如氢气和一氧化碳)钎焊,则不仅可以保护金属不氧化,而且还可以将金属氧化膜还原。真空钎焊则将焊接组件置于真空气氛内,使金属氧化得到抑制。这些环境都能够促进钎料的润湿铺展。

3.1.2 溶解与扩散

熔融钎料在润湿铺展的同时,溶解与扩散也在发生,驱动力是钎料和焊盘金属之间的化学位梯度。扩散作用分为两类:一是基体金属向熔融钎料中的扩散,二是钎料组分向焊盘金属中的扩散。其中,电子封装中的钎焊大多以基体金属向熔融钎料中溶解与扩散为主,主要依赖于基体金属在钎料中的溶解度,母材组分向钎料中的扩散如图 3.8 所示。钎焊时,一般温度较高,相应的溶解度也较高,当超过饱和溶解度后便以金属间化合物的形式析出。

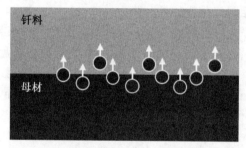

图 3.8 母材组分向钎料中的扩散

焊盘金属在熔融钎料中的溶解过程是一个多相反应过程,包括两个阶段,第一阶段是焊盘金属向熔融钎料表面层扩散,第二阶段是扩散边界层向熔融钎料的远端扩散。第一阶段是与钎料接触的焊盘表面层的溶解,其实质是熔融钎料对焊盘金属表面的润湿,以及破坏原有的金属键,使焊盘金属表面层原子从原有晶格中释放,与钎料中的金属原子形成新的键。第二阶段,被溶解原子通过扩散边界层向熔融钎料内部扩散。因此,由于焊盘金属的参与,焊点的化学成分和原始钎料有很大的不同,尤其是对于电子封装中的微小尺寸互连焊点。一方面,可以使钎料成分合金化,界面形成有效的冶金连接,有利于提高连接强度。另一方面,电子封装中的焊盘金属厚度普遍较薄(倒装焊中芯片端的凸点下金属化层(UBM)厚度为亚微米级甚至更小),如果控制不当,可能会造成焊盘金属的过度溶解,带来严重的可靠性问题。同时,焊盘金属的溶解,可能会带来钎料熔点升高、黏度增加、流动性变差,导致填缝能力明显下降等问题。

1. 母材向液态钎料中的溶解

焊盘金属在熔融钎料中的溶解主要有如下作用:促进焊点成分合金化,提高焊点的强度;溶解过程可清洁母材表面,促进铺展和填缝;但母材过度溶解会造成溶蚀缺陷,不利于封装可靠性;溶解的母材成分会使钎料熔点升高,可能阻碍填缝。

可以从动力学的角度阐释钎焊溶解过程中钎料成分的变化状态,但焊盘金属在实际焊接过程中向熔融钎料中的溶解行为是十分复杂的,因此,对其分析时进行稳态的假设。假设溶解过程温度恒定,则溶解反应速度方程为

$$\frac{dQ}{dt} = KS\frac{c_1 - c}{\delta} \tag{3.13}$$

式中　Q——固相溶入液态钎料的量;
　　　t——固-液接触时间;
　　　K——溶解速率;
　　　S——固液相界面的面积;
　　　c_1——饱和浓度;
　　　c——某一时刻的浓度;
　　　δ——扩散层厚度。

其物理意义为溶解速率正比于固-液相界面面积 S,正比于饱和浓度与液体实际浓度之差。当温度变化时,c_1 和 K 都发生相应变化。

令 $a = K/\delta$ 及

$$Q = \rho_s V c$$

式中　ρ_s——钎料密度;
　　　V——液态钎料体积。

得到

$$dVc/dt = aS/\rho_s(c_1 - c)$$

当温度、液态钎料体积和固液接触面积均为常数时,有

$$Q = \rho_s c_1 V\left[1 - \exp\left(-\frac{aSt}{V}\right)\right] \tag{3.14}$$

由式(3.14)可见,焊盘金属向钎料中的溶解与多因素相关,这里可以将其分为本质因素和工艺因素。本质因素包括母材在钎料中的极限溶解量、钎料组分在母材中的饱和固溶度、金属间化合物。如果二者固-液态下均不互溶,则不会发生溶解;反之,则会发生溶解。极限溶解度越大,溶解量越多。若钎料中含有母材组分,则该组分越多,母材溶解量越少。工艺因素则包括温度和时间、钎料量等,例如溶解量随温度呈指数函数增加,又如预置定量钎料时,溶解随时间增加达到饱和,而浸沾钎焊时,溶解量会一直增加。

2. 钎料与母材之间的扩散

在钎焊过程中,在钎料润湿母材的同时伴有扩散现象的发生,钎料组分向母材中的扩散如图 3.9 所示,并且在此后的过程中扩散过程将继续进行。扩散本身是一种物质传输过程,在金属与合金的晶体中,原子自身的热运动导致其位置的转移。

按照扩散优先发生的部位来划分,扩散又可分为晶内扩散(体扩散)、表面扩散、晶界扩散、晶格内面扩散(网格状扩散)、选择性扩散;晶内扩散是指钎焊时,熔融钎料成分均匀扩散到母材晶粒中的情况,或称为体扩散;表面扩散是在金属的结晶生长和粉末烧

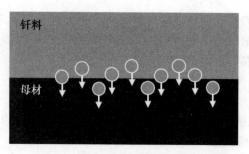

图3.9　钎料组分向母材中的扩散

结时产生的表面现象之一,它是与金属原子在结晶表面移动有关的现象,当蒸气相原子在固体表面凝结时,与固体表面碰撞的原子沿着该表面自由扩散,最终获得稳定位置而固定在晶格上,原子的这种移动现象称为表面扩散;熔融钎料的原子沿母材结晶界面扩散的现象称为晶界扩散;钎料组元沿母材晶体内的特定晶面向特定方向的扩散称为晶格内面扩散,也称网格状扩散;当钎料由两种以上金属构成合金时,在钎焊过程中,如果只有某种元素扩散较快而其他金属元素扩散较慢或完全不扩散,这种现象称为选择性扩散。

一般使用菲克(Fick)定律对钎焊过程中扩散现象进行数学描述,Fick 第一定律认为,在扩散过程中,各处的浓度 c 只随距离 X 变化,而不随时间 t 变化,即 $\partial c/\partial t=0$,此时的扩散称为稳态扩散。在稳态扩散过程中,通过某一截面的扩散流量 J 与垂直于此截面方向上的浓度梯度 $\partial c/\partial X$ 成正比,其方向与浓度降低的方向一致,即

$$J = -D\frac{\partial c}{\partial X} \tag{3.15}$$

式中　　D——扩散系数;
　　　　c——原子浓度。

Fick 第二定律认为,如果在扩散过程中,各处的浓度随时间变化,即 $\partial c/\partial t \neq 0$,此时通过各处的扩散流量不再相等,且随距离变化,这样的扩散称为非稳态扩散。在非稳态扩散过程中,Fick 定律具有如下形式:

$$\frac{\partial c}{\partial t}=D_x\frac{\partial^2 c}{\partial x^2}+D_y\frac{\partial^2 c}{\partial y^2}+D_z\frac{\partial^2 c}{\partial z^2} \tag{3.16}$$

扩散系数 D 在扩散过程中并非常数,它与晶体结构、原子尺寸、合金成分、温度等因素有关。实验结果表明其他条件一定的情况下,扩散系数 D 与温度 T 之间满足如下关系:

$$D=D_0\exp(-Q/RT) \tag{3.17}$$

式中　　D_0——扩散常数;
　　　　Q——溶质原子的扩散激活能;
　　　　R——气体常数;
　　　　T——热力学温度。

根据上述对钎焊过程中扩散过程的数学描述,可以定量计算钎焊过程中的扩散量:

$$dm = -DS \frac{dc}{dx} dt \qquad (3.18)$$

式中　dm——钎料组分的扩散量；

　　　dt——扩散时间；

　　　D——扩散系数；

　　　S——扩散面积；

　　　dc/dx——浓度梯度。

钎焊扩散反应完成后，焊接焊点形成冶金结合，通常认为如果扩散进入母材的钎料组分浓度在饱和溶解度之内，则形成固溶体组织扩散区，如图 3.10 所示。扩散区组织对性能的影响不大，此时界面区组织对焊点性能影响很大。但焊点钎料合金部分与原始成分有很大的差异，如冷却时扩散区发生相变，则组织会产生相应的变化而严重影响焊点的性能。

因此界面上形成固溶体组织，可有效提升扩散区焊接可靠性。扩散界面形成固溶体条件为：钎焊纯金属或单相合金；采用同样基体的钎料且是单相合金；钎焊凝固时，钎料直接从母材晶粒表面生长；钎焊界面消失，如用黄铜钎料焊接铜；良好的强度和塑性；母材与钎料的基体相同，会出现局部的交互结晶，如铝硅钎料钎焊铝合金。

图 3.10　钎料及母材互扩散分布图

3.1.3　电子封装中微软钎焊的特殊性

前面介绍了常规软钎焊方法的概念和基本原理，在电子封装微小焊点的软钎焊过程中，有许多与常规大型结构件软钎焊不同的地方，其特殊性体现在以下几个方面。

① 焊点形式：从力学角度来看，片式电阻和电容的微软钎焊焊点形式可能不合理，对焊点的圆角形态有更多的要求。

② 填缝过程：大多数无毛细填缝过程属于附着钎焊，如面阵列封装焊点和倒扣键合焊点。

③ 钎焊过程：加热时间短，通常为几十毫秒到几分钟。大批量的焊点需要同时实现连接。一些微软钎焊方法如激光软钎焊和电磁感应软钎焊为非平衡加热和非均匀加热。

④ 性能要求：考虑钎焊方法对元器件的热影响，优先考虑导电、导热等物理性能以及长期服役可靠性。

⑤ 材料特点：微软钎焊的材料通常为微球、多层薄膜、细丝和箔等，钎焊过程中溶解的控制极为重要。

根据微软钎焊方法的特殊性，掌握以下几个概念尤为重要。

① 可润湿性：待钎焊表面在规定的钎焊时间内被熔融钎料润湿，而且钎焊后不出现弱润湿或反润湿现象等缺陷，得到良好钎焊结果的能力。

② 耐软钎焊性：钎焊加热及由此产生的应力不对元器件产生影响，具有可进行多次钎焊的能力。

③ 弱润湿：待钎焊表面开始时被润湿，但钎焊后钎料从部分表面浓缩成液滴。

④ 反润湿：接触时间延长，从而使得电镀金属熔化并暴露出难焊表面。过高温度也会导致这个问题。

3.2　无铅软钎焊技术

铅对人类健康的危害和环境的污染，已引起广泛的关注，迫使人们在世界范围内禁止铅的使用或限制其使用量。日本电子封装协会（JIEP）2005 年彻底废除电子产品中铅的使用；索尼（Sony）、松下（Panasonic）、东芝（Toshiba）等电子制造商实现了消费类电子产品无铅化；欧盟《关于限制在电子电器设备中使用某些有害成分的指令》（Restriction of Hazardous Substances，RoHS）规定，"自 2006 年 7 月 1 日起，在欧盟市场上销售的全球任何地方生产的属于规定类别内的电子产品不得含铅"；美国电子工业协会（EIA）于 1999 年开始实施无铅工程；中国信息产业部制定的《电子信息产品污染控制管理办法》于 2007 年 3 月 1 日实施，提出电子信息产品不能含有铅、汞、镉、六价铬、多溴联苯或者多溴二苯醚等有害物质。

此外，随着社会的发展，人们对生存环境和其可持续发展越来越重视，环保意识也逐渐增强。工业废弃品中的铅通过渗入地下水而进入动物或人类的食物链，对人体造成很大的危害，这就要求限制铅的使用。

3.2.1　合金元素的作用

常用软钎料合金元素有 Sn、Pb、Ag、Bi、In、Sb、Cu 等，它们的熔点见表 3.1。大部分情况下，软钎焊钎料通常会选用共晶 SnPb、SnPbAg 和 SnAgCu 等软钎料，因为通过相图可知，共晶温度要低于任意其他比例组成物合金的熔点。当然，钎料的使用并不一定要绝对共晶。此外，Bi 和 In 的加入可以制备更低熔点的低温软钎料。钎料的形式也有很多种，如棒、锭、丝、粉末、预成形片、钎料球、钎料柱、钎料膏等。

表 3.1　常用软钎料合金元素熔点

合金元素	Sn	Pb	Ag	Cu	In	Sb	Bi
熔点 /℃	232	327	961	1 083	156.6	630.5	271.5

(1) Sn。

Sn 晶体结构是体心四方,c 轴为 0.318 nm,而 a 轴和 b 轴为 0.583 nm,c 轴比 a 轴和 b 轴短一半左右。因此,Sn 具备非常明显的各向异性。c 轴热膨胀系数(30.50×10^{-6} ℃$^{-1}$)是 a 轴和 b 轴(15.45×10^{-6} ℃$^{-1}$)的两倍左右,而 c 轴弹性模量(68.9 GPa)是 a 轴和 b 轴(22.9 GPa)的 3 倍左右。Sn 基互连焊点内的晶粒数目很少,所以焊点也会表现出明显的各向异性,这在热循环、电迁移和热迁移等很多行为中都有明显的体现。另外,低于 13.2 ℃ 条件下白色 Sn(β-Sn)会向灰色 Sn(α-Sn)转变,白色 Sn 为具有光泽的金属,灰色 Sn 为半导体,呈粉末状。白色 Sn 到灰色 Sn 的转变过程中体积膨胀 25%,有光泽的金属会变成粉末。Ag、Cu 和 Pb 等合金元素加入后,可以抑制白色 Sn(β-Sn)向灰色 Sn(α-Sn)转变。

(2) Pb。

Pb 主要起到降低熔点、增加润湿性、提高强度、增加韧性和提高抗氧化性能等作用;加入 Pb 后还可以阻止锡须生长,防止 Sn 发生由 β-Sn 向 α-Sn 转变,同时可以减缓金属间化合物的产生。

(3) Ag。

Ag 含量(如无特殊说明,本书合金中元素含量均指质量分数)低于 2% 时,降低熔点、提高润湿性和强度;提高抗蠕变性能 —— 固溶强化;超过 3% 时,焊点表面出现金属间化合物的白色砂粒状组织。

(4) Cu。

Cu 含量小于 0.7% 时,熔点下降,强度、抗蠕变性能增强;在结晶时析出金属间化合物,黏度增加,易出现桥接等缺陷;也会出现金属间化合物的白色砂粒状组织。

(5) Sb。

Sb 可提高 Sn-Pb 钎料的强度和抗蠕变性能;具有固溶强化作用;超过 6% 时脆硬,润湿性和抗腐蚀能力变差。

(6) Bi。

Bi 含量小于 3% 时,降低熔点;含量超过 2% 时,焊点失去光泽;含量过高,脆性增加;容易发生蠕变。

3.2.2 钎料中的杂质

(1) Au。

Au 在液态钎料中的溶解度很大,但在固态钎料中很小,析出的脆性物质来自于镀层的溶解。

(2) Zn。

Zn 含量 1% 以上时,严重影响焊点外观、钎料的流动性和润湿性;含量严格控制在 0.005% 以下。

(3) Al。

Al 影响润湿性和流动性,钎料容易氧化和腐蚀;含量严格控制在 0.005% 以下。

(4) Cd。

Cd含量超过0.001%时,产生的氧化物夹杂会影响钎料的流动性。

(5) Fe、Ni。

Fe、Ni来自容器的溶解,但由于溶解速率和溶解度很低,影响不大。

3.2.3 软钎料选用原则

软钎料的选用可以从以下几个方面考虑:① 合金熔化范围,与使用温度有关。钎料最好具有共晶点,或者尽量减小固相线和液相线之间的温度差,这样可以保证焊点在凝固时同步,避免出现固液共存的糊状区,形成缺陷;对于长期在高温下工作的焊点,适当提高钎料的熔点有利于提高抗蠕变的能力。比如,对于SAC305来说,室温25℃就超过了$0.6T_m$(绝对温度,K),因此,如果长期在高温下服役,蠕变会加速,严重影响服役寿命。然而,熔点又不能太高,否则再流温度就会相应地提高,带来更大的热应力,同时对其他封装材料或器件也会造成损伤。目前,具有合适熔点和优良综合性能的钎料合金十分有限。② 合金机械性能,与使用条件有关。比如,手持设备经常受到意外机械冲击,并不要求焊点本身有过高的机械强度,而是主要考虑其吸收应力的能力,所以经常采用强度不高的低Ag钎料(Sn98.5Ag1.0Cu0.5);而如果是处在温度经常变化的环境,受外界机械冲击概率较小,则考虑采用SAC305共晶钎料,其中Ag_3Sn在Sn基钎料中起到的强化作用有利于焊点抵抗蠕变和疲劳破坏。③ 导电性和导热性。这也是要重点考虑的性能,因为对于焊点,除了要保证其可靠的机械连接外,还要考虑其导电和散热的能力。④ 冶金相容性。钎料中的成分最好和焊盘金属有交互作用,比如生成金属间化合物或相互之间有一定的固溶度。⑤ 使用环境相容性。潮湿环境中要考虑抗腐蚀性,比如Ag离子的电化学迁移。⑥ 在特定基板上的润湿能力。比如陶瓷、玻璃等基板,In的润湿能力更强一些。⑦ 在满足使用性能的情况下,尽量选用低成本钎料。

替代传统的SnPb合金钎料的无铅钎料是SnAg、SnAgCu以及SnCu合金。这些Sn基钎料都有很高含量的Sn,SnCu合金中99.3%,SnAgCu合金中95%~96%。因此,无铅钎料与Cu之间的化学反应本质上是Sn-Cu反应。对于Sn基无铅钎料,熔点升高30~50℃,相应地,再流焊温度也要提高30~50℃。因此,界面反应会因为Sn含量和再流焊温度的提高而加速,造成金属间化合物快速生长,过度生长的金属间化合物会带来严重的界面可靠性问题。此外,Sn含量提高后,产生Sn晶须的倾向也增加。而且,Sn基无铅钎料的润湿铺展性能也会比SnPb共晶钎料差,润湿角由SnPb共晶钎料的11℃升高至30℃以上。

3.2.4 常用无铅钎料

1. Sn-Ag 系钎料

Sn-Ag二元共晶相图如图3.11所示。共晶成分为Sn3.5Ag,熔点为221℃。结晶组织为$\beta-Sn+Ag_3Sn$。Ag在Sn中固溶度很小,主要以Ag_3Sn形式存在。Sn-Ag钎料成本较高。当 Ag 含量低于 2% 时,可以降低熔点、提高润湿性,通过固溶强化提高强度和抗蠕变性能,超过 3% 时,焊点内出现明显的 Ag_3Sn 金属间化合物的析出。

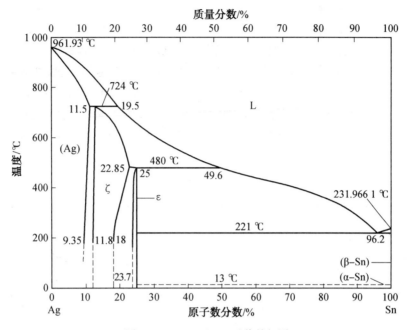

图 3.11 Sn－Ag 二元共晶相图

2. Sn－Cu 系钎料

Sn－Cu 二元合金相图如图 3.12 所示。Sn－Cu 系钎料共晶成分为 Sn0.7Cu,熔点

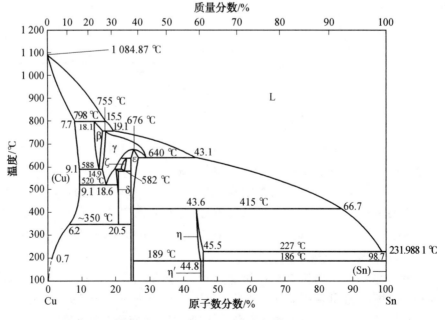

图 3.12 Sn－Cu 二元合金相图

为 227 ℃，结晶组织为 β－Sn＋Cu_6Sn_5 金属间化合物。Sn－Cu 系钎料合金成本低，力学性能和可靠性相对较差，Cu_6Sn_5 不稳定，随着温度升高或时间延长变得粗大。Sn0.7Cu 常用于波峰焊和手工钎焊。

3. Sn－Bi 系钎料

Sn－Bi 二元合金相图如图 3.13 所示。共晶成分为 Sn58Bi，熔点为 139 ℃。结晶组织为富 Sn 相和富 Bi 相组成的共晶组织。具有良好的抗拉强度、抗蠕变疲劳性能，适用于低温软钎焊。Bi 本身较脆，所以 Sn58Bi 延展性差，难以加工成丝状。含 Bi 钎料对 Pb 很敏感，易形成 SnBiPb 低熔点共晶组织，影响焊点服役可靠性。含 Bi 的钎料在服役过程中，Sn 参与界面反应后被消耗，容易造成界面处富 Bi。另外，钎料中的富 Bi 相也容易发生粗化，使焊点机械性能下降。

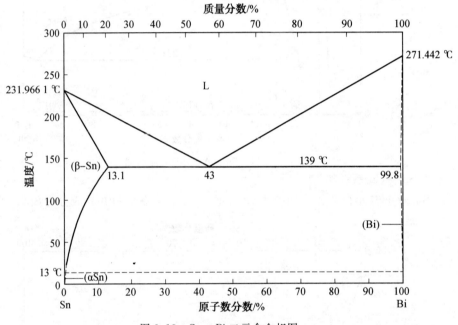

图 3.13　Sn－Bi 二元合金相图

4. Sn－Ag－Cu 系钎料

在二元共晶的基础上，为进一步降低熔化温度，改善润湿性和增加焊点强度，常加入第三种、第四种甚至更多种金属元素以形成三元或多元合金钎料。目前最为常用的 SAC305 钎料，是在 Sn－Ag 钎料的基础上加入 0.5%Cu，熔点为 217 ℃，润湿性好、抗蠕变疲劳性能好、可靠性高，其三元合金相图如图 3.14 所示。共晶相主要包括 Sn＋Ag_3Sn、Sn＋Cu_6Sn_5、Sn＋Ag_3Sn＋Cu_6Sn_5。由于 Cu 含量低，Cu_6Sn_5 数量较少。

5. Sn－Sb 系钎料

Sn－Sb 二元相图如图 3.15 所示。Sn－5Sb 熔点在 232～240 ℃，一般用于工作温度略高的场合，比如功率器件芯片贴装（die attach）材料。塑性差，超过 6% 时脆硬，润湿性和抗腐蚀能力变差；美国国家环保计划已将 Sb 定为有害元素。

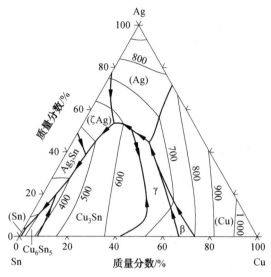

图 3.14 Sn－Ag－Cu 三元合金相图

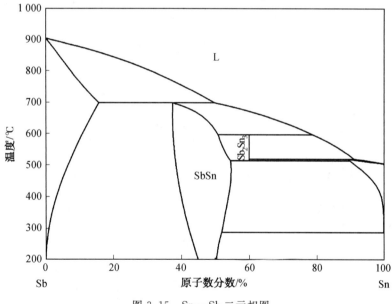

图 3.15 Sn－Sb 二元相图

6. In－Sn 系钎料

In－Sn 二元相图如图 3.16 所示,共晶成分为 In52Sn48,由富 In 相和富 Sn 相构成,熔点为 117 ℃,属于低温钎料。In 本身容易被氧化,且成本较高。对于一些特殊的难焊基板,如陶瓷和玻璃,润湿和焊接效果较好。

7. Au－Sn 系钎料

Au－Sn 二元相图如图 3.17 所示,共晶成分为 Au80Sn20,熔点为 280 ℃。抗氧化能力强,可以实现免钎剂焊接,由于 Au 含量高,成本较高。Au80Sn20 本身硬而脆,不容易加工。Au80Sn20 容易将应力转移至芯片,造成芯片本身开裂。

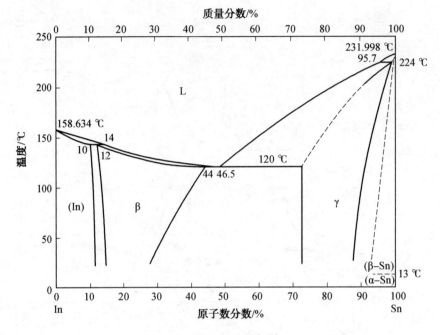

图 3.16　In－Sn 二元相图

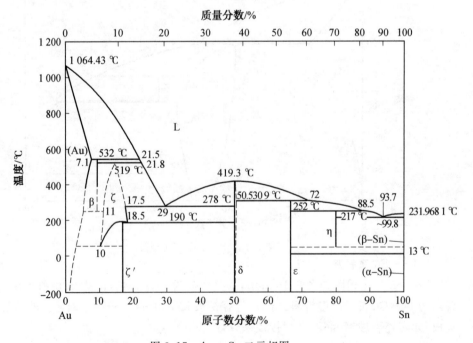

图 3.17　Au－Sn 二元相图

电子封装中常用钎料的成分、性能和应用见表 3.2。

表 3.2　电子封装中常用钎料的成分、性能和应用

钎料	常用成分及其熔点	性能	应用
Sn－Pb 系	Sn－37Pb 183 ℃	焊接温度较低,具有良好的钎焊性、润湿性和导电性,抗蠕变性能较差	电子工业的软钎焊,散热器及五金等各行业波峰焊、浸焊等精密焊接
	95Pb－5Sn 308～312 ℃ 90Pb－10Sn 268～301 ℃ 97.5Pb1.0Sn1.5Ag 305 ℃	熔点高、耐高温	大型 IT 设备及网络基础设施、大功率电源及开关、汽车电子、航空航天等军工及民用领域关键电子设备封装中极为重要的互连材料
Sn－Pb－Ag 系	Sn－36Pb－2Ag 175～189 ℃	熔点较低,抗疲劳性能较好	广泛应用于现代电子封装尤其是表面贴装
Sn－Ag 系	Sn－3.5Ag 221 ℃	高强度,抗蠕变,可焊性良好,润湿性较差,熔点偏高	最适宜于含银件焊接
Sn－Cu 系	Sn－0.7Cu 227 ℃	润湿性较差,焊点易发生桥连,机械性能差	成本低,用于波峰焊的板级组装
Sn－Ag－Cu 系	Sn－3.0Ag－0.5Cu 217～219 ℃	可靠性和可焊性较好,抗热疲劳	广泛应用于再流焊、波峰焊、手工焊和浸焊等多种焊接工艺
Sn－Bi 系	Sn－58Bi 138 ℃	润湿性好,可加工性差,Bi 容易偏聚,与 Pb 形成低熔点相(96 ℃)	用作低温钎料,多用于通孔器件焊接
Sn－Zn 系	Sn－9Zn 198 ℃	高强度,但耐蚀性和润湿性差	波峰焊中 Zn 容易聚集
Sn－Sb 系	Sn－5Sb 232～240 ℃	抗蠕变,熔点高	在某些场合作为高温钎料
Sn－In 系	Sn－52In 117 ℃	润湿性好,抗蠕变性能差	一般在低温和低强度条件下使用

续表3.2

钎料	常用成分及其熔点	性能	应用
AuSn	Au—20Sn 280 ℃	良好的漫流性,抗热疲劳,高热导率,硬而脆	用于光电子封装、大功率LED、电动汽车和激光器等

3.2.5 焊点中合金元素的影响

软钎焊焊点中合金元素对焊点强度、可靠性等影响极大。

(1)Au。

Au元素一般来自于镀层中Au的溶解,Au在液态钎料中的溶解度很大,但在固态钎料中很小,因此凝固时会析出脆性物质$AuSn_4$。如果Au的含量过高(>5%),则会造成"金脆",一般在电镀Au层较厚时会出现。由于1个Au原子结合4个Sn原子,少量的Au原子就会造成原本很少的钎料中大量Sn原子的消耗,可能会引起过多脆性的$AuSn_4$的形成,这在尺寸小的焊点中需要特别引起注意。

(2)Zn。

当Zn元素含量在1%以上时,会严重影响焊点外观、钎料的流动性和润湿性,含量应严格控制在0.005%以下(Sn—9Zn钎料除外)。

(3)Al。

Al元素的存在会影响钎料的润湿性和流动性,使得焊接过程中钎料容易氧化和腐蚀,Al元素的含量需严格控制在0.005%以下。

(4)Cd。

Cd元素的含量超过0.001%时,产生的氧化物夹杂会影响钎料的流动性。

(5)Fe。

Fe元素一般来自焊盘材料的溶解,焊盘中的Fe如果与Sn接触,容易与Sn形成$FeSn_2$,该相较脆,对焊点可靠性影响较大。

3.3 无钎剂软钎焊技术

钎剂是软钎焊中不可缺少的材料,可以降低钎料本身的表面张力以及液态钎料与焊盘母材间的界面张力,促进钎料在焊盘表面的润湿铺展。钎剂可以按照活性、腐蚀性、基材和清洗方式等方式划分。按基材可分为酸系和树脂系钎剂,再细分可分为无机酸、有机酸、天然松香和人造松香等(表3.3)。按清洗方式可分为有机溶剂清洗型、水清洗型和免清洗型。

表 3.3　钎剂按基材分类

酸系	无机酸	无机酸
		无机酸＋无机盐
	有机酸	有机酸（羧酸、谷氨酸）
		有机卤素（氯化铵、苯胺）
树脂系	天然松香	纯松香（R）
		中等活性松香（RMA）
		完全活性松香（RA）
		超活性松香（SRA）
	人造松香／合成树脂	

软钎焊过程中为了保证钎料在被焊金属表面良好地润湿铺展并形成可靠的焊点，在焊接过程中需要用钎剂去除金属表面的氧化膜和保护被焊金属表面再氧化。但是焊后钎剂残渣对焊点金属具有腐蚀性，同时在潮湿条件下容易游离成导电离子破坏印制线路的绝缘性，将严重影响电子设备的可靠性。对于重要的电子封装及组装产品要求焊后必须进行清洗。

CFC－113 曾是最有效的焊点钎剂残渣的清洗剂，其分子式为 $C_2F_3C1_3$。它具有表面张力小、毒性低、渗透性强等特点，所以在电子产品的清洗中得到广泛的应用。但是科学家们发现这种物质大量扩散到大气层时将强烈破坏大气臭氧层，严重威胁人类的生存环境。1987 年，加拿大蒙特利尔议定书呼吁控制和禁止使用 CFC－113。此外，钎剂的残余物会污染光学表面，对光电子器件产生负面影响。电子器件尺寸缩小和超细间距等原因，使清洗钎剂残余十分困难。

为了解决电子封装及组装软钎焊工艺存在的以上问题，近年来新的环境友好溶剂、清洁方法、免清洗钎剂和无钎剂软钎焊技术得到发展。无钎剂软钎焊是焊接过程中不使用钎剂使钎料在被焊金属表面良好地铺展形成牢固焊点的焊接方法。实现无钎剂软钎焊技术的关键问题是：① 焊接过程中去除钎料以及被焊件金属表面的氧化膜。② 焊接过程中防止钎料以及被焊件金属表面的再氧化。

根据以上两个无钎剂软钎焊关键问题，工业发达国家的许多研究机构致力于研究和开发各种适用于表面组装的无钎剂软钎焊方法。

3.3.1　超声波清洗波峰焊

超声波清洗波峰焊（ultrasonic wave soldering）是由德国开发的一种无钎剂软钎焊方法。图 3.18 是超声波清洗波峰焊方法原理示意图。在波峰焊钎料槽中设有超声振子，当搭好元器件的基板通过最终钎料波峰时超声振子以 20 kHz 以下的频率振动。通过钎料液滴内部的超声空化作用使被焊件金属表面的氧化膜破碎并脱离金属表面提高钎料的润湿性。为了在软钎焊过程中保护被焊金属的再氧化，超声波清洗波峰焊过

程中必须用 N_2 保护被焊金属表面。

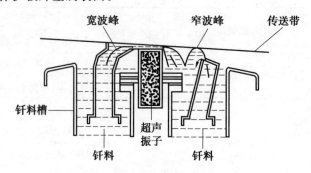

图 3.18　超声波清洗波峰焊方法原理示意图

3.3.2　氩原子溅射无钎剂软钎焊

日本日立研究所在倒装芯片组装过程中利用氩原子溅射的方法除掉钎料凸台及焊盘表面的氧化膜和污染物,在大气中搭上元器件以后放在保护气体(N_2/H_2)中加热实现了无钎剂软钎焊。图 3.19 氩原子溅射无钎剂软钎焊方法原理示意图。这种方法的特点是清理金属表面氧化膜以后可以在大气中进行元器件的搭接,所以有利于焊接操作。

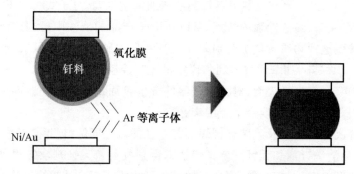

图 3.19　氩原子溅射无钎剂软钎焊方法原理示意图

3.3.3　无氧气氛中的激光无钎剂软钎焊

多引线、窄间距器件的载带自动焊时由于被焊材料的热膨胀系数的差异不能把被焊件整体加热,而且外引线是 35 μm 以下的 Cu 箔,焊后清洗比较困难。日本三菱电机公司开发了无氧气氛中的激光无钎剂软钎焊方法,不仅实现了对被焊件的局部加热,也避免了焊后清洗焊点的问题。图 3.20 是无氧气氛中激光无钎剂钎焊原理示意图。利用氢气和氮气的混合气体控制接合部的气氛,在激光的扫描照射下逐点进行无钎剂激光软钎焊。

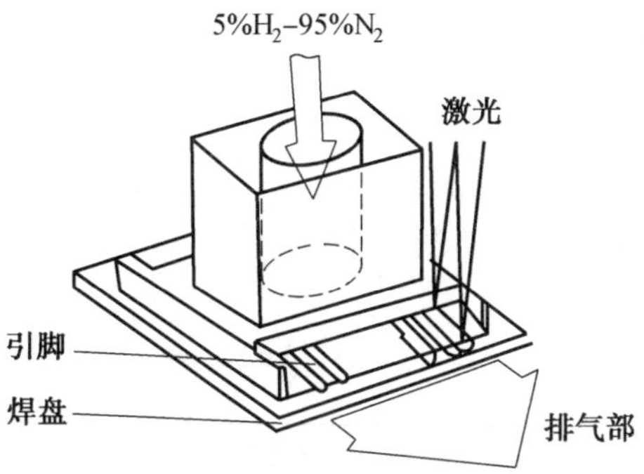

图 3.20 无氧气氛中激光无钎剂钎焊原理示意图

3.3.4 激光调制超声无钎剂软钎焊

激光调制超声无钎剂软钎焊方法是指把连续激光调制成 20 kHz 高频脉冲激光，使脉冲激光具备超声功能。钎焊在低真空环境下进行。调制后激光加热的钎料液滴表面产生超声频率温度振荡，使钎料液滴表面产生超声频率的机械振荡。超声频率的机械振荡从液滴表面传播到钎焊界面，在超声空化的作用下促进了钎料润湿行为。图 3.21 是激光调制超声无钎剂软钎焊方法原理示意图。

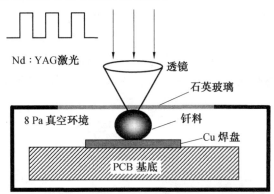

图 3.21 激光调制超声无钎剂软钎焊方法原理示意图

超声波空化作用是指存在于液体中的微气核空化泡在声波的作用下振动，当声压达到一定值时发生的生长和崩溃的动力学过程。空化作用一般包括 3 个阶段：空化泡的形成、长大和剧烈的崩溃。利用脉冲激光产生和传输超声振动去除氧化膜的原理：连续激光调制成 20 kHz 脉冲激光，在钎料液滴表面产生温度振荡，使液滴产生机械的压缩和拉伸，液滴内部产生负压，利用交变压力产生的超声空化作用去除氧化膜。图 3.22 是激光调制超声空化作用去除氧化膜示意图。

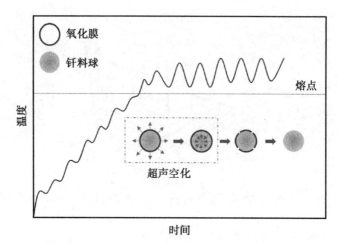

图 3.22 激光调制超声空化作用去除氧化膜示意图

3.4 电子组装软钎焊方法

一般来说，电子组装技术包括通孔组装技术（Through-Hole-Technology，THT）及表面组装技术（Surface Mount Technology，SMT），如图 3.23 所示。通孔组装技术在应用上的主要特点是采用穿孔插入式的印制电路板进行组装，在组装的过程中主要应用的是传统波峰焊技术。表面组装技术是指在印制电路板焊盘上印刷、涂布焊锡膏，并将表面贴装元器件准确地贴放到涂有焊锡膏的焊盘上，按照特定的再流温度曲线加热电路板，让焊锡膏熔化，其合金成分冷却凝固后在元器件与印制电路板之间形成焊点而实现冶金连接的技术。

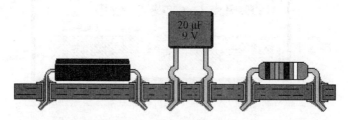

(a) 通孔组装技术（Through-Hole-Technology, THT）

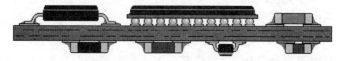

(b) 表面组装技术（Surface Mount Technology, SMT）

图 3.23 电子组装技术

与 THT 相比较，SMT 有容易实现自动化、高密度、高可靠、低成本、小型化等很多优点，被誉为电子工业的第二次革命。SMT 按照加热原理不同可以分为波峰焊、红外再流焊、热风再流焊、气相再流焊、激光再流焊。

3.4.1 波峰焊

波峰焊是利用焊锡槽内的机械式或电磁式离心泵,将熔融钎料压向喷嘴,形成一股向上平稳喷涌的钎料波峰,并源源不断地从喷嘴中溢出。装有元器件的印制电路板以直线平面运动的方式通过钎料波峰,在焊接面上形成浸润焊点而完成焊接。

波峰焊工艺过程流程图如图 3.24 所示,波峰焊设备一般包括助焊剂涂覆系统、预热系统、夹送系统、冷却系统、钎料波峰发生系统、电气控制系统等。线路板通过传送带进入波峰焊机以后,助焊剂涂覆系统可以通过泡沫波峰涂覆法、喷雾涂覆法、刷涂涂覆法、浸涂涂覆法、喷流涂覆法等方式涂覆助焊剂,从而破除氧化层,使钎料与基体金属直接接触;产品经过预热系统加热可以促进助焊剂活性,除去助焊剂中过多的挥发物来改善焊接质量,起到减小波峰焊时的热冲击作用,从而减小元器件的热损伤;夹送系统使 PCB 以较佳倾角(4°~8°)和速度进入和退出钎料波峰,确保焊点在钎料波峰中经历时间为 3~5 s,从而获得良好的焊接效果;产品经过冷却系统,迅速驱散经过钎料波峰后在 PCB 上的余热;波峰发生系统借助泵的作用,在钎料液面形成特定形状的波峰;电气控制系统作用是对全机各工位、各组件间的信息流进行综合处理,对系统工艺过程进行协调和控制。另外,由于双面板和多层板的热容量较大,因此它们比单面板需要更高的预热温度。

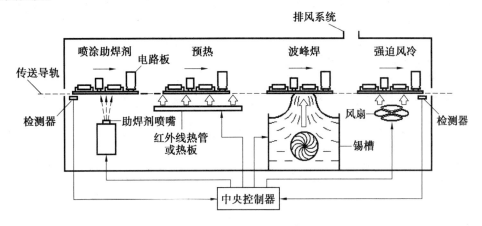

图 3.24 波峰焊工艺过程流程图

波峰焊可同时对大量的焊点进行焊接,效率高;适合于焊接点和元器件分处电路板两面的插装式组装;产品质量标准化,提高了焊点的质量和可靠性,排除了人为因素对产品质量的影响;设备相对于再流焊设备较为便宜。焊接过程中焊盘金属会不断向钎料中溶解,需要注意控制钎料内的铜和其他杂质的含量。

3.4.2 红外再流焊

红外再流焊是利用红外辐射对焊点进行加热,红外线辐射能直接穿透到钎料合金内部被其分子结构所吸收,所吸收能量会使局部温度升高,使钎料熔化。图 3.25 是红外再流焊示意图。

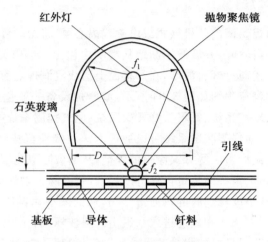

图 3.25　红外再流焊示意图

红外再流焊的主要优点是依靠红外线的热辐射现象,对印刷电路板、元器件和焊接部位进行整体加热。设备成本适中。但材料差异、几何形状、表面状态、器件颜色、与热源距离以及红外线波长等的限制,导致元器件吸收热量不同,可能产生很大的温度差异。例如集成电路的黑色塑料封装体上会因辐射吸收率高而过热,而其焊接部位银白色引线上反而温度低会产生假焊。另外,印刷电路板上尺寸较大、外形较高的元器件遮蔽了小型元器件的热辐射加热,这种阴影效应会导致元器件受热不均匀或者加热不足而造成焊接不良。

3.4.3　热风再流焊

热风再流焊是一种通过对流喷射管嘴或者热风机来迫使气流循环,从而实现被焊件加热的焊接方法。热风再流焊炉是目前应用最广泛的再流焊炉,主体由炉体、上下加热源、SMT 贴片传输装置、空气循环、冷却装置、排风装置、温度控制装置、氮气装置、废气回收装置及计算机控制系统组成,图 3.26 是热风再流焊工作示意图。

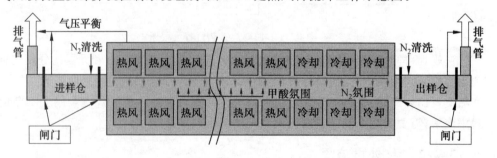

图 3.26　热风再流焊工作示意图

热风再流焊优势明显,在气体通过加热丝或其他方式进行加热的同时,采用对流喷射管嘴或者风机以提供有效的气流循环,热空气通过强迫对流进行再循环,形成紊流气体作用在印刷电路板上,温度均匀。由于采用此种加热方式,印制板和元器件的温度接近给定的加热温区的气体温度,完全克服了红外再流焊的温差和遮蔽效应,故目前应用较广。可精确控制再流焊温度曲线,适合于大批量生产。采用 N_2 保护,可进行无钎剂再流焊,可以防止氧化,减小焊珠飞溅,提高焊接质量。热风再流焊设备的核心结构是热风加热模块,强制对流可以大大提高热传导率。尽管增加热风流速有助于达到更好的温度均匀性,但实际热风流速不能过大,以免造成未焊接元器件的位置偏移。此外,采用此种加热方式就热交换方式而言,热效率较差,耗电较多。

设备温度曲线的设置对再流焊质量尤为重要。图 3.27 是热风再流焊温度曲线,再流曲线一般分为:预热区、保温区、再流区和冷却区。

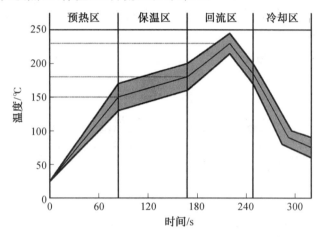

图 3.27　Sn－Pb 共晶钎料热风再流焊温度曲线

① 预热区。预热区是为了使焊膏中的钎剂发生活性作用,升温速率要控制在适当范围以内,一般规定最大升温速度为 4 ℃/s,通常上升速率设定为 1～3 ℃/s,如果过快,会产生热冲击,电路板和元器件都可能受损。

② 保温区。保温区是指温度从 120～150 ℃ 升至焊膏熔点的区域。其主要目的是使各元器件的温度趋于稳定,尽量减少温差。在这个区域里给予足够的时间使较大元器件的温度和较小元器件的温度达到一致均匀,并保证焊膏中的助焊剂得到充分挥发。

③ 再流区。再流区中加热器的温度设置得最高,使组件的温度快速上升至峰值温度,焊膏达到熔化状态。在再流段其焊接峰值温度视所用焊膏的不同而不同,无铅最高温度在 230～250 ℃,有铅在 210～230 ℃,一般推荐为焊膏的熔点温度加 20～40 ℃。再流时间不要过长,以防对表面贴装组件造成不良影响。

④ 冷却区。冷却区温度冷却到固相温度以下,使焊点凝固。冷却区降温速率要适中,一般在 4 ℃/s 左右,较快的速度可抑制化合物的过分生长,得到焊点的组织比较细密。冷却至 75 ℃ 即可。

热风对流加热和红外加热可以组合在一起构成焊接系统,即红外＋热风复合加热再流焊。该系统充分利用红外辐射穿透能力强、热效率高、节能的特点,弥补了强制热风对气体流速要求过高的缺点,同时有效降低了红外辐射的遮蔽效应和色敏感性,使炉内温度均匀,成为一种主流的再流焊系统。新型的再流焊设备大多采用大面积红外板上开有多个热风喷孔的加热结构。

3.4.4 气相再流焊

气相再流焊(Vapor Phase Soldering,VPS)又称气相焊、凝聚焊或冷聚焊,是一种利用饱和蒸汽遇冷转变为液态时所释放出的汽化潜热进行加热的钎焊技术,气相再流焊原理示意图如图3.28所示。气相再流焊接中,液态传热介质先被加热沸腾,产生出大量的饱和蒸汽。当蒸汽遇到送入的被焊组件时,会在温度较低的组件表面(包括元器件引脚、钎料和PCB焊盘表面)凝结成一层液体薄膜并释放出汽化潜热,焊区依靠这种热量被加热升温,实现焊接。

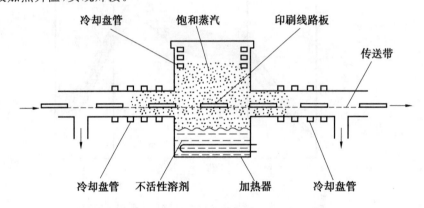

图3.28 气相再流焊原理示意图

气相再流焊起初主要用于厚膜集成电路的焊接。由于VPS具有升温速度快和温度均匀恒定的优点,因而被广泛用于一些高难度电子产品的焊接,是组装片式元器件和PLCC、BGA器件时最理想的焊接工艺。

由于在焊接过程中需要大量使用形成气相的传热介质,通常为氟系惰性有机溶剂FC-70,其沸点是215 ℃,几乎能润湿所有的被焊组件表面。它价格昂贵,又是典型的臭氧层损耗物质(Ozone-Depletion Substance,ODS),所以VPS未能在SMT大批量生产中全面推广应用。

气相再流焊优势明显。升温快,受热均匀,可以精确控温,不会发生过热现象;溶剂蒸气可以到达每一个角落,热传导均匀,可以适用于不同几何形状的焊点;蒸气层提供了无氧环境,由于真空辅助孔洞缺陷少,工艺重复性高,提高了焊接质量和可靠性。气相再流焊也具有一定的局限性。升温条件不能由SMD的种类来确定,汽化力有将SMD浮起的可能,产生"曼哈顿现象"和"芯吸效应";氟化处理昂贵,生产成本高,如操作不当,氟溶剂热分解会产生有毒气体。

3.4.5 激光再流焊

激光再流焊是一种局部焊接技术,主要适用于航空、航天和国防电子设备中的电路组件的焊接。激光焊接是利用激光束直接照射焊接部位,焊接部位(器件引脚和钎料)吸收激光能并转变成热能,温度急剧上升到焊接温度,导致钎料熔化,激光照射停止后,焊接部位迅速空冷,钎料凝固,形成牢固可靠的连接,可以实时监测焊点的温度变化,对焊点进行实时质量控制。图 3.29 是激光再流焊原理示意图。

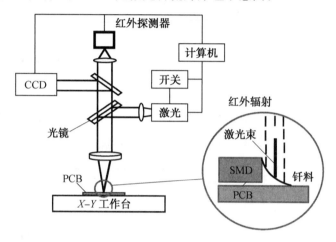

图 3.29　激光再流焊原理示意图

图 3.30 是激光软钎焊焊点形成动态过程示意图。激光加热后钎料温度逐渐上升,激光斑点中心的钎料开始熔化并发生初始积聚,在表面张力作用下聚合成尺寸较大的"熔滴"与基板导体相接触,而熔滴周围的钎料通过熔化钎料的传热也逐渐熔化积聚;继续加热,熔滴开始在基板导体上润湿铺展,铺展方向由元器件指向焊盘延伸端。钎料熔滴在基板导体上的润湿过程表现出强烈的"吸附效应",即吸附在原来的铺展钎料周围,共同形成弯月液－气界面;随着激光的继续照射,熔滴吸收了更多的热能,随后开始向金属化端的垂直面攀移,并不断调整焊点形态;元器件金属化端在激光照射下温度上升,原来在焊盘延伸端的钎料发生再流,及至形成良好的焊点。

图 3.31 为钎料液滴表面幅值为 3 ℃ 的超声振荡温度曲线,温度振荡与调制激光频率同步。同时,在钎料液滴表面发现了幅值 6 μm 的机械振荡,机械振荡频率约为 20 kHz,与调制激光频率相吻合,也与温度振荡频率同步。根据热力学理论,钎料液滴超声机械振荡是熔融液滴在振荡温度场作用下产生的热膨胀造成的。

根据波传播理论,可以通过数值模拟方法计算钎料液滴表面传播到润湿界面的压力。如图 3.32 所示,润湿界面产生了压力振荡,而且观察到有负压产生。根据超声空化理论,在负压作用下,润湿界面产生了撕力和空泡,继而在压力作用下空泡破裂,产生很强的冲击波。这种物理作用在钎焊界面反复循环,使得焊盘表面氧化膜在超声空化作用下被去除,大大改善了钎料的润湿行为。

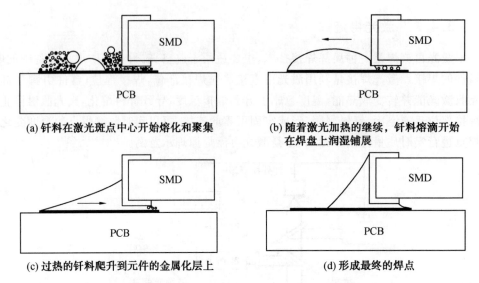

图 3.30　激光软钎焊焊点形成动态过程示意图

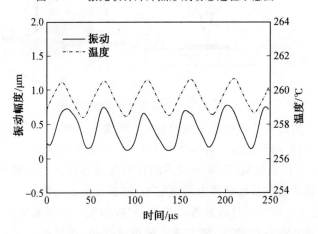

图 3.31　钎料液滴表面幅值为 3 ℃ 的超声振荡温度曲线

激光调制超声无钎剂软钎焊方法有很多优点，比如，在低真空环境下操作，超声和热能仅在待钎焊区加热而不损坏元器件。影响焊接质量的主要因素有激光器输出功率、光斑形状和大小、激光照射时间、器件引脚共面性、引脚与焊盘接触程度、电路基板质量、钎料涂敷方式和均匀程度、器件贴装精度、钎料种类等。

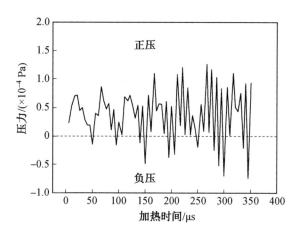

图 3.32　激光调制超声作用下钎料/焊盘润湿界面压力变化

3.5　微软钎焊界面反应

微软钎焊的过程可以大致描述为：在钎剂去除金属化层表面的氧化物后，暴露出新鲜的金属与熔融钎料接触，焊盘金属元素溶解进入熔融的钎料。初始阶段，溶解速率较快，界面局部的焊盘金属原子浓度较高，很快会达到过饱和状态。从热力学上讲，超过局部的溶解度后，就会析出形成金属间化合物。随后，析出的金属间化合物会带走饱和钎料中的金属原子，局部的平衡被打破，从而使焊盘金属继续发生溶解以恢复局部平衡。虽然不同的焊盘金属化层和钎料会发生不同的冶金反应，但大体都包括溶解、扩散、反应和凝固几个过程。已经形成的金属间化合物在固态老化时会继续长大熟化，这主要由元素扩散穿过金属间化合物层并在界面原子结构重新分布所需时间决定。由于金属间化合物的厚度不断增加，原子扩散通量随时间下降，厚度增加速度趋缓。由此可见，软钎焊过程中存在丰富的界面反应。

焊点的形成包括两个重要的过程，一是焊盘金属和熔融钎料之间的相互作用，二是金属间化合物的生长。电子封装中焊点形成连接的重要标志就是钎料和母材二者在连接界面处形成了金属间化合物，如 Cu_6Sn_5、Cu_3Sn、Ni_3Sn_4、$AuSn_4$ 等。金属间化合物是两种或两种以上的金属原子互扩散形成的，其晶格结构和物理性能不同于其中任何一个成分金属，所以称为金属间化合物（IMC）。不同于金属中的金属键结合，金属间化合物中的共价键结合使其性质变得硬且脆，具有较高熔点，耐化学侵蚀。过多的硬脆金属间化合物也会破坏焊点的物理和机械可靠性。金属间化合物的形成是热力学和动力学共同控制的结果。

IMC 对焊点的可靠性影响非常大，会带来以下几个问题：① 金属间化合物硬脆性质会影响机械可靠性，尤其是对于机械冲击条件下的焊点经常会沿着金属间化合物开裂并扩展；② 金属间化合物会增加焊点的电阻率；③ 金属间化合物易于发生电迁移和形成孔洞；④ 金属间化合物会降低焊点热导率。

因此，钎焊过程中应采用有效手段防止或减弱金属间化合物的形成。抑制金属间化合物的形成可以通过改变焊盘金属或者钎料合金的成分，在钎料中加入不与母材也不与钎料形成化合物的组分，在钎料中加入与钎料而不与母材形成化合物的组分。或者，在钎料和焊盘之间加合适的阻挡层来抑制金属间的扩散。比如，Ni 镀层与钎料中的 Sn 反应生成 Ni_3Sn_4 的速度要远低于 Cu 与 Sn 反应生成 Cu_6Sn_5 的速度，因此，Ni 常用作镀层的扩散阻挡层。下面介绍电子封装中几种常见焊盘镀层金属与 Sn 的反应。

3.5.1 Cu 与 Sn

Cu 是最常见的金属化层，Sn 也是 Sn—Pb 和 Sn 基无铅钎料中非常重要的组成成分，因此，Cu—Sn 反应是最为常见的冶金反应。图 3.33 是 Cu—Sn 二元相图，在一般的再流温度下（200～260 ℃），只有两种 IMC 生成，即 Cu_6Sn_5 和 Cu_3Sn。通常再流后，Cu_3Sn 厚度很小（<100 nm）。Cu 与熔融的钎料接触时间足够长时，会有 Cu_3Sn 在 Cu_6Sn_5 和 Cu 之间产生，这是由扩散和反应控制的生长，而对于 Cu_6Sn_5 来说，则主要是由溶解和反应控制的生长。

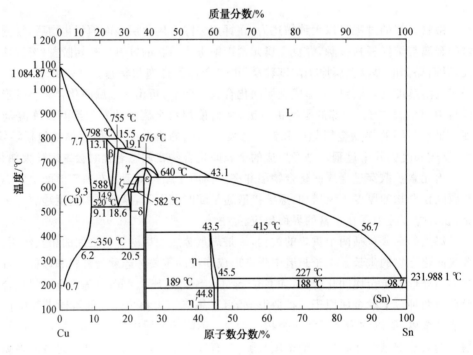

图 3.33 Cu—Sn 二元相图

Cu_6Sn_5 在 186 ℃ 会发生相变,从高温稳定六方结构 η 相转变为在室温稳定的单斜结构的 η' 相。在实际的焊接过程中,焊点尺寸很小,由于凝固时间较短,也许来不及发生从 η 相到 η' 相的转变,那么 η 相就会以亚稳态的形式在室温下存在。在后续的服役过程中,会继续向更为稳定的 η' 相发生转变。

Sn—Pb 和 Sn 基无铅钎料在与 Cu 再流后形成 Cu_6Sn_5 的典型形貌为扇贝状,Sn—Pb 与 Cu 在 200 ℃ 反应不同时间的界面微观组织如图 3.34 所示。除了扇贝状,在 (111) 单晶铜表面也会形成屋脊状 Cu_6Sn_5,如图 3.35 所示。这些 Cu_6Sn_5 还会随着再流时间的延长继续发生粗化长大。图 3.36 是共晶 Sn—Pb 钎料和 Cu 之间扇贝状 Cu_6Sn_5 生长截面示意图。Tu 等人认为 Cu_6Sn_5 的长大是由两个通量控制的,一个是界面反应通量,另一个是熟化通量,图中箭头代表反应中 Cu 的通量。结合这两个通量,扇贝的生长方程表达如下:

$$r^3 = \int \left(\frac{\gamma \Omega^2 DC_0}{3N_A LRT} + \frac{\rho A \Omega_v(t)}{4\pi m N_P(t)} \right) dt \qquad (3.19)$$

式中 r—— 扇贝的半径;

γ—— 扇贝的表面能;

Ω—— 平均原子体积;

D—— 原子在熔融钎料中的扩散率;

C_0—— Cu 在熔融钎料中的扩散率;

N_A—— 阿伏伽德罗常数;

L—— 扇贝和平均扇贝半径之间相关的数值因素;

RT—— 常用热动力参数;

ρ—— Cu 的密度;

A—— 钎料/Cu 界面总面积;

$v(t)$—— $v(t)=dh/dt$,其中 h 和 t 分别为 Cu 的厚度和时间;

m—— Cu 原子的质量;

N_P—— 界面处扇贝的总数。

式(3.19) 右边的第一项为熟化项,第二项为界面反应项。第一项的通量(图 3.36 中水平箭头所代表)是第二项通量(图 3.36 中垂直箭头所代表)的 10 倍。因此熟化过程主导 Cu_6Sn_5 的生长。通过卢斯福背散射显微镜和 XRD 分析了 115 ℃ 和 150 ℃ 下 Cu 和 Sn 薄膜之间的固态反应,发现 Cu_6Sn_5 的生长呈线性增长,而由于 Cu_3Sn 的增长、Cu_6Sn_5 的减少,呈现出抛物线规律。

在老化过程中 Cu_6Sn_5 不再保持扇贝状的形态,而是变成层状。这主要是因为扇贝状比层状具有更大的界面面积。润湿反应中,化合物形成能量的快速获得能够弥补扇贝生长所消耗的界面能,但是固态反应中却得不到补偿。固态老化过程中,不会出现自由能的快速获取,所以化合物为降低界面能而形成层状。同时,也会出现 Cu_3Sn 的明显生长,其生长是以牺牲 Cu_6Sn_5 为代价的,如下所示:

$$Cu_6Sn_5 + 9Cu \longrightarrow 5Cu_3Sn \qquad (3.20)$$

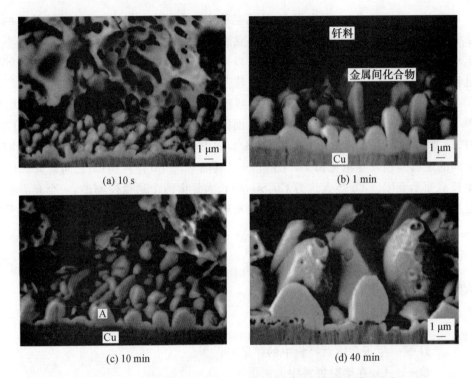

图 3.34 Sn—Pb 与 Cu 在 200 ℃ 反应不同时间的界面微观组织

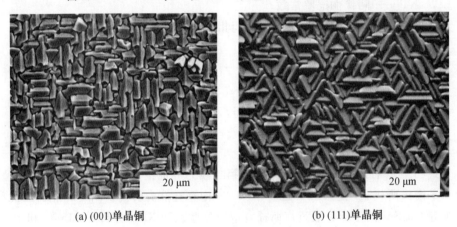

图 3.35 SAC305 与单晶 Cu 在不同温度反应的界面微观组织

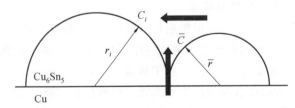

图 3.36 共晶 Sn—Pb 钎料和 Cu 之间扇贝状 Cu_6Sn_5 生长截面示意图

Cu_3Sn 的生长会伴随微空洞的产生,增加了界面发生断裂的风险。尤其是在高温下更为严重,因为在高于 50 ℃ 的温度下,Cu_3Sn 的生长速率更快。

Cu_3Sn 中产生的空洞可以由克肯达尔效应来解释。克肯达尔效应于 1942 年被发现,Cu 和 Zn 之间互扩散时,由于扩散速度不同,Zn 的扩散速度快,二者的界面形成黄铜朝着快速扩散的一方(Zn)的方向移动。同时,由于 Zn 向外扩散的原子多,来不及得到补充,会在 Zn 的一侧形成空洞。面心立方金属相互扩散时,经常会表现出克肯达尔效应,如 Cu—Ni、Cu—Au、Ni—Au 等。

3.5.2 Ni 与 Sn

总体来讲,Ni 与 Sn 的反应速度远小于 Cu 与 Sn 的反应速度,可以减小界面金属间化合物的厚度。因此,Ni 也通常被用作 Cu 和 Sn 之间的扩散阻挡层。Ni 常见的沉积方式有三种,即化学镀、溅射、电镀。其中化学镀 Ni 是通过溶液中还原剂使金属离子在金属表面靠自催化还原作用进行沉积,常用的还原剂为次磷酸钠,还原后 P 也一同沉积在 Ni 层中,P 含量大概在 15%(原子数分数)左右(不易控制),因此化学镀镍通常表示为 Ni(P),厚度一般为 10~20 μm。

Ni 表面通常沉积一层薄 Au 促进润湿铺展,并保护 Ni 不被氧化。图 3.37 是 Ni—Sn 二元相图。Ni 与 Sn 的反应相对简单,Ni—Sn 系统包含 3 种稳定的金属间化合物,即 Ni_3Sn、Ni_3Sn_2 和 Ni_3Sn_4。但在再流温度下,一般只观察到 Ni_3Sn_4(单斜结构),其他两相在更高的温度下可以观察到。Ni_3Sn_4 的形貌呈棱角状,从截面上看形貌不太规则。在刚沉积后,Ni(P) 基本属于非晶态,再流后钎料一侧的 Ni(P) 发生晶化形成 Ni_3P。在

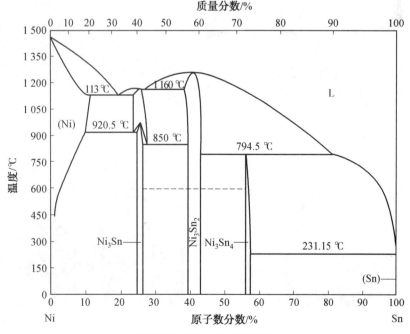

图 3.37 Ni—Sn 二元相图

老化时，Ni_3P 里面有克肯达尔空洞产生，这是 Ni 向钎料区域扩散造成的。130 ℃ 老化 400 h 后的界面微观组织的俯视图如图 3.38 所示，SAC305/Cu－Ni(P)/Cu 焊点在 150 ℃ 老化不同时间后的横截面微观结构图如图 3.39 所示。与 Cu－Sn 金属间化合物类似，Ni_3Sn_4 晶粒之间也存在横向生长，Ni_3Sn_4 晶粒之间也存在沟槽。块状的 Ni_3Sn_4 金属间化合物逐渐趋于平整，棱角基本消失。Ni_3Sn_4 形成机制是 Ni 的溶解以及 Ni 在熔融钎料中的扩散和化学反应。

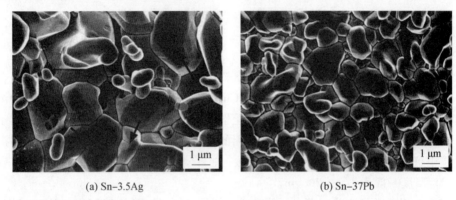

图 3.38 130 ℃ 老化 400 h 后界面微观组织的俯视图

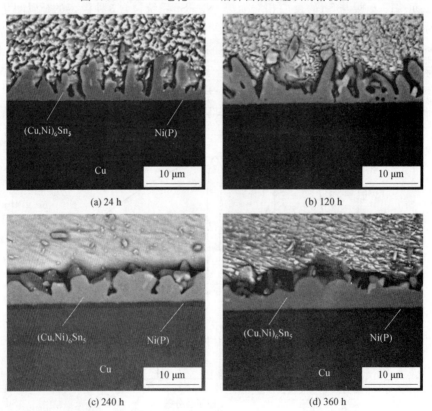

图 3.39 SAC305/Cu－Ni(P)/Cu 焊点在 150 ℃ 老化不同时间后的横截面微观结构图

图 3.40 是 Sn－3.5Ag 和 Ni(P) 及 Sn－37Pb 和 Ni(P) 界面反应的截面图和俯视图。Sn－Ag 的 IMC 尺寸要大于 Sn－37Pb 焊点中的 IMC 尺寸。与典型的 Cu－Sn IMC(即 Cu_6Sn_5 和 Cu_3Sn)相比，Ni 在 Sn 中的溶解度远小于 Cu 在 Sn 中的溶解度，Ni_3Sn_4 生长速度较慢，更为稳定。Ni_3Sn_4 具有更高的熔点(794.5 ℃)、更好的机械性能和断裂韧性。在实际的钎焊过程中，如图 3.39 所示，通常会有来自钎料(SAC305)或者焊盘的 Cu 元素参与反应，这使界面反应变得更为复杂，形成 $(Cu,Ni)_6Sn_5$ 和 $(Ni,Cu)_3Sn_4$ 三元金属间化合物，在两种金属间化合物的界面经常发生裂纹萌生和扩展。

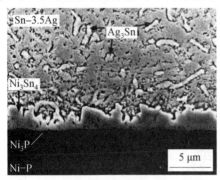

(a) Sn-3.5Ag和Ni(P)界面反应的截面图

(b) Sn-3.5Ag和Ni(P)界面反应的俯视图

(c) Sn-37Pb和Ni(P)界面反应的截面图

(d) Sn-37Pb和Ni(P)界面反应的俯视图

图 3.40 Sn－3.5Ag 和 Ni(P) 及 Sn－37Pb 和 Ni(P) 界面反应的截面图和俯视图

3.5.3 Ag 与 Sn

图 3.41 是 Ag－Sn 二元相图。

Ag 与 Sn 的主要金属间化合物为 Ag_3Sn，Sn 在 Ag 中有较大固溶度，而 Ag 在 Sn 中的固溶度小。Ag 在 Sn 中的溶解速率较快，仅次于 Au 在 Sn 中的溶解速率。Ag_3Sn 的形貌和 $AuSn_4$ 也类似。当 Ag 含量超过 3.5% 或者冷却速度较慢的情况下，则容易出现大块 Ag_3Sn。如图 3.40 所示，在 SAC305 钎料中，Ag_3Sn 主要是在钎料内部，形状类似松枝状结构，往往在截面图上观察到的形状为弥散的颗粒，Ag_3Sn 是 Sn－Ag－Cu 钎料里的主要强化相。有 Ag_3Sn 强化的钎料，通常来说，抗热－机械疲劳的性能比较好。在一些厚膜电路里，Ag 浆料较多用于制作金属化端。

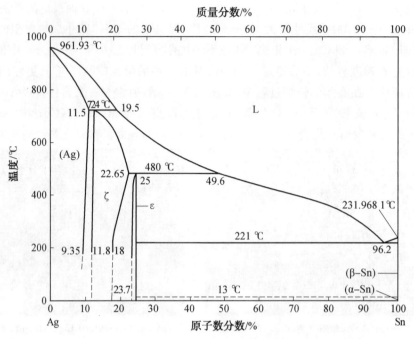

图 3.41　Ag－Sn 二元相图

图 3.42 是不同温度下液态 Sn 与 Ag 厚膜界面反应产物形貌。再流过程中两种钎料内的化合物生长是界面控制的,生长速率相似。图 3.43 是 Sn 和 Sn－3.5Ag 与 Ag 厚膜反应过程中消耗 Ag 的厚度和反应时间的关系。Ag 向液态钎料 Sn 中的溶解速率是 Ag 在 Sn3.5Ag 中溶解速率的四倍。钎料中含有 Ag,使焊盘金属 Ag 的溶解速率显著降低。

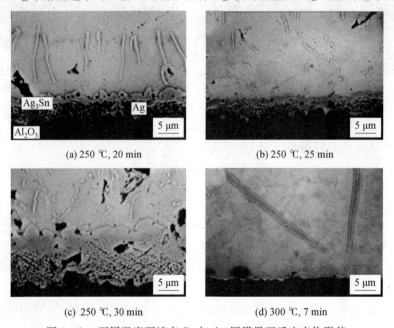

图 3.42　不同温度下液态 Sn 与 Ag 厚膜界面反应产物形貌

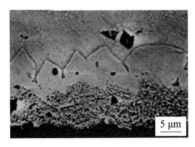
(e) 300 ℃, 15 min

(f) 300 ℃, 18 min

续图 3.42

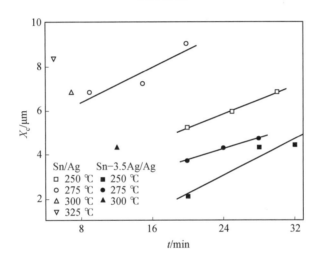

图 3.43　Sn 和 Sn－3.5Ag 和 Ag 厚膜反应过程中消耗 Ag 的厚度和反应时间的关系

3.5.4　Au 与 Sn

Au－Sn 二元相图如图 3.44 所示,最为常见的 Au－Sn 金属间化合物是 $AuSn_4$。Au 经常沉积在 Cu 或者 Ni 表面防止下层金属氧化并促进钎料的润湿铺展。例如 BGA 焊盘的 UBM 一般为 Au/Ni/Cu,其中 Au 层为电镀沉积,厚度在 1 μm 左右。

在热风再流焊时,Au 层会快速溶解进入钎料,并以 $AuSn_4$ 在钎料内部析出。而在等温老化过程中,这些 $AuSn_4$ 重新沉积在 Ni 焊盘上方,形成一层厚度很大的(Au,Ni)Sn_4,这种现象称为(Au,Ni)Sn_4 的重新沉积。Au/Ni/Cu 焊盘焊点未老化和 160 ℃ 老化 4 天、9 天和 16 天的扫描电子显微镜(SEM)照片如图 3.45 所示。未老化前焊点界面存在一层连续的 Ni_3Sn_4,$AuSn_4$ 颗粒弥散分布在钎料内部,如图 3.45(a)所示。随着老化时间的增加,焊点界面处 Ni_3Sn_4 层逐渐变厚,而且在 Ni_3Sn_4 层上面发现了一层连续的金属间化合物,如图 3.45(b)~(d)所示。对 Ni_3Sn_4 层上面的 IMC 进行 EDX 分析发现为 Au－Ni－Sn 三元化合物。在 Au－Ni－Sn 三元化合物上方发现有连续的富 Pb 相,Au－Ni－Sn 三元化合物和富 Pb 层均随老化时间的增加而变厚。对于焊点内部

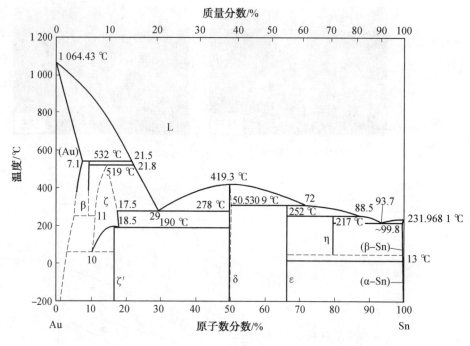

图 3.44　Au-Sn 二元相图

(图 3.45(a)),AuSn$_4$ 并不是唯一的二元化合物,还有一定数量的 Ni 溶进了 AuSn$_4$ 里面,Ni 在 AuSn$_4$ 中的数量与 AuSn$_4$ 的位置有关。对于远离界面的 AuSn$_4$ 内部,Ni 的原子数分数小于 0.3%,而对于界面附近的 AuSn$_4$,Ni 的原子数分数达到 5.1%。对老化后焊点内部的 Au-Ni-Sn 三元化合物进行能谱分析发现,Sn 的原子数分数始终保持在 70%～80%,而 Au 和 Ni 的原子数分数在变动,因此可以假定 Ni 和 Au 原子共享晶格。在后面,将这种溶解了一定数量 Ni 的 AuSn$_4$ 表示为 $(Au_xNi_{1-x})Sn_4$。

当钎焊方式发生转变时界面 IMC 的形貌也随之发生了改变。图 3.46 为不同激光输入能量下钎料／焊盘界面微观组织 SEM 照片。由图 3.46(a) 可见,当激光功率为 10 W 而加热时间为 0.2 s 时,界面处存在连续的金属间化合物层、未溶解到钎料中的残余 Au 元素,并发现一些针状组织从连续的金属间化合物层中生长出来,垂直或倾斜于界面向钎料内部延伸。在针状化合物周围出现富 Pb 相。富 Pb 相的出现是由于形成 Au-Sn 化合物将消耗一定数量的 Sn,界面区域将会产生 Sn 的贫乏,从而使富 Pb 相得以析出;界面处存在的残余 Au 表明 Au 元素不能在激光加热 0.2 s 时间内完全溶解到钎料中去。对图 3.46(a) 中连续层状及针状金属间化合物进行的能量色散 X 射线分析(EDX) 表明,金属间化合物成分接近 AuSn$_4$。增大激光功率(15 W),保持加热时间不变,界面处仍然存在连续的 AuSn$_4$、未溶解的 Au 和针状 AuSn$_4$,如图 3.46(b) 所示。在一个针状 AuSn$_4$ 与连续层状 AuSn$_4$ 之间发现了裂纹的存在,一些 AuSn$_4$ 已经与界面脱离并落入钎料中。随着激光加热时间的增加(0.5 s),界面处连续 AuSn$_4$ 化合物层消失,在界面附近发现了已经与界面脱离的棒状 AuSn$_4$,如图 3.46(c) 所示。当激光功率

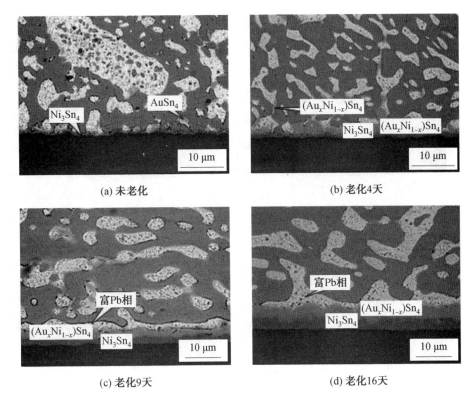

图 3.45 Au/Ni/Cu 焊盘焊点未老化和 160 ℃ 老化后的 SEM 照片

为 15 W,而激光加热时间为 0.4 s 时,在界面附近没有发现 $AuSn_4$ 存在,而且钎料组织细致均匀,如图 3.46(d) 所示。

现今的焊盘多采用化学镀镍浸金(Electroless Nickle Immersion Gold,ENIG),Au 的厚度较薄,通常在 0.1 μm 以下。当然,这不是说电镀 Au 中出现的 $(Au,Ni)Sn_4$ 重新沉积问题不会出现在化学镀 Au 焊点中,就没有必要进行研究,其内在的机理对界面化学反应有着重要的借鉴作用。而且,随着焊点尺寸的减小,也会出现 $AuSn_4$ 的脆断现象。图 3.47 是微焊点内部微观组织。微凸点中观察到了 $(Au,Ni)Sn_4$ (由于 Ni 容易取代 Au 的位置,所以 $AuSn_4$ 经常以三元化合物的形式出现),在 150 ℃ 老化 1 000 h 后,在 $(Au,Ni)Sn_4$ 与 Ni_3Sn_4 中间产生了贯穿裂纹。经过计算,这种转变会带来 10.5% 的体积收缩,导致了拉应力,加上 $(Au,Ni)Sn_4$ 是脆性相,这是贯穿裂纹产生的原因,所以在尺寸小的焊点中,Sn 的含量少且基本消耗在界面反应中,Au 含量高,$(Au,Ni)Sn_4$ 对可靠性的影响值得关注。

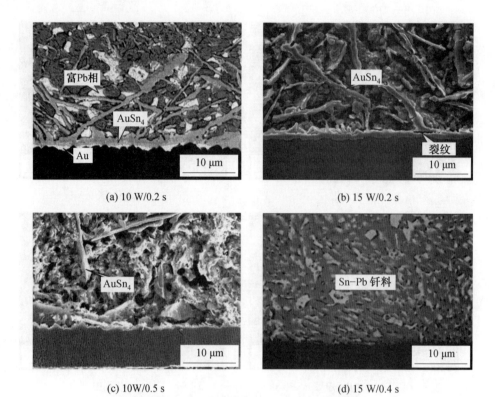

图 3.46 不同激光输入能量下钎料/焊盘界面微观组织 SEM 照片

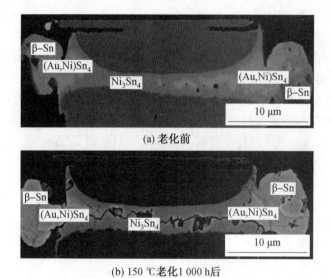

图 3.47 微焊点内部微观组织

3.6 微软钎焊焊点的形态

3.6.1 微软钎焊焊点形态

微软钎焊焊点形态一般是指元器件焊脚与 PCB 焊盘焊接结合处熔融钎料沿金属表面湿润铺展所能达到的几何尺寸,以及与金属表面接触角和钎料圆角形态。简而言之,是焊点成形后的外观结构形状,它与焊脚和焊盘的几何尺寸及几何形状、钎料性质、钎焊温度、钎料量等诸多因素紧密相关,也称为微软钎焊焊点形态。焊点形态参数即为焊点形态的几何表征。

表面组装元器件/器件(Surface Mount Component/Device,SMC/SMD) 的引脚形式有多种,与之相应,经焊接形成的焊点形式也有多种。图 3.48 是微软钎焊焊点形态示意图。

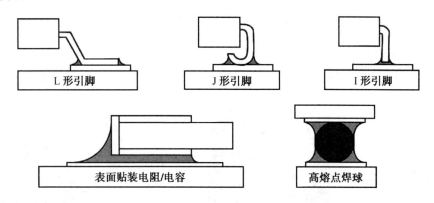

图 3.48 微软钎焊焊点形态示意图

3.6.2 微软钎焊焊点三维形态的预测

微电子组装焊点的形态预测技术的研究始于 20 世纪 70 年代,最初主要集中在焊点的二维形态预测的基础研究。但直到 90 年代,伴随着表面组装技术(surface mount technology)的兴起,软钎焊焊点对产品可靠性的影响越来越突出,微电子互连焊点的形态问题才渐渐引起人们的重视。关于微电子互连软钎焊焊点的形态研究技术也取得了许多新的进展。

在 Young—Laplace 方程和流体静压方程的基础上,在忽略焊点宽度方向上的尺寸效应、假定钎料无限铺展以及元器件与基板间无间隙等假设下,可分析推导出焊点二维形态 $y(x)$ 的解析描述:

$$\xi = \pm \frac{1}{2} \left(\frac{a}{a} \right)^{\frac{1}{2}} \int_{\Psi(\eta)}^{\Psi(1)} \frac{\cos \psi}{\sqrt{1 - \alpha \cos \psi}} d\psi \tag{3.21}$$

式中　　η——$\eta = y/h$,y 为高度坐标;

ξ——$\xi = x/h$,x 为水平坐标；

Ψ——变换参数,$\Psi = \arccos[-(a\eta^2 + b\eta + c)]$,$\Psi \in [0, \pi/2]$,$a = \rho g h^2/(2\gamma)$,$b = -h(p_0 - p_a)/\gamma$,$c = -\cos\theta_1$,$\theta_1$ 是钎料在焊盘表面的润湿角；

α——$\alpha = 4a/(b^2 - 4ac)$；

$\pm$——对应于液面曲线的凹凸情况。

在微电子互连钎焊中,圆角占绝大部分;圆角形状会影响焊点内的应力集中情况,可能会导致可靠性问题。在材料和服役条件给定的情况下,焊点的疲劳寿命取决于焊点的结构或焊点的外观形态,因为它造成焊点内应力－应变分布的差别,而疲劳发生的机制是裂纹在应力集中处萌生,在不断的交变应力的作用下逐渐扩展,直至断裂,裂纹的扩展方向和方式也与应力分布情况相关。微软钎焊焊点形态影响焊点机械性能、应力－应变及蠕变疲劳寿命等。然而由于微电子互连焊点的尺寸非常微小,形态的实际测量比较困难也浪费人力物力,通过计算机模拟的方法可以精确地预测焊点的形态。

在钎焊过程中,钎料受热熔化沿焊点处金属表面润湿铺展,冷凝后形成具有一定外观几何形态的焊点,实现 SMT 元器件与印制板焊盘的连接。基于能量最小原理,利用计算三维液面平衡形态的有限元软件 Surface Evolver 可以预测焊点固、液、气三相系统能量最小时,软钎焊焊点三维形态。图 3.49 是计算模拟几种典型的微软钎焊焊点三维形态。

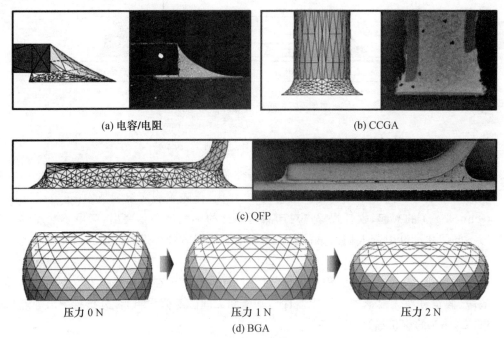

(a) 电容/电阻　　　　　　　　　　(b) CCGA

(c) QFP

(d) BGA

图 3.49　计算模拟几种典型的微软钎焊焊点三维形态

本 章 习 题

3.1 钎焊、表面张力、润湿的概念是什么?
3.2 根据系统平衡时能量最小原理推导出 Young 方程。
3.3 通过弹性方程和填缝高度的推导理解润湿的本质。
3.4 如何从钎料着手减小或控制母材的溶解?
3.5 Pb 在 Sn-Pb 钎料中所起的作用是什么?
3.6 如何控制母材的溶解?
3.7 如何抑制界面金属间化合物的生成?
3.8 什么是再流焊? 共晶钎料的再流焊工艺曲线各阶段作用及特点是什么?
3.9 红外、热风、激光再流焊方法的优缺点是什么?
3.10 超声激光无钎剂钎焊方法的原理是什么?

本章参考文献

[1] TU K N. Solder joint technology, materials, properties, and reliability[M]. Materials Science. 2007.
[2] 田艳红. 多次重熔及老化过程中钎料凸点/焊盘界面组织演变[D]. 哈尔滨:哈尔滨工业大学,2003.
[3] 刘威. 激光重熔微小焊点中金锡化合物的演化及抑制[D]. 哈尔滨:哈尔滨工业大学,2008.
[4] 李明雨. 钎料液滴激光强迫超声振动及对钎料润湿的影响[D]. 哈尔滨:哈尔滨工业大学,2001.
[5] 赵秀娟. 微电子封装与组装互连软钎焊焊点形态优化设计[D]. 哈尔滨:哈尔滨工业大学,2000.
[6] 王国忠. SMT 焊点三维形态预测及其对焊点可靠性的影响[D]. 哈尔滨:哈尔滨工业大学,1996.
[7] 田艳红,王春青,刘威. 微连接与纳米连接[M]. 北京:机械工业出版社,2010.
[8] KIM H K, TU K N. Kinetic analysis of the soldering reaction between eutectic SnPb alloy and Cu accompanied by ripening[J]. Physical Review B, 1996, 53(23): 16027.
[9] CHARLES A H. 电子封装与互连手册[M]. 贾松良,译.4 版.北京:电子工业出版社,2009.
[10] TIAN Y, WANG C, GE X. Intermetallic compounds formation at interface between PBGA solder ball and Au/Ni/Cu/BT PCB substrate after laser reflow processes[J]. Materials Science and Engineering:B,2002,3:254-262.

[11] TIAN Y, WANG C, ZHANG Z. Interaction Kinetics between PBGA Solder Balls and Au/Ni/Cu Metallisation during Laser Reflow Bumping[J]. Soldering and Surface Mount Technology, 2003, 15:17-21.

[12] 杨东升. 三维封装芯片固液互扩散低温键合机理研究[D]. 哈尔滨:哈尔滨工业大学, 2011.

[13] 牛丽娜. 微互连焊点Cu－Sn金属间化合物晶粒取向及各向异性研究[D]. 哈尔滨:哈尔滨工业大学, 2011.

第 4 章　微熔化焊

微熔化焊在金属封装外壳的密封焊接、精密零件的焊接、电子产品以及医疗器械制造领域的应用越来越广泛。从加工结构尺寸上定义,微熔化焊就是至少在一个尺度上小于 100 μm 的零件,通过加热熔化而实现冶金连接。

影响微熔化焊焊点形成的基本因素包括:热的因素(加热方式、能量密度、热输入分布)、力的因素(与材料、工艺相关)和几何的因素(焊点设计、间隙、形态稳定性)。

为得到可靠的冶金连接,热源必须有足够高的能量密度,电阻热、激光束和电子束已经被应用于微熔化焊过程。微熔化焊的热过程有如下特点:① 热源作用在试样的局部区域,具有大的温度梯度以及不均匀的温度场分布,导致焊点热应变、应力以及微观组织的各向异性。② 热过程是瞬态的,冶金反应以及相变都是在非平衡条件下发生的。③ 焊接熔池的液态金属包含热传导、对流和辐射三种传热机制。

本章首先从力的因素、微熔化焊的特殊性以及典型应用等方面介绍微熔化焊基础,然后从微连接原理、工艺、设备、监测等方面分别介绍微电阻焊、微激光焊及微电子束焊三种微熔化焊方法。

4.1　微熔化焊基础

微熔化焊是电子工业界中一种重要的互连方式,其应用十分广泛,如医疗电子、微机电系统(MEMS)器件封装等,微小尺度熔化连接具有其特殊性,连接工艺与设备都与传统熔化焊有所区别,许多现象与机理也需要重新思考。

4.1.1　熔池上的作用力

作用在熔池上的力可以分为两类:材料相关的力和工艺相关的力。材料相关的力包括:热膨胀/收缩(电阻焊)、蒸发(高能束焊)、表面张力(电弧焊,高能束焊)、动量/惯性力(电弧焊、高能束焊、电阻焊)、黏度(电弧焊、高能束焊)、重力(电弧焊)。工艺相关的力包括:空气动力(电弧焊)、电磁力(电弧焊、电阻焊)、外部机械力(电阻焊)。

1. 热膨胀/收缩与外部施加的机械力

在宏观与微观条件下,热膨胀/收缩是所有焊接工艺中残余应力和变形的原因。对于微电阻焊缝,外部施加的机械力即电极压力,会改变熔合区的冷却速率,从而改变凝固时间,而电极压力要与被加热材料的热膨胀相平衡。

2. 蒸发

材料表面在高能束焊接(激光/电子束)时,会引起熔化和相伴而生的蒸发。蒸气引起的反作用力会施压于熔化材料的表面,形成深而窄的"匙孔"。压力辅助能量传递到被辐照材料表面以下的区域,并导致比对流或者热传导所产生的更深的熔化(穿透)。极限情况下,反作用力有可能引起熔化的材料从焊缝熔池中喷射出来,导致飞溅和穿孔。

3. 表面张力

表面张力可能起到驱动力的作用,也可能起到收缩力的作用。当被连接界面之间存在表面张力差时,它表现为驱动力。例如,熔滴在一个表面上润湿和扩展的经典情况。表面张力起到收缩力作用会使得液体表面面积趋于最小化。例如,高能束焊缝中蒸气反作用压力产生深而窄的匙孔,而表面张力对匙孔通道有浸灌和封口的作用,从而使焊缝表面平坦化。

4. 动量/惯性力

焊接中可以发现许多动量或惯性力作用的例子。比如旋转运动的工件进行熔化焊接,引用动量/惯性力和牛顿运动第二定律,熔池向外飞溅的离心力与熔池的质量、旋转半径和旋转速度有关。因此,采用激光束或电子束扫描来替代移动零件和卡具的方法可避免飞溅。

5. 黏度

黏度阻碍液体剪切流动,从而影响由惯性力引起的熔池速度分布。对于微小尺度的熔合区,黏度具有很重要的作用,比如异质材料连接,如果没有搅动则不会很好地混合,微小焊点可能不均匀。

6. 重力

重力有时也称金属静压力。在高能束(激光/电子束)焊接中,熔池中熔融金属的重力以及蒸气的反作用力会施加在熔化材料表面,从而趋于产生匙孔,而表面张力起到收缩力的作用与之相平衡。

7. 空气动力

在电弧焊中,整个熔池中熔融金属表面气体流动产生的曳力促进与运动方向相同的流动。在微观领域很少采用电弧加热工艺,因为存在稳定性以及小于 1 A 以下电流控制的问题,不过可以采用脉冲电弧或冲击电弧实现电弧点焊。

8. 电磁力

由电流和磁场(包含自感磁场)相互作用形成的洛伦兹力 F 由电流密度 j 和磁场强度 B 差积给出。

电弧和电阻焊接中受这一物理效应影响的几个可能情况是:① 熔池的搅拌,如果自由表面存在,可能产生一个旋转熔池;② 电弧从电极被引到工件上时,可燃电极落下的熔滴发生收缩;③ 在偏离电弧体内形成离子气(电极中受压缩,工件中压缩减小);④ 电阻焊接中由于电流流过形成导体电缆或者电极臂反冲。

4.1.2 微熔化焊的特殊性

1. 装卸与固定的高度精确

大多微熔化焊操作都需要在洁净槽或洁净间环境中进行,通过显微镜、视觉图像处理方式观察。即使采用放大视觉手段,小零件的定位也很困难,推荐用自对准工具来辅助定位。例如,微激光焊 CCD 同轴观察系统如图 4.1 所示。

图 4.1 微激光焊 CCD 同轴观察系统

2. 工艺的特殊性和可重复性

热输入与热散失必须精确地平衡。工艺参数必须在很小的误差内可测量与可控(μm、μJ、mN 量级)。控制系统要求极短的时间常数,需要复杂的数字处理器(DSP)。零件几何形状的可重复性同样重要。

3. 材料的特殊性

微小器件的材料多采用光刻工艺来制造,如 Si 基材料、树脂和电镀材料(例如,由 LIGA 加工工艺制作的金属零件)。对于冶金问题,残留添加剂会引起气孔、裂纹等缺陷。图 4.2 是激光点焊 Ni−Fe 合金产生缺陷示意图。

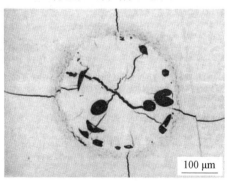

图 4.2 激光点焊 Ni−Fe 合金产生缺陷示意图

4.1.3 微熔化焊应用

1. 金属封装外壳的密封焊接

气密性封焊起到使管壳腔体内部形成与外界环境隔离且稳定性高的独立芯片工作环境的作用。气密性封焊包括低熔点玻璃封接法、钎焊封接法、平行缝焊（电阻焊）法及激光熔化焊法等。

树脂封装价格低,但在可靠性,特别是耐湿性方面存在严重问题,因此对于可靠性要求严格的大型电子计算机等应用领域,必须采用气密性封装。

若采用钎焊封接法,可做到完全的气密性封接,金属性腔体内还可封 Ar、He 或 N_2 等非活性气体。从宜于散热的角度,封入 He 更好。但是,这种方法存在钎料与多层布线基板上导体层之间的扩散问题,若在高温环境下使用,则耐热性及长期使用的可靠性都不能保证。

对于可靠性要求更高的应用,需采用熔化焊法。其中之一是平行缝焊（电阻焊）法,但现有缝焊焊接机的功率有限制,只能焊接比较薄（厚度约为 0.15 mm）的金属盖板,不能用于大型多芯片组件（Multi Chip Module,MCM）。为了能对大型 MCM 中采用的比较厚（0.25～0.5 mm）的金属盖板进行熔化焊封接,需要采用激光熔化焊法,图 4.3 是金属封装外壳激光熔化密封焊接。在熔化焊之前,选择封接环四角等若干位置,用激光点焊预固定,而后再按焊接程序,使激光束按一定送进节距、一定送进速度,沿焊接环与金属外壳的密接部位移动,完成激光熔化焊封接。

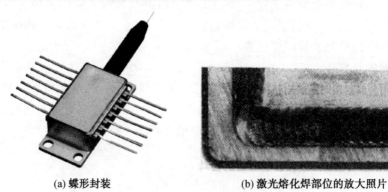

(a) 蝶形封装　　　　　　(b) 激光熔化焊部位的放大照片

图 4.3　金属封装外壳激光熔化密封焊接

2. 精密零件的焊接

微熔化焊还适用于精密零件的焊接,图 4.4 是磁头结构的激光点焊。精密零件对尺寸要求很高,利用激光高能量密度及可以局部加热的特点,对零部件进行激光熔化点焊,可达到变形小、精度高的效果。

3. 半导体电子产品

半导体电子产品的许多微连接焊点都可以采用微熔化焊的方法。图 4.5 是 Ni 引线与合金插针微电阻焊。对于小直径细丝连接到基板上,细丝本身可能熔化的情况,与

图 4.4　磁头结构的激光点焊

细丝接触的焊接电极的形状是一个极其重要的参数。因为电极除了要提供电接触,还是形成熔合区的有效模具。电极曲面必须平滑且可重复加工以确保低应力集中。另外,为保证电极使用寿命长,一般采用惰性材料(W、Mo)加工,并且需要抛光。有些情况可以使用惰性保护气体来改善对基板的润湿,并且避免电极氧化。

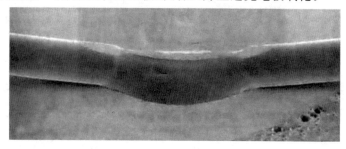

图 4.5　Ni 引线与合金插针微电阻焊

4. 医疗器械

微熔化焊在医疗器械领域应用也很广泛,如在血管支架、植入式心脏起搏器中的应用等。丝通常与针或其他固体基体相连,如混合电路的跳线板以及起搏器引脚插入的头部模块。丝经常采取线圈弹簧的形式,用以提高抗弯曲疲劳以及其他机械性能。电阻焊非常适合于这种封装形式。在这个工艺中,具有相反电性的电极以一定的压力作用到丝上,电流通过丝到达界面。电阻引起局部加热,并在电阻值最高的界面处形成焊缝。电阻焊中夹紧力是一个关键性因素,可以确定焊缝的位置,使熔体或软化的金属形成熔核。这种方法的缺点是要制作小尺寸的电极、容易产生电极磨损,并且需要在连接之间进行丝－基体之间的精密装配。

4.2　微电阻焊

微电阻焊是一种微连接技术,其原理与常规的大尺度电阻焊相似,它利用工件内部的电阻热,在待焊部位形成熔核从而实现连接。微电阻焊技术由于具有操作简单、局部加热、连接可靠且成本低廉等优点,被广泛应用于微电子、微机电系统、生物医疗器件的制造中,如功率模块、微波器件、电池、传感器、继电器、植入心脏起搏器等领域。

4.2.1　微电阻焊基础

为更好地理解微电阻焊原理,以微电阻焊点焊为例进行介绍。

1. 电阻热

假设两个金属板需要焊接，即焊点形式为板对板，图 4.6 是电阻点焊焊点熔化凝固过程示意图。

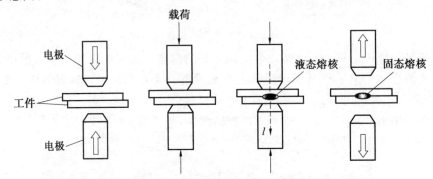

图 4.6 电阻点焊焊点熔化凝固过程示意图

两个电极挤压金属板使它们紧靠在一起。电流通过金属板从一个电极流向另一个电极，电流引起的电阻热，使金属板发生局部熔化实现结合。发生熔化并重新凝固的金属的体积取决于生成的热量，它直接影响焊接强度。金属板和电极产生的热量可表示为

$$Q = I^2 R t \tag{4.1}$$

式中 Q——生成热；

I——焊接电流；

R——工件电阻；

t——电流持续时间（焊接时间）。

电阻 R 包括电极/工件界面的接触电阻、两个工件贴合面的接触电阻，以及工件和电极本身的电阻。对于搭接焊点，电阻点焊的电阻如图 4.7 所示，电阻由以下几部分组成：上电极电阻（R_1）、上电极和上金属板之间的接触电阻（R_2）、上金属板电阻（R_3）、上金属板和下金属板之间（贴合面）的接触电阻（R_4）、下金属板电阻（R_5）、下电极和下金属板之间的接触电阻（R_6）、下电极电阻（R_7）。

2. 珀耳帖效应

采用直流电源进行异种金属之间的连接时，如果改变电极的极性，有时会出现连接强度下降或者电极与母材粘连的现象，这种现象称为珀耳帖（Peltier）效应或极性效应。

不同种类金属的接触点上通过电流时，在此接触点上会发生热的产生或吸收，由电流的方向决定。材料非常微细时，此热量导致的温度变化足以与电阻热接近：

$$Q = I^2 R t \pm Q_P \tag{4.2}$$

$$Q_P = I \cdot T \cdot \frac{\mathrm{d}E}{\mathrm{d}T} = I \cdot T \cdot \Phi = K(T) \cdot T \tag{4.3}$$

式中 Q_P——由于珀耳帖效应产生的热量；

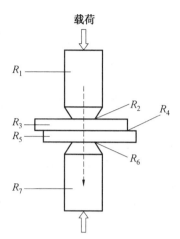

图 4.7 电阻点焊的电阻

I—— 电流;

T—— 温度;

Φ—— 热电能;

$K(T)$—— 极性系数。

3. 微电阻焊与传统电阻焊的区别

(1) 待焊材料的尺寸上有所区别,微电阻焊焊件的尺寸一般小于 0.5 mm。

(2) 在待焊材料的种类上也有很大差异。常规电阻焊的待焊金属主要是钢。微电阻焊的焊接对象往往是有色金属,如铜、可伐合金、镍、铂、黄铜、铝、镍铜合金、钛、银等。

(3) 微电阻焊和传统电阻焊使用的电极压力不同。在常规电阻焊中,最大熔核直径同电极头直径几乎相等。微电阻焊时,最大熔核直径(D_n)与电极头直径(D_e)之比大于 1/3 小于 1。

(4) 微电阻焊时发生电极粘连的风险远远高于常规电阻焊。

(5) 除此之外,在电子器件中,为提高构件的力、热、电、耐腐蚀能力等综合性能,待焊材料表面常常会镀有其他金属,如金、银、镍、锡等,这些镀层的存在往往会使微电阻焊的焊接过程变得复杂,并且改变原有待焊材料焊接焊点的形成机理。

4. 微电阻焊的优势

(1) 应用范围广泛,适用于多种材料体系,对连接表面无苛刻要求,能克服金属丝、带或者焊盘部位出现的轻度氧化、污染等问题,可以实现高频、射频电路中金属丝、带(如镀金铜丝、金带、镀金铜箔)的互连。

(2) 局部加热,具有"大幅值电流+极短通电时间"的特性,对于导热系数大的材料可实现短时间可靠连接,可避免电子组件或模块整体高温受热可能造成的对器件性能的影响。

(3) 在电子器件中的薄膜/细丝连接时可以精密控制能量,且微细材料连接的机理往往是固相连接,不对镀层产生破坏和过度溶解,保证了基板的完整性。

4.2.2 微电阻焊原理

电阻焊的原理主要是利用电流流经工件接触面及邻近区域时产生电阻热,将被焊件不同部位的金属熔化形成熔化连接(熔核)或固相连接(焊核,即接触面并不产生熔核,只是发生了具有一定体积深度的较为完全的再结晶扩散)。当焊件的尺寸小于 0.5 mm 时,称其为微电阻焊(Resistance Micro Welding, RMW)或电阻微焊接。

在微电阻焊中,也使用常规电阻焊的一些工艺,如电焊、交叉丝焊、峰焊、闪光焊、对焊和凸焊等。影响微电阻焊的工艺参数主要有焊接电流、焊接时间和电极压力,当然材料的表面状态,如表面粗糙度、氧化膜、镀层等,也会对焊接过程中的接触电阻以及产热量产生一定程度的影响。针对待焊材料不同的几何形状,微电阻焊的焊点形式主要有板对板、丝对丝和丝对板三种。微电阻焊的连接原理见表 4.1。

表 4.1 微电阻焊的连接原理

被焊材料	连接机制	备注
Cu 等金属片材	熔化焊	与常规电阻点焊类似
镀金镍片	固相焊、钎焊和熔化焊	焊点分三个区,即最外层的固固连接,中间部分的钎焊连接,最里层的熔化焊连接
金属玻璃片	不明	在焊点区域未发现晶化组织
304 不锈钢丝	固相焊	瞬时液体层被挤出结合区而飞溅,形成固相连接
纯 Ni 丝	固相焊	采用小的点火压力导致表面融化,在随后大压力作用下,熔化层被挤出焊点区
316L 不锈钢丝	固相焊或者熔化焊	随着热输入的增加,连接机理由固相焊向熔化焊转变
Nitinol 丝	固态焊	与 304 不锈钢丝及纯 Ni 丝的结果类似

1. 板对板微电阻焊

板对板的搭接焊点可由双面精密点焊和单面精密点焊工艺生成。在电子元器件的互连中,如手机电池极片的组装,由于操作空间的限制常采用单面精密点焊工艺。图 4.8 是单面精密点焊焊接装置示意图。板与板之间的微电阻焊研究所涉及的材料主要有 Al 及其合金、316L 不锈钢、Ni 及其合金、Ti 及其合金等。

对于纯金属材料之间的板对板微电阻焊,其焊点的形成机制均为熔化焊。对黄铜板进行微电阻焊的研究发现,焊接过程中焊点界面处有熔核产生,并且随着电极压力和焊接电流的增加,熔核尺寸逐渐变大。图 4.9 是黄铜板微电阻焊焊点横截面 SEM 图像。由于电流聚集效应,环形区域的电流密度远高于中心区域,因此环形区域首先发生表面熔化,然后融化区域逐渐扩展到贴合面中心,最终覆盖整个区域。随着温度的升高,熔核从贴合面中心开始长大。除此之外,由于电流的分流效应,熔核优先在上板形

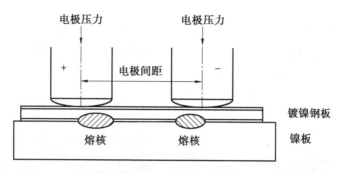

图 4.8　单面精密点焊焊接装置示意图

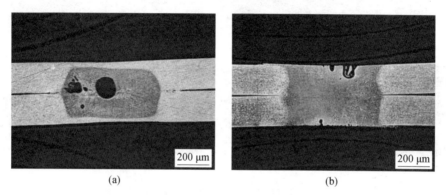

图 4.9　黄铜板微电阻焊焊点横截面 SEM 图像

成,因此常常需要采取措施调节热平衡,如变化板厚、电极位置、电极材料等。

2. 丝对丝微电阻焊

丝对丝的搭接焊点一般采用双面精密点焊工艺。通常应用于生物医用电极、金属网的连接,实现电子或医疗设备部件之间的电气互连等。目前,丝与丝微电阻焊研究所涉及的材料主要有镍丝、镍钛合金丝、316L 不锈钢丝、304 不锈钢丝等。

交叉丝微电阻焊的焊接机理较为复杂,在丝与丝接触的初期,焊点发生显著的塌陷而导致接触面积增加,但在焊点的形成过程中,不同的待连接材料,其焊点的形成机理并不相同。对纯 Ni 丝之间的微电阻焊研究发现,焊点形成过程中并没有熔核的产生,而是出现了液相,该液相存在时间很短,随后便冷却凝固。总结其焊点的形成过程:① 冷丝塌陷;② 表面熔化;③ 熔融相挤出;④ 固相连接。与此类似,在 304 不锈钢丝和镍钛合金丝的微电阻焊中也发现同样的连接过程。但在 316L 不锈钢丝的交叉微电阻焊中,却发现了熔化焊接的焊点。图 4.10 是不同焊接电流下 316L 不锈钢丝微电阻焊焊点界面微观组织。

3. 丝对板微电阻焊

丝对板的搭接焊点一般采用平行间隙电阻焊的焊接工艺获得。通常应用于电子器件及医疗器件(如心脏起搏器、助听器等)中的引线与镀层之间的互连。目前,丝与板微电阻焊研究所涉及的微电阻焊材料主要有绝缘 Cu 丝与 Au 镀层、绝缘 Cu 丝与磷青铜薄板、黄铜薄板、316L 不锈钢丝与板、铂丝与 316L 不锈钢板等。

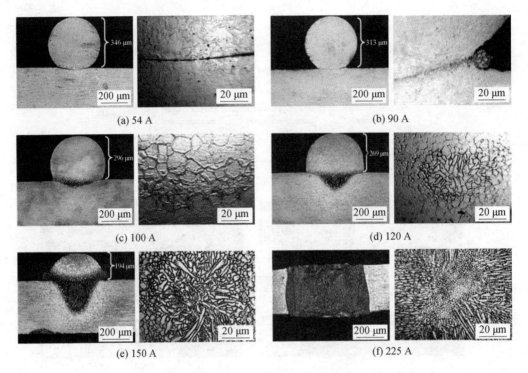

图 4.10 不同焊接电流下 316L 不锈钢丝微电阻焊焊点界面微观组织

现有研究表明,绝大多数丝与板焊接焊点的形成过程中并没有熔核的产生,其连接的机理主要是固相连接。细丝薄板微电阻焊在漆包线的电路板上焊盘间的应用较为广泛。通过对 0.1 mm 铜丝和 0.2 mm 磷青铜板的微电阻焊发现,焊接电流和焊接时间对焊点微结构的变化和焊点强度的影响要远大于电极压力的作用。焊接过程中,铜和磷青铜之间热物理性能的差异以及电极触头的配置导致的热不平衡,致使焊接过程中没有熔核的生成。其焊点形成过程:① 冷丝变形;② 绝缘层的融化和去除;③ 固相连接。对铜丝与黄铜板的焊接与上述焊接过程类似。

4.2.3 微电阻焊工艺

在微电阻焊中,也使用常规电阻焊的一些工艺,如电焊、交叉丝焊、峰焊、闪光焊、对焊和凸焊等。影响微电阻焊的工艺参数主要有焊接电流、焊接时间和电极压力,当然材料的表面状态,如表面粗糙度、氧化膜、镀层等,也会对焊接过程中的接触电阻以及产热量产生一定程度的影响。

1. 焊接电流

由于焊接过程中的产热量与电流的平方成正比,因此焊接电流是微电阻焊中对焊接结果影响最显著的因素。在表面不含有镀层的材料的微电阻焊过程中,焊接电流的大小直接决定了其焊点的形成机制。

对于不同的焊接材料,焊接电流的大小存在不同的临界值,当小于临界值时,界面处不形成熔核,连接机理为固相连接。但当焊接电流大于临界值,且焊接时间一定时,所形成的熔核尺寸随着焊接电流的增加而增大。这时材料间的连接机理为熔化焊和固相连接混合机制。由于焊点断裂强度的大小正比于熔核的尺寸,所以在一定范围内,焊点强度随着施加焊接电流的提高而提高。随着电流的增加,产热量与电流呈平方的关系快速增长,在丝与丝、丝与板的微电阻焊中,通过研究焊接电流对焊点的组织影响,发现在高的焊接电流作用下细丝的热影响区发生退火,致使晶粒的再结晶和长大,强度急剧弱化,焊接电流的大小对再结晶晶粒大小的影响如图 4.11 所示。

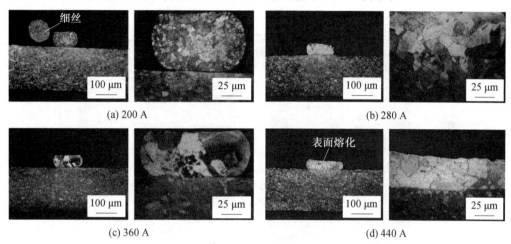

图 4.11 焊接电流的大小对再结晶晶粒大小的影响

焊点的拉伸试验结果表明,在焊接电流临界值以下时,焊点的断裂部位发生在材料连接的界面处,随着焊接电流的增大,焊点的断裂强度增大。当焊接电流超过临界值时,由于焊接熔核的产生,初始阶段随着焊接电流的增大,焊点的断裂强度增大;但当焊接电流继续增加时,待焊材料(尤其是细丝)会发生再结晶并使强度下降,焊点的断裂部位转变为与焊点相邻的细丝的颈部,断裂强度随着焊接电流的增加而减小,焊点断裂强度及断裂位置与焊接电流的关系如图 4.12 所示。除此之外,瞬态过高的电流还会导致焊接飞溅、电极粘连甚至损害等现象发生。

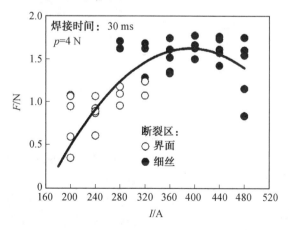

图 4.12 焊点断裂强度 F 及断裂位置与焊接电流 I 的关系

2. 焊接时间

根据焦耳定律可知,理论上总产热量正比于焊接时间。微电阻焊中由于焊件尺寸微小,焊接时间一般控制在几十毫秒,甚至几毫秒。综合考虑到热量要通过电极、工件和空气向外传递和辐射损失,实际产热量并非绝对正比于时间。焊接电流是决定材料能否实现连接的主要因素,而焊接时间是辅助焊接电流决定焊接质量的重要因素。焊接时间对再结晶晶粒大小的影响如图 4.13 所示。研究表明随着焊接时间的增加,晶粒的大小缓慢增加。

图 4.13　焊接时间对再结晶晶粒大小的影响

3. 电极压力

相比于传统的大尺度电阻焊,微电阻焊中的电极压力也是一个极其重要的工艺参数。电极压力主要是通过影响待焊材料的接触面积和接触电阻来影响微电阻焊的焊接过程。电极压力增加会导致待焊材料间的接触面积增加,接触电阻和电流密度减小。因此,提高电极压力的同时,需要提高焊接电流或焊接时间,以抵消接触电阻的降低所带来的影响。若电极压力过小,待焊材料的接触面积会减小,接触电阻会变得很大,同样电流作用下,会导致剧烈的局部熔化,易产生液态金属的喷溅现象。

对于含有细丝焊点的微电阻焊来讲,电极压力对其焊点的断裂强度有着显著的影响。一方面由于细丝的表面往往含有镀层,适当的焊接压力能够促使细丝发生形变,进而破坏表面的镀层,使待焊材料的母材间能够形成直接接触;另一方面电极压力会明显改变细丝的接触面,从而改变焊点的结合面积,进而改变焊点的结合强度。过大的焊接压力虽然能够增加接触面积,但也会导致初始电阻降低,减少界面处的产热量,使表面熔化不充分。因此,理想的焊接过程应该是,在焊接初始阶段使用较低的电极压力以获得足够的加热量,之后增加电极压力,增大结合区域面积。

5. 表面粗糙度

即使两个具有非常平整表面的金属块体在一定载荷下压到一起,原子尺度的接触也只发生于个别的接合点上。若压力增加,接触区域发生弹塑性压缩变形。发生弹性或塑性变形情况下,接触电阻(R_c)都可以表示为压力(F)、材料性质如弹性模量(E)、接触或压入硬度(H)和电阻(ρ)的函数,弹性变形情况如式(4.4)所示,塑性变形情况如式(4.5)所示。

$$R_c = \frac{0.57\rho}{\sqrt{n}} \left(\frac{E}{FD}\right)^{\frac{1}{3}} \tag{4.4}$$

$$R_c = 0.89\rho \left(\frac{\xi H}{nF}\right)^{\frac{1}{2}} \tag{4.5}$$

式中　　n——接触点数目;
　　　　ξ——压力因子。

从式(4.4)可知,接触电阻一般随电极压力或接触点数目增大而减小。对于同样的材料,表面粗糙度不同,接触电阻也不同。与大尺度电阻焊相比,微电阻焊需要更精确地控制表面粗糙度。通常情况下,小尺度和微尺度局部区域的表面层偏差不应超过局部直径或厚度的10%,表面层相对局部厚度的容许偏差如图4.14所示。

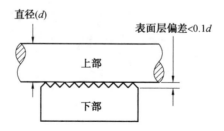

图4.14　表面层相对局部厚度的容许偏差

6. 氧化膜

大多数金属的表面都存在非金属反应膜,通常是氧化膜,除此之外,还可能有外来污染物。表面膜通常是非导电的或具有远低于基材的电导率。膜电阻R_F可表示为

$$R_F = \frac{\rho_t \xi H}{F} \tag{4.6}$$

式中　　ρ_t——单位面积上的膜电阻,称为隧道电阻。

为了使电流通过工件生成热,并在贴合面形成熔核,焊接中需要破碎表面膜。为形

成贯穿氧化膜的导电通道,有两种方法:电学破碎和机械破碎。在微电阻焊中,由于电极压力较低,机械破碎氧化膜的效果并不显著。因此,在焊接早期阶段,电学破碎大概最适合实际物理情况。

大多数情况下,不希望表面存在氧化膜和污染物,因为电阻随膜厚的增加而增加。它们可能在电极/板界面生成很大的热,从而导致电极粘连。实际上,若材料表面有污染或厚氧化膜,应该用机械或化学清除方法去除它们。钢丝刷研磨是去除氧化膜最常用的方法。然而,它会增加表面粗糙度或划痕,进而增加接触电阻。化学清除方法广泛用于大尺度电阻焊。不同的材料成分和预处理需要不同的腐蚀或清除剂,因此针对不同情况,需要专门地开发并测试氧化膜化学清除工艺。

7. 镀层

表面镀层用以提高耐蚀性或获得独特的力学、热学和电学性能组合。微电阻焊中,镀层不仅可以提高耐腐蚀性,还可以提高电学性能。这些表面镀层往往使焊接工艺变得更复杂。对于含有镀层板材之间的微电阻焊,其焊点的形成一般为多种机制混合而成。通过对纯镍片之间的微电阻焊和镀金镍片之间的微电阻焊的研究对比发现,镀层的存在影响了焊点的形成机制。图 4.15 是纯镍片与镀金镍片微电阻焊焊点微观组织对比。纯镍片之间的微电阻焊的焊接机制为熔化焊,如图 4.15(a) 所示;镀金镍片之间的焊接机制为固相连接、硬钎焊、熔化焊混合而成,如图 4.15(b) 所示,其中 Ⅰ、Ⅱ、Ⅲ 分别表示固相连接、硬钎焊和熔化焊。

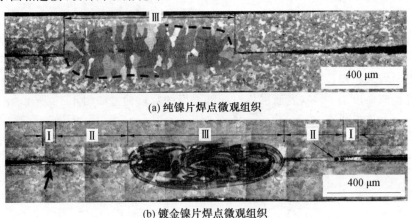

(a) 纯镍片焊点微观组织

(b) 镀金镍片焊点微观组织

图 4.15　纯镍片与镀金镍片微电阻焊焊点微观组织对比

4.2.4　微电阻焊设备

微电阻焊设备尤其是电极的材料及形状也会影响焊点质量。

1. 电极材料

与大尺度电阻焊类似,微电阻焊使用的电极材料通常是沉淀强化的铜合金,如 Cu－Cr、Cu－Zr 或 Cu－Cr－Zr 合金。

其他材料如 Cu－W 和 Cu－Mo 合金等电极材料,常用于利用电极电阻热提高焊接加热效果的场合。

为防止电极粘连或提高电极头寿命,可使用弥散强化电极材料(如 Cu－Al_2O_3)或镀有 TiC 复合材料的电极。

表 4.2 是使用电容储能放电电源焊接 0.2 mm 厚金属板时的焊接能量。定义 0.4 mm 直径的熔核为最小熔核,电极压力为 4.5 kgf,焊接时间为 2.0 ms。

表 4.2　使用电容储能放电电源焊接 0.2 mm 厚金属板时的焊接能量　　　J

板材	最小熔核	焊接喷溅	电极粘连	推荐范围
Al	30	70	100	30～100
	30	70	50	30～50
黄铜	35	70	80	35～80
	35	70	40	35～40
Cu	>125			

2. 电极形状

微电阻焊常使用平端或圆端电极。电极形状和大小控制电流密度,决定可得到的熔核尺寸范围。电极直径的微小变化会强烈地影响电流密度。因此,必须精确加工并保持电极头端面形状。

与内部水冷的大尺度电阻焊电极头相比,微电阻焊电极／板界面具有较差的温度分布,这是由于此时电极没有水冷、电流密度通常较高。

4.2.5　微电阻焊过程监测

随着焊接件尺度的不断减小,一些常规电阻焊中不会出现的问题会在微电阻焊中出现,如电极粘连、熔融金属挤出以及工艺的可重复性差等。相比于常规焊接,微电阻焊对工艺参数的变化更为敏感,也更容易受到随机因素影响。在焊接过程中可对产生的一些在线信号如动态电阻、超声信号、红外信号等进行监测,具有省时、省材料、产量大、非破坏性和精确控制等优点。

图 4.16 是两种模式下动态电阻随焊接时间变化的典型曲线。

动态电阻在焊接过程中的变化曲线可分成四个阶段:Ⅰ.粗糙面加热,接触电阻很大,且随温度升高而快速上升;Ⅱ.表面破碎软化,金属之间直接接触,工件变形接触面积增加,接触电阻快速下降;Ⅲ.体材料加热,体电阻随温度升高缓慢上升;Ⅳ.焊核形成,界面形成良好连接,总动态电阻缓慢下降。

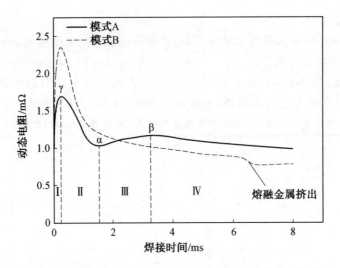

图 4.16　两种模式下动态电阻随焊接时间变化的典型曲线

4.3　微激光焊

微激光焊技术是从激光焊接技术中发展起来的。激光技术发展前期,能获得的光束能量非常有限,必须采用高质量的聚焦镜和脉冲波形,才能保证激光有足够的能量密度来熔化材料。利用激光热源精确可控、准确定位与高能量的优势,微激光焊技术在电子、电气、自动化和医药行业的微小部件连接中有非常广泛的应用。

4.3.1　微激光焊基础

1. 激光的产生

爱因斯坦于 1916 年发表《关于辐射的量子理论》。该文提出了受激光辐射理论,而这正是激光理论的核心基础,因此爱因斯坦被认为是激光的理论之父。在这篇论文中,爱因斯坦指出光与物质相互作用的基本过程:自发辐射、受激辐射、受激吸收(图4.18)。

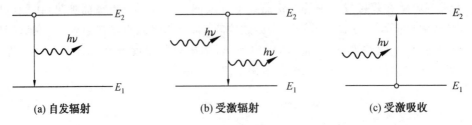

图 4.17　光与物质相互作用的基本过程

① 自发辐射。物质原子中的电子在未受到外界激发的情况下,高能级 E_2 上的电子由于不稳定,自发地向低能级 E_1 跃迁,在跃迁的过程中,多余的能量以发光的形式表现出来,这个过程称为自发辐射。

② 受激辐射。处于高能级的粒子受到一个能量 $h\nu = E_2 - E_1$ 外来光子的作用，从 E_2 能级跃迁到 E_1 能级并同时辐射出与入射光子完全一样（频率、相位、传播方向、偏振方向）的光子，由于这个过程是在外来光子的激发下产生的，因此称为受激辐射。

③ 受激吸收。处于低能级的粒子受到一个能量 $h\nu = E_2 - E_1$ 外来光子的作用，从 E_1 能级跃迁到 E_2 能级的过程，称为受激吸收。

受激辐射与自发辐射相伴而生，在热平衡状态下，受激辐射是很弱的，自发辐射占绝对优势；受激吸收和受激辐射这两个相反的过程总是同时存在，相互竞争，在热平衡下，受激吸收过程压倒受激辐射过程，光的放大作用不可能发生。

当某物质与外界处在能量平衡状态下，也就是处在热平衡状态时，低能级的粒子（电子）数 N_1 总是大于高能级的粒子（电子）数 N_2，这就是所谓的粒子数正常分布。由于 $N_1 > N_2$，受激吸收大于受激辐射，当光通过这种物质时，光强按指数衰减，这种物质称为吸收物质。因此，这时不会实现光放大。

当外界提供能量（电或光泵浦），从而达到高能级上的粒子数 N_2 大于低能级上的粒子数 N_1 的分布状态，这种分布状态称为粒子数反转分布状态。由于 $N_2 > N_1$，即受激辐射大于受激吸收，当光通过这种物质时，会产生放大作用，这种物质称为激活物质或增益介质。因此，这时就有可能实现光放大。

也就是说，当物质在外部能量作用下达到粒子数反转分布状态时，高能级上的大量粒子就会在受到外来入射光子的激发下，同步发射与入射光子的频率、相位、偏振方向、传播方向完全相同的全同光子。这样，就实现了用一个弱的入射光来激发出一个强的出射光的光放大作用。

要产生激光，最基本的物质条件有增益介质（激活物质）、泵浦源（激励源）、光学谐振腔。增益介质是使入射光得到放大的核心，泵浦源是为增益介质提供能量，光学谐振腔只让与反射镜轴向平行的光束能在增益介质中来回地反射，连锁式地放大，最后形成稳定的激光输出。激光的产生过程如图 4.18 所示。

在开始时，闪光灯作为光泵浦源射入增益介质，增益介质中的铬原子受到激发，最外层的电子跃迁到受激态。此时，有些电子会通过自发辐射释放光子，回到较低的能级。而释放出的光子会被设于增益介质两端的镜子来回反射，诱发更多的电子进行受激辐射，使激光的强度增加。设在两端的其中一面镜子会把全部光子反射，另一面镜子则会把大部分光子反射，并让其余小部分光子穿过，而穿过镜子的光子就构成了激光。

2. 激光的物理特征

激光的物理特征是单色性好、相干性好、方向性好、亮度高。

激光的单色性比一般光要高出 $10^6 \sim 10^7$ 倍。单色性决定物质对激光能量的吸收和精细聚焦的可能性。

激光束能够用作高能热源主要是源于它的相干性，激光的相位在时间上是保持不变的，合成后能形成相位整齐、规则有序的大振幅光波。而一般的非相干光源在时间和空间上都是随机排列的，因此会有部分能量叠加后相互抵消。激光的单色性如图 4.19 所示，这一相干性与其突出的单色性（窄带宽）有关，相干性既可以用长度来表示，也可

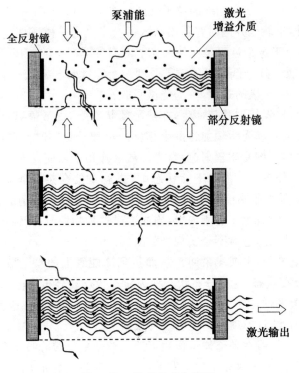

图 4.18　激光的产生过程

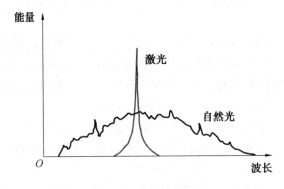

图 4.19　激光的单色性

以用时间来表示。

方向性好也就是准直性好,即光束具有非常小的发散角。发散角指的是光束包络线与轴线的夹角(也有些文献中将其定义为此夹角的两倍)。

光束辐射率(或亮度)和光强是描述激光功率和光束发散角之间关系的两个重要参数。辐射率是指单位面积每球面度所辐射的功率,光强是指每单位面积上的功率。高斯光束的半径 r_s 通常是表示光强下降到峰值光强 I_0 的 $1/e^2$ 处的圆形区域大小,这相当于 86% 的激光总功率 P 集中在半径为 r_s 的圆形区域内。一个轴对称的高斯光束光强分布可以表示为

$$I(r) = I_0 \exp[-2(r/r_s)^2] \tag{4.7}$$

对光强分布公式积分后可表示为

$$I_0 = 2P/\pi r_s^2 \tag{4.8}$$

从式(4.8)中可知,光束峰值光强很大程度上取决于聚焦光斑尺寸。

3. 激光 — 材料的相互作用

自从第一台红宝石固体激光器在1960年问世以来,采用不同激光介质(气体、液体、固体和自由电子)的各种类型激光器也被不断推出。激光波长范围从X射线到红外光,脉冲持续时间从飞秒(10^{-5} s)到连续波(CW)。适合于激光微焊接的工业激光器包括:灯泵浦或是半导体泵浦固体Nd:YAG激光器(1.06 μm)、各种半导体激光器(0.8~1.1 μm)、光纤激光器(1.04~1.5 μm)、盘式激光器(1.03 μm)和CO_2激光器(10.6 μm)。激光的强度(也称功率密度)、波长以及激光的停留时间都对激光与材料之间的相互作用有一定的影响。

与电子束(如在电子束焊接中)不同,辐照到材料表面的激光会有很大一部分被反射。对于金属,在给定波长的情况下,其反射率会随着电导率的增加而增大。金属表面的反射率很大程度上取决于入射光的波长、入射角度、表面粗糙度、表面氧化膜或氧化层、材料的成分组成及其温度。图4.20是不同金属的吸收率随波长的变化。

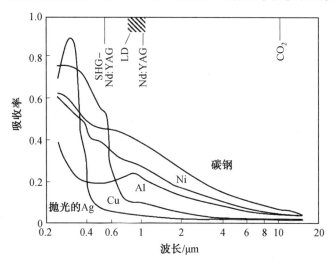

图4.20　不同金属的吸收率随波长的变化
SHG— 二次谐波;LD— 激光二极管

对于激光微焊接金属时所用的能量级别,其能量吸收机制与电子云对入射光子电磁辐射场的阻尼大小有关,能量吸收过程实质上就是将光子能量转换用以增大晶格的振动,形成局部加热。对于金属材料,吸收只发生在表面下方波长几分之一的深度(约100 nm)。随着穿透深度的增加,激光辐射的电场强度呈指数规律递减,其穿透深度可以由一个与激光波长相关的衰减系数来表示。对于非金属材料,激光的穿透深度一般至少会增大10倍(对透明材料的穿透深度则远远大于10倍)。激光的这种局部表面加热效应可以是平缓地加热,也可以出现原子电离后的爆炸式喷溅。图 4.21 是随脉冲持续时间与能量密度变化的激光－材料相互作用现象。

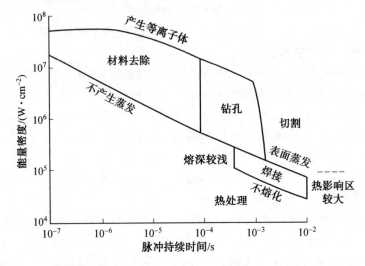

图 4.21　随脉冲持续时间与能量密度变化的激光－材料相互作用现象

4. 激光－等离子体的相互作用

在激光束到达工件表面与工件相互作用前,它必须穿过工件表面的光致等离子体。当到达工件表面的能量较高时,特别是在匙孔焊接时,等离子体的影响不容忽视,即使在热导焊过程中也会存在少量的等离子体。等离子体中也存在吸收、散射、折射等现象,这些均与入射激光的波长有关,焊接速度、聚焦光束在自由空间的能量密度(无工件存在时获得的能量密度),以及等离子体中气态物质的组成和密度都会影响实际到达工件表面的激光能量密度大小,匙孔上方激光与等离子体相互作用示意图如图 4.22 所示。

等离子体对光束的吸收是由逆轫致效应引起的,存在于任何等离子体中的电子都会被激光束的电场加速。激光束在等离子体中的吸收系数与电子密度和激光波长的平方成正比。CO_2 激光焊接时产生的等离子体的温度高达 10 000 K,此时等离子体主要通过吸收激光能量来加热自身的温度,因此 CO_2 激光焊接时等离子体吸收作用的影响较为显著。由于等离子体的吸收屏蔽作用大大减少了激光到达工件表面的能量,因此 CO_2 激光焊接时通常会把辅助气体如 He、Ar 或 N_2 导向激光与等离子体的相互作用区域,冷却光致等离子体,从而降低电子密度。Nd∶YAG 激光焊接时等离子体的吸收作用仅为 CO_2 激光的 1/100,因此可以忽略由等离子体引起的逆轫致效应。虽然 Nd∶YAG 激光器产生的等离子体温度也会随着激光功率的增加而升高,但一般都在 4 000 K 以下。

对波长更短的激光来说散射更为重要,因为散射反比例于激光波长的四次方。Nd∶YAG 激光焊接时产生的金属蒸气会凝聚成颗粒成为散色点,等离子体散射会造成大量的激光能量损失。采用 Nd∶YAG 和半导体激光进行焊接时,有时为了防止工件氧

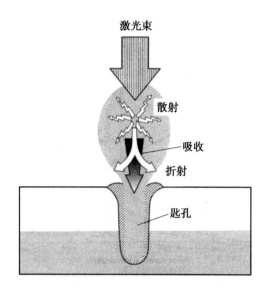

图 4.22　匙孔上方激光与等离子体相互作用示意图

化,焊接过程须在一个手套箱里进行,从而导致等离子体的金属蒸气中颗粒的数量和尺寸增加,此时散射现象非常严重。

折射通常被忽略,因为等离子体高度非常小,并且因散焦造成的激光焦点增加与聚焦光点没有太大的关系。

表 4.3 是激光焊接过程吸收、散射与折射的影响。

表 4.3　激光焊接过程吸收、散射与折射的影响

激光波长	吸收	散射	折射
半导体激光($\lambda = 0.8 \sim 1.1\ \mu m$)	小	大	小
Nd:YAG 激光($\lambda = 1.06\ \mu m$)	小	中	小
光纤激光($\lambda = 1.04\ \mu m$)	小	中	中
CO_2 激光($\lambda = 10.6\ \mu m$)	大	小	中

4.3.2　微激光焊原理

激光与材料相互作用引起的物态变化如图 4.23 所示。

随着激光能量密度增加,材料温度升高、表面熔化,形成增强吸收等离子体云,并形成小孔及阻隔激光的等离子体云。金属表面被聚焦光斑加热到一定温度并发生汽化,从而产生一个非常大的反冲力使得熔化的金属表面下凹并形成一个孔洞(匙孔)。

根据材料在激光作用下出现的不同状态,可以将激光焊分为热导焊和匙孔焊(或深熔化焊)两种模式。

1. 热导焊模式

采用较低的能量密度进行激光焊接时,工件内部是通过表面热传导的方式进行加

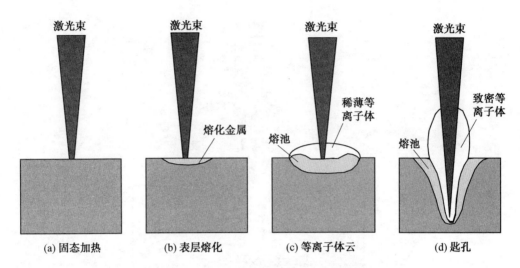

图 4.23　激光与材料相互作用引起的物态变化

热的,如图 4.23(b) 所示。采用一个稳定的高斯热源辐照材料时,材料表面温度 $T(t)$ 可以表示为

$$T(t) = \frac{2AP}{\pi^{3/2}Kd} \arctan\left(\frac{4}{d}\sqrt{\alpha}\,t\right) \tag{4.9}$$

式中　d——光斑直径,指能量密度为峰值能量密度 $1/e$ 处的位置;
　　　P——激光功率;
　　　A——表面吸收率;
　　　K——热传导系数;
　　　α——热扩散系数。

这样,熔点为 T_m 的金属材料熔化所需的最小激光功率 P_m 为

$$P_m = \frac{\sqrt{\pi}KdT_m}{A} \tag{4.10}$$

吸收率很大程度上取决于被焊材料和激光波长。根据式(4.10),当聚焦光斑直径为 50 μm 时,基波与二次谐波 Nd:YAG 激光熔化金属所需最小功率如图 4.24 所示。可以看出,银是最难热导焊的一种金属,采用 1.06 μm 的波长激光进行焊接时大约需要 900 W 的激光功率。同样波长的激光,焊接铜仅需要 300 W 功率。最容易焊接的材料为镍和钢,熔化它们所需的最小激光功率在 20 ~ 30 W 之间,为焊接银时的功率的 1/45 ~ 1/30。采用红外波长的激光进行金属基体的热导焊时基本没有效果,主要是因为大部分的激光能量都被材料反射(尤其是银和铜),而工件实际吸收的那一小部分能量也会在三维方向迅速散失。不过,热导焊的优势是焊接过程非常稳定,因此焊缝可重复性和表面质量都很好。

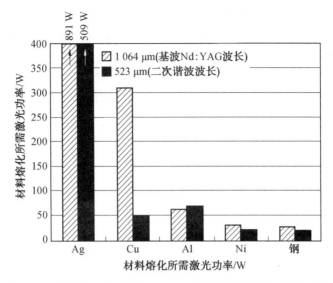

图 4.24　基波与二次谐波 Nd:YAG 激光熔化金属所需最小功率

2. 匙孔焊模式

当激光能量密度增加到一定值时,工件表面会被加热到一定温度从而引起材料的蒸发,蒸汽的反冲压力导致熔池表面下陷,形成一个较浅的凹坑。由于这个凹坑的表面低于材料原始表面,可以认为此时"表面热源"激光束是在金属内部进行加热。进一步增加激光能量密度,会在熔池内部形成一个与聚焦光束直径大致相同的匙孔,形成一个较深匙孔后,大部分的激光能量会通过匙孔内壁的多次反射而被吸收。匙孔焊接最初的定义是指焊接过程中工件内部由热源引起的完全穿透的孔洞(这一孔洞沿着焊缝前移,形成一个全熔透焊点),现在只要焊接时能够形成一个较深的孔洞,无论它是否穿透工件都可以称为匙孔焊接。这种焊接模式下,尽管具有"表面热源"特性,激光也可以直接加热到工件表面以下很深的位置。

激光连续焊接过程中,促使匙孔闭合的表面张力和促使匙孔扩张的蒸气压力之间保持着一种动态平衡状态,这种平衡可以维持匙孔的存在。假设匙孔为圆柱形,表面张力为促使匙孔闭合的驱动力,可以表示为

$$p_\gamma = \gamma / r \tag{4.11}$$

蒸气压力可以表示为

$$p_{vap} = mnu^2 \tag{4.12}$$

式中　γ——熔融材料的表面张力;

　　　r——匙孔半径;

　　　m——蒸发的材料质量;

　　　n——蒸发物质的密度;

　　　u——材料的蒸发速度。

图 4.25 是蒸气压力 p_{vap} 和表面张力 p_γ 随匙孔半径的变化。图中有两个交点,N 和 S,在这两点处满足 $p_\gamma = p_{vap}$。匙孔在 N 点位置是不稳定的,匙孔半径受压力差 $|p_\gamma -$

p_{vap}|的影响,当金属流动、辅助气体压力或吸收的能量发生变化时都会引起匙孔半径的轻微波动,从而使其偏离 N 点,导致匙孔消失或是跳转到 S 点。相反,匙孔在 S 点可以保持稳定状态,压力差 $|p_\gamma - p_{vap}|$ 会起到一个回复力的作用使匙孔回到 S,当受到上述干扰因素的影响时,匙孔半径只是在尺寸上有些波动,以一个谐振频率围绕 S 点振荡,不过前提是干扰不是很大。匙孔的振荡频率会随匙孔尺寸的增加而减少。

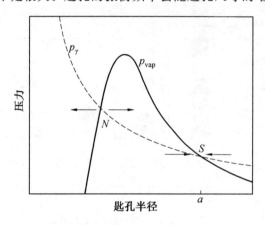

图 4.25 蒸气压力 p_{vap} 和表面张力 p_γ 随匙孔半径的变化

脉冲激光焊接时,匙孔的形成是瞬时和动态的。图 4.26 是激光脉冲焊能量上升与下降阶段的匙孔与熔池流动行为。激光脉冲的上升期间,熔化的金属从匙孔中流出,在表面和背面形成堆积。若脉冲上升速度过快,熔化金属会从熔池中喷溅出来形成飞溅,熔化金属的损失将导致焊缝出现下凹。在脉冲的下降期间,熔化金属再流进匙孔对其进行填充(假设不产生飞溅)。若脉冲的下降时间过短,熔化金属将无法充分回填进匙孔,熔池中会形成气孔。若脉冲下降时间足够长,熔池中的气孔可以借助浮力在金属凝固之前上升到熔池表面。

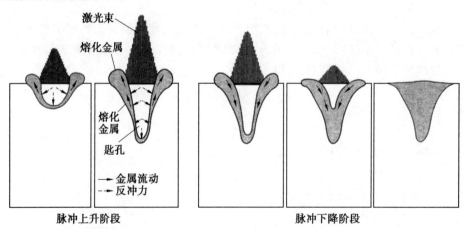

图 4.26 激光脉冲焊能量上升与下降阶段的匙孔与熔池流动行为

4.3.3 微激光焊缺陷

激光焊接熔池内部形成的匙孔从流体动力学上来说并不是稳定的,当由材料和过程变化引起不可控扰动时,这种不稳定性会导致焊接缺陷的产生。

1. 材料缺陷

材料缺陷与固态金属熔化和凝固时微观组织的变化有关。例如,通过电镀工艺获得的 LIGA(Lithographie(光刻)、Galvanoformung(电铸)和 Abformung(注塑)的缩写,微米级尺度加工)材料由于微观组织非常微细而具有很高的强度,但这种材料在焊接过程经历了完全退火后会导致晶粒粗大而使焊缝强度下降,焊缝强度不匹配则会产生冶金缺口效果。

由于微熔化区的面容比非常高,因此对原有的或是保护不当带来的表面污染特别敏感。特别是对于一些活性材料,如 Ti、Nb 等,在微尺度上不可避免地会有较高含量的 O、C、N,而导致材料变得很脆。另外,如 LIGA 基材料中,残留的氢元素会导致气孔,以及加入到电镀液中的一些元素也可能导致缺陷。

异种材料连接时还会因材料之间的物理性能不匹配产生一些焊接缺陷,其中最主要的缺陷是熔合区内部形成的金属间化合物导致脆性焊点。

2. 焊接过程缺陷

大部分不连续性缺陷如未熔合、脱焊、飞溅、穿孔、过烧、过氧化和裂纹等,一般可以通过夹具调整和参数优化等方法有效解决。而对于因焊接环境不稳定导致的气孔(匙孔塌陷、尖峰脉冲产生的气孔、根部气孔等)、焊缝未填满、焊缝驼峰和热变形等几何缺陷,要想完全克服则比较困难,有时需要采用过程传感和反馈控制技术抑制这些缺陷。

图 4.27 是激光点焊 316 不锈钢时不同离焦量与脉宽条件下的焊点熔深与气孔情况。很显然,焊缝未熔透时熔深越大,气孔缺陷越多。在实验条件范围内,当焊点熔深超过 0.75 mm 时,所用脉冲波形获得的焊缝中均出现了气孔。

脉冲上升段较陡时容易导致金属喷溅现象,如果脉冲下降速度过快,将不利于液态金属的平滑流动,充分回填到匙孔中,容易导致匙孔侧壁塌陷,在液态熔池中残留较多气泡。激光焊接过程一般冷却速度都很快,气泡如果不能在熔池凝固之前上浮到熔池表面,就会形成气孔。图 4.28 是不同脉冲波形及其获得的焊缝截面。可以看出,通过对脉冲形状的调制能够使得气泡有足够的时间上浮到熔池表面;如果脉冲参数设置不当,很容易产生焊接缺陷。

通常,焊缝未完全熔透时更容易形成气孔,因为工件完全熔透时,熔池底部的压力可以得到释放,在表面张力的作用下液态金属更易于回填匙孔。

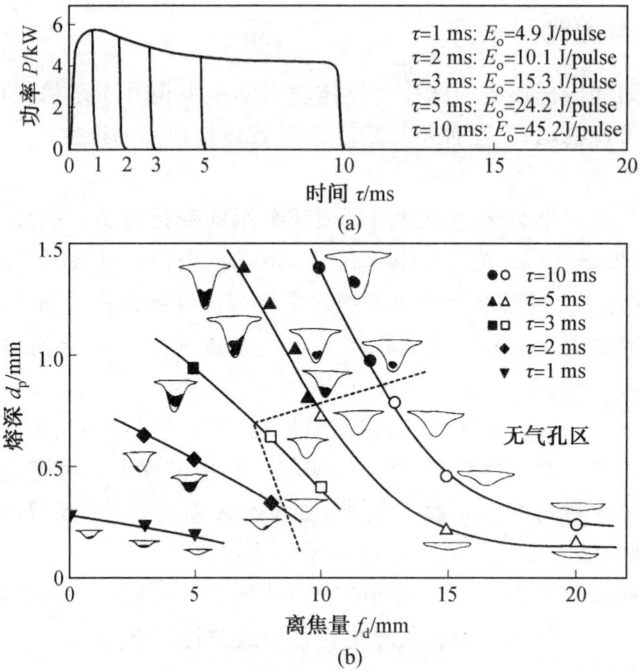

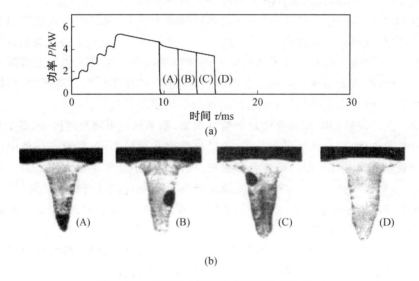

图 4.27 激光点焊 316 不锈钢时不同离焦量与脉宽条件下的焊点熔深与气孔情况

τ——时间；E_o——单脉冲能量

图 4.28 不同脉冲波形及其获得的焊缝截面

4.3.4 微激光焊系统

微激光焊系统一般需要包括焊接机柜、运动焊接系统、CCD 同轴观察系统、旋转夹具、冷却系统等几个部分，图 4.29 是微激光焊系统。焊接机柜具有防震、防光辐射和过滤烟尘等功能。运动控制系统主要由 X 轴模组、Y 轴模组、Z 轴手动升降、旋转夹具、激光焊焊点组成。激光功率几十到几百瓦,光斑直径小于 $100~\mu m$(有时要小于 $10~\mu m$),激光应在近红外波段,适合大多数金属;定位精度高于光斑直径,采用计算机控制及专用控制软件。CCD 同轴观察系统有一定放大倍数的视觉传感功能。

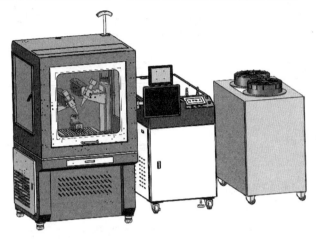

图 4.29 微激光焊系统

4.3.5 微激光焊监测

1. 在线监测

实际生产中一般采用在线监测技术来检测焊缝质量。在线监测技术最早用于激光焊接过程是在 1984 年,CO_2 激光焊接过程采用光电传感器检测光辐射信息。图 4.30 是 CO_2 激光焊接不锈钢过程辅助气体压力与侧面光强的关系。由图可知,当气体压力或保护气喷嘴方向选择不当而引起大量等离子体时,激光能量将被等离子体吸收,此时会出现较强的光辐射信号,获得的焊缝宽且浅。因此,通过检测焊接区的光辐射信息就可以监测辅助气体的作用情况。

自此以后,各种在线监测技术逐渐发展起来,包括监测等离子体的光辐射信息、激光的反射能量、热辐射信息、视觉图像分析、声压检测等。其中,监测等离子体或等离子云的光辐射信息是应用最广的一种方法,因为其物理现象很容易理解,同其他方法相比,光辐射信号的噪声较小,而声信号对噪声较为敏感。光辐射信息也可采用同轴监测的方法获得,CO_2 激光焊接过程中可通过镜片上的针孔实现同轴监测,而 Nd:YAG 激光焊接时可采用双色镜来实现光辐射信息的同轴监测。CO_2 激光与 Nd:YAG 激光焊接过程的同轴监测方法示意图如图 4.30 所示。由于激光焊接过程中可以采集到很多有用的信号,因此多信号融合传感在线监测技术逐渐发展起来。

2. 离线检测

微连接焊点的评价方法与一般焊接焊点类似,这些方法包括焊缝外观观察和横截面金相观察、密封性测试、机械性能测试等。金相观察作为破坏性实验方法虽然较慢,

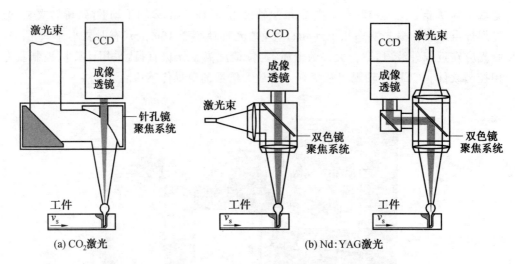

图 4.30　CO_2 激光与 Nd:YAG 激光焊接过程的同轴监测方法示意图

但完全可用于微连接焊点的评价。密封性检查对于裂纹和其他焊缝内部缺陷非常敏感，但是检测起来较为困难。特别是当被检焊缝为最终的密封焊缝时，无法直接用真空检漏探测器。此时只能用氦弹法检测，在一定外部压力作用下可以将标示气体（通常为 He）深入到各种缺陷中去，然后将密封工件放入真空腔，真空腔上连接有多个光谱仪。这种方法对泄漏探测器的数量与精度要求都较高，标示气体不能泄漏太快，否则会影响后续的检测精度。机械性能测试包括焊点的拉伸或剪切测试、材料的纳米硬度测试。除此之外，缺陷检测还包括 X 射线、超声波、染色渗透、磁粉、涡流等。

4.4　微电子束焊

电子束焊接技术使用高压加速的带电电子，通过适当的聚焦和精确的方向控制实现材料热加工，能够精确地将电子束聚焦到几微米直径，适合在微小尺寸上应用。

4.4.1　微电子束焊基础

1. 电子束的产生

传统的电子束焊机如图 4.31 所示，通常由电子枪、高压电源、聚焦系统、真空室、工作台及辅助装置等几大部分组成。

电子枪中的阴极加热到一定温度时逸出电子，电子在高压电场中被加速，通过电磁透镜聚焦后，形成能量密集度极高的电子束。

电子枪是电子束焊机的核心部件，主要由阴极、阳极、控制电极等组成。阴极、阳极建立高压电场。控制电极形成势垒场，控制穿过的电子数量。阴极加热发射出电子。阴极加热方式有直接式和间接式，直接加热的阴极通过电阻热来加热，间接加热的阴极通过从辅助阴极电子撞击来加热。阴极材料需要具有高电子发射率以及抗高温性能，一般采用钨和钽。

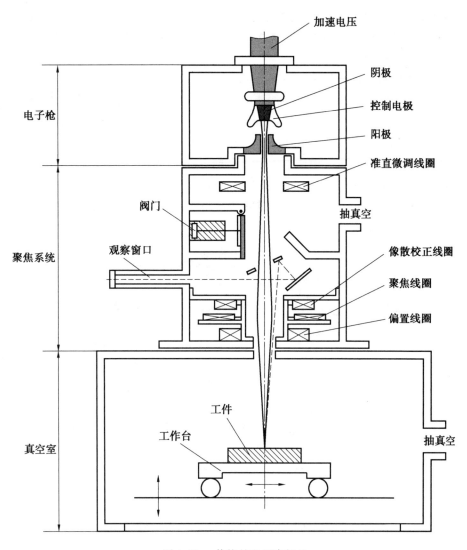

图 4.31 传统的电子束焊机

电子束通过阳极后会稍微偏离,需要通过电子束聚焦系统将斑点直径调整到 $0.1\sim 1.0$ mm,以达到 $10^6\sim 10^7$ W/cm² 的能量密度。电子束聚焦系统主要由准直微调线圈、聚焦线圈、像散校正线圈及偏置线圈等组成。准直微调线圈引导电子束到光轴上。聚焦线圈调整电子束在工件上的有效直径。像散校正线圈补偿电磁扰动,校正非对称电子束。偏置线圈辅助电子束围绕聚焦点做各种可编程运动。

电子束焊机的真空系统一般分为两部分:电子枪真空系统和真空室。电子枪的高真空(10^{-4} Pa)主要防止漏电(弧击穿或者"飞弧")和阴极氧化,可通过机械泵与扩散泵配合获得。工作室真空度范围为 $10^{-3}\sim 10^{-1}$ Pa,较低的真空度可用机械泵获得,高真空度则采用机械泵及扩散泵。

真空室内由工作台和辅助装置组成,在焊接过程中保持电子束与接缝的位置准确、焊接速度稳定、焊缝位置精度都非常重要。大多数的电子束焊机采用固定电子枪,让工件做直线移动或旋转运动来实现焊接。对于大型真空室,也可采用工件不动而移动电子枪的方法进行焊接。

2. 面向微连接的电子束改造

电子束焊机可按真空状态和加速电压分类。按真空状态可分为高真空型($10^{-4} \sim 10^{-1}$ Pa)、低真空型($10^{-1} \sim 10$ Pa)和非真空型;根据电子枪加速电压的高低可分为高压型($60 \sim 150$ kV)、中压型($40 \sim 60$ kV)和低压型(< 40 kV)。

常规电子束焊接设备由于电子束功率过高(100 W ~ 5 kW)而难以实现微小部件的焊接。面向微连接,需要对电子束进行改造。对配有 6 W 电子束发生器的 SEM 进行改造,因镜筒中孔屏蔽和电子束散射的功率损失减小了部分功率,到达工件的功率为 $3 \sim 4$ W。SEM 镜筒改造如图 4.32 所示。

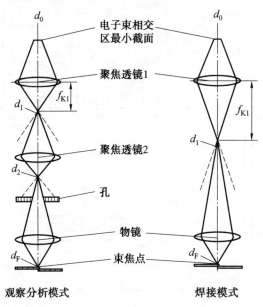

图 4.32 SEM 镜筒改造

将 SEM 镜筒改造为观察分析模式与焊接模式。在观察分析模式中,要求最小的能量输入和高的分辨率,多个小直径孔屏蔽非轴向的电子,两个聚焦线圈减少电子,提供极低功率的电子束,获得极小斑点直径。焊接模式在大多情况下比观察分析模式的功率高几个数量级,需要去除底部第二个聚焦透镜和下方的光圈。

定位单元改造必须考虑以下几个关键因素:机械和驱动部件的真空适宜性,盘高的面平行度,避免操作过程中与壁、电子枪和探测器碰撞,镜筒出口轴的中心处定位,电动机电线的真空馈穿。图 4.33 是 SEM 腔内定位单元。采用只有几微米直径的微电子束连接对接的两个部件,一个很小的角偏离都会导致两部件间形成间隙,产生不良的焊缝。由于 SEM 提供非常好的成像条件,高度精确零件的定位在其工作腔中就可以进行。通过使用 SEM 自有定位系统倾转调节器提供了柔性定位和操作系统,对处理复杂连接问题必不可少。

图 4.33 SEM 腔内定位单元

4.4.2 微电子束焊原理

1. 电子束－材料的相互作用

电子在 150 kV 加速电压下，速度达到大约 2×10^8 m/s，是光速的 2/3。当电子束中的电子碰撞到工件上时，其动能大部分转化为热能，一部分碰撞的电子以背散射电子、二次电子和 X 射线辐射的形式散射掉。

控制电子束能量密度的大小和能量注入时间，就可以达到不同的加工目的：① 使材料局部加热即可进行电子束热处理；② 使材料局部熔化即可进行电子束焊接；③ 提高电子束能量密度，使材料熔化和蒸发，即可进行打孔、切割等加工；④ 利用较低能量密度的电子束轰击高分子材料时产生化学变化的原理，即可进行电子束光刻加工。

2. 电子束焊匙孔效应

电子束焊是高能量密度的焊接方法，它利用空间定向高速运动的电子束，撞击工件表面并将部分动能转化成热能，使被焊金属迅速熔化和蒸发。在高压金属蒸气的作用下熔化的金属被排开，电子束能继续撞击深处的固态金属，很快在被焊工件上钻出一个匙孔，表层的高温还可以向焊件深层传导。随着电子束与工件的相对移动，液态金属沿小孔周围流向熔池后部，冷却结晶后形成焊缝，电子束深熔或匙孔效应如图 4.34 所示。

根据材料在电子束作用下出现的物态变化，可以将电子束焊接分为热导焊和匙孔焊（或深熔化焊）两种模式。

金属蒸气的反作用力与电子束的功率密度成正比。电子束功率密度低于 10^5 W/cm^2 时，电子束的穿透能力很小，工件内部通过表面热传导的方式进行加热，金属表面只产生局部熔化，没有大量蒸发现象，此时属于热导焊。

高功率密度的电子束轰击焊件，使焊件表面材料熔化并伴随液态金属的蒸发，材料

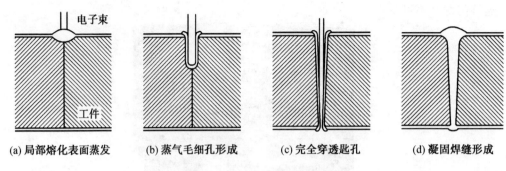

图 4.34　电子束深熔或匙孔效应

表面蒸发的原子的反作用使液态金属表面压凹。随着电子束功率密度的增加，金属蒸气量增多，液面被压凹的程度也增大，并形成一个通道。电子束经过通道轰击底部的待熔金属，使通道逐渐向纵深发展，此时属于匙孔焊或深熔化焊。

对于微电子束焊，由于表面张力反比于液态表面的曲率半径，匙孔尺寸与电子束直径（20 μm）相当，微电子束焊中的表面张力显著增大（5～50倍），液态金属在重力和表面张力的作用下对通道有浸灌和封口的作用，从而使通道变窄，甚至被切断，干扰和阻断电子束对熔池底部待熔金属的轰击，获得稳定匙孔的能力被减弱。

3. 微电子束焊的特点

微电子束焊是利用电子束作为热源的一种焊接工艺。电子束的能量密度高，焊接速度快，热影响区小，变形小。微电子束焊在真空中进行，因此焊缝化学成分纯净，焊接焊点的强度往往高于母材。微电子束焊可以焊接难熔金属如钽、铌、钼等，也可焊接钛及钛合金等活性材料，还可实现异种金属焊接。由于焊件尺寸在微米级，微电子束焊中以热导焊为主，大多没有必要出现匙孔。

4.4.3　电子束微焊接工艺

1. 基本加工模式

在单束扫描模式中电子束以固定的焊接速度扫过焊接区域。在多扫描模式中，电子束以预先选好的偏转频率在规定的时间段内来回地振荡。

2. 工艺规范

微电子束焊的工艺参数主要是加速电压、电子束电流、焊接速度和工作距离。

① 加速电压。加速电压是电子枪中用以加速电子运动的阴极和阳极之间的电压。在大多数电子束焊中，加速电压参数往往不变，根据电子枪类型通常选取某一数值。提高加速电压可增加焊缝的熔深，焊缝横断面深宽比与加速电压成正比。

② 电子束电流。由电子枪阴极发射流向阳极的电子束电流（也称为束流）与加速电压共同决定电子束的功率。电子束功率是指电子束在单位时间内放出的能量，用加速电压与束流的乘积表示。增加电子束电流，熔深和熔宽都会增加。在电子束焊中，由于加速电压基本不变，所以为满足不同的焊接工艺要求，常常要调整电子束电流。

③ 焊接速度。焊接速度与电子束功率共同决定焊缝的熔深、熔宽以及被焊材料的

熔池行为(冷却、凝固及焊缝熔合形状)。增加焊接速度会使焊缝变窄,熔深减小。

电子束焊时,相对于焊件表面而言,电子束的聚焦位置有上焦点、下焦点和表面焦点三种,焦点处的电流即为聚焦电流。焦点位置对焊缝成形影响很大。根据被焊材料的焊接速度、焊点间隙等决定聚焦位置,进而确定电子束斑点大小。

④ 工作距离。焊件表面至电子枪的工作距离影响电子束的聚焦程度。工作距离变小时,电子束的压缩比增大,使电子束斑点直径变小,增加了电子束功率密度。但工作距离太小会使过多的金属蒸气进入枪体造成放电。在不影响电子枪稳定工作的前提下,可以采用尽可能短的工作距离。

电子束焊热量输入与板厚成正比,对于微连接而言,板厚一般很薄,只有微米级。因此需要调整电子束工艺参数以便适用于微连接。电子束加速电压降低到一般的 SEM 水平($1 \sim 40$ kV),电流从几十毫安降低到 $100~\mu A$,斑点直径从 $0.1 \sim 1$ mm 降低到 $20~\mu m$。

以微电子束焊 Si 基的 MEMS 为例,可以计算出由于电子背散射和透射而造成的能量损失。这些能量损失与材料厚度和加速电压直接相关。用电子束的初始能量减去损失能量,就可以确定能量吸收百分比。表 4.4 是电子能量吸收率计算值与 Si 厚度、加速电压的关系。$1~\mu m$ 厚的 Si 足以从 10 keV 电子束中吸收大部分能量;当加速电压高于此值时,大部分能量因电子透射而损失。对于 $2~\mu m$ 厚度,能量吸收比例略有增加。对于厚板,则能量吸收比例较大,尽管在约 $10~\mu m$ 厚的体积内被吸收掉。由表可知,对于这种 MEMS 器件典型的层厚度(单层或者两层焊点),加速电压较适合的范围为 $15 \sim 25$ keV。

$10~\mu A$ 电子束电流在表 4.4 所列条件下的热输入见表 4.5。由表可知,峰值热输入所对应的加速电压与样品厚度有关。

表 4.4　电子能量吸收率计算值与 Si 厚度、加速电压的关系　　　　　　　　　%

加速电压	Si 厚度		
	$1~\mu m$	$2~\mu m$	厚板
10 keV	88	90	90
20 keV	21	59	90
30 keV	7	20	90
40 keV	4	12	92

表 4.5　$10~\mu A$ 电子束电流在表 4.4 所列条件下的热输入　　　　　　　　　mW

加速电压	Si 厚度		
	$1~\mu m$	$2~\mu m$	厚板
10 keV	88	90	90
20 keV	42	118	180
30 keV	22	60	271
40 keV	17	48	369

对于 Ni 基的样品,同样计算因背散射和透射电子而发生的能量损失与厚度和加速电压关系,并且从电子束的原始能量中减掉以便确定能量吸收百分比。电子能量吸收率计算值与 Ni 厚度、加速电压(5 000 个电子)的关系见表 4.6。明显看出,Ni 不如 Si 那样对典型的加速电压电子透明。在 40 keV 下,电子的大量透射发生在 $<2~\mu m$ 厚的样品内;在 30 keV 下,电子的大量透射发生在 $<1~\mu m$ 厚的样品内。

同样,10 μA 电子束电流在表 4.6 所列条件下的热输入见表 4.7。本章选择 Si 和 Ni 为材料,是因为研究对象为 Si MEMS 和 LIGA Ni 微器件。不过,它们具有类似 Z(原子序数)的材料的典型特征。Si 具有与 Al、Mg 和其他轻金属合金类似的特征,而 Ni 有与 Fe－基和 Cu－基材料类似的特征。

表 4.6 电子能量吸收率计算值与 Ni 厚度、加速电压(5 000 个电子)的关系　　%

加速电压	Ni 厚度		
	1 μm	2 μm	3 μm
10 keV	83	83	83
20 keV	79	79	79
30 keV	53	79	79
40 keV	28	67	81

表 4.7 10 μA 电子束电流在表 4.6 所列条件下的热输入　　mW

加速电压	Ni 厚度		
	1 μm	2 μm	3 μm
10 keV	83	83	83
20 keV	158	158	158
30 keV	159	237	237
40 keV	112	268	324

3. 几种材料的焊接特性

采用平板堆焊熔化测试的方法对几种金属材料进行焊接可行性测试,测试的金属材料及其性能见表 4.8。

表 4.8 测试的金属材料及其性能

材料	原子序数	熔点 T_E /℃	沸点 T_s /℃	热导率 λ /(W·m^{-1}·K^{-1})	厚度 /μm
Al	13	660	2 467	237	50
Cu	29	1 083	2 567	401	25
Ni	28	1 453	2 732	90.9	50
Ni80%/Cr20%	28/24	1 400	—	13.4	25

测试结果表明,改造的 SEM 最大电子束功率不足以熔化 Cu,没有观察到表面的任何改变。原因是 Cu 的高热导率会使热量迅速散失。

Al 也具有高热导率,表面产生一层难熔氧化物,需要更大的有效电子束功率才能去除。可采用多电子束技术和高密度电子束联合去膜的方法。

对于 Ni、Ni/Cr 合金,用改造的 SEM 电子束进行焊接,测试结果可行。

本 章 习 题

4.1　微熔化焊中对焊接过程产生影响的有哪几种力?
4.2　微熔化焊的特殊性是什么?
4.3　电阻焊原理是什么?
4.4　什么是极性效应,其产生原理及解决措施是什么?
4.5　微电阻焊工艺参数对焊接质量的影响规律是什么?
4.6　激光与材料的相互作用有哪些?
4.7　金属表面对激光反射率影响的因素有哪些?
4.8　电子束微焊接的特点是什么?
4.9　电子束与材料的相互作用是什么?
4.10　电子束微焊接设备与常规电子束焊有什么不同?

本章参考文献

[1] 周运鸿. 微连接与纳米连接[M]. 田艳红,王春青,刘威,译. 北京:机械工业出版社,2011.

[2] 刘阳. Cu 丝与镀 Au 层互连微电阻焊工艺及其可靠性研究[D]. 哈尔滨:哈尔滨工业大学,2016.

[3] HUANG Y D, PEQUEGNAT A, ZOU G S, et al. Crossed-wire laser microwelding of Pt-10 Pct Ir to 316 LVM stainless steel: part II. Effect of orientation on joining mechanism[J]. Metallurgical and Materials Transactions A, 2012, 43: 1234-1243.

[4] ZHANG W W, CONG S, WEN Z J, et al. Experiments and reliability research on bonding process of micron copper wire and nanometer gold layer[J]. The International Journal of Advanced Manufacturing Technology, 2017, 92: 4073-4080.

[5] WANG S, ZHANG H, HANG C, et al. Phase transformation behavior of Al-Au-Cu intermetallic compounds under ultra-fast micro resistance bonding process[J]. Materials Characterization, 2021, 180: 111401.

[6] TAN W, LAWSON S, ZHOU Y. Effects of Au plating on dynamic resistance during small-scale resistance spot welding of thin Ni sheets[J]. Metallurgical and Materials Transactions A, 2005, 36: 1901-1910.

[7] ZHOU K, CAI L. Study on effect of electrode force on resistance spot welding process[J]. Journal of Applied Physics, 2014, 116(8): 084902.

[8] 吴炳英. 长寿命导电环电刷微电阻焊工艺及可靠性研究[D]. 哈尔滨: 哈尔滨工业大学, 2020.

[9] 李跃. 三维封装铝丝/镀金铜焊盘微电阻焊机理及可靠性研究[D]. 哈尔滨: 哈尔滨工业大学, 2019.

第5章 粘 接

粘接技术已成为连接领域中除焊接和机械连接外的另一种主要技术手段,主要应用于宇航、电子、军事、汽车以及机械工业等领域中。导电胶是一种固化或干燥后具有导电性能的粘接剂,它通常以基体树脂和导电填料即导电粒子为主要组成成分,通过基体树脂的粘接作用把导电粒子结合在一起,形成导电通路,实现被粘接材料的导电连接。

导电胶作为一种新型无铅绿色环保电子封装材料,在电子工业中已有广泛的应用,而电子产品的小型化和高度集成化等发展趋势也为导电胶提供了广阔的发展空间。目前导电胶虽然在电子封装行业中还无法完全取代传统的 Sn－Pb 钎料,但导电胶替代 Sn－Pb 钎料已经成为一种发展趋势。导电胶按导电方向分为各向同性导电胶和各向异性导电胶,其组成、结构、导电机理及应用范围各不相同。

本章首先从粘接剂的基础知识出发进行介绍,随后着重介绍导电粘接剂,分别介绍各向异性导电胶和各向同性导电胶的连接机理、连接工艺及应用场景。

5.1 粘接基础

粘接剂通常是非金属材料,以表面润湿力(黏附力)和自身粘接力(内聚力)对两种不同材料进行连接,从而抵抗分离。粘接技术可以使不相似的材料之间发生连接,更适用于对尺寸非常小、厚度非常薄、热稳定性较差的材料的连接。表 5.1 列出了粘接技术的优点与缺点。

表 5.1 粘接技术的优点与缺点

优点	缺点
可以粘接不相似材料	粘贴前需对基板进行表面处理
工艺温度较低;器件载荷较小;热敏材料键合	热老化可靠性较差
焊点应力小;应力分布均匀	胶和界面存在老化问题
粘接使用复合材料时,焊点具有多功能性,例如导电胶	粘接的工艺窗口更小
相较于焊接,分辨率更高	易发生界面失效,材料易蠕变
高动态稳定性,高振动吸收	热固性粘接剂不利于返修

导电粘接剂可同时提供电学性能和力学性能,可以部分替代软钎料,用于微互联领

域。但其相较于传统软钎料,功能、组成、导电机理、应用场景也稍有差异。

5.1.1 内聚力和黏附力的原理

界面粘接强度既取决于黏附力也和粘接剂本身的内聚力有关,如图 5.1 所示,粘接剂分子中的两个或多个原子基团与和它相邻的界面之间发生连接,界面处和基体中粘接剂的物理和化学性质会有很大的不同。通常界面位置是粘接的薄弱处,因此这里的粘接剂的组成和结构将决定最终键的强度和可靠性。

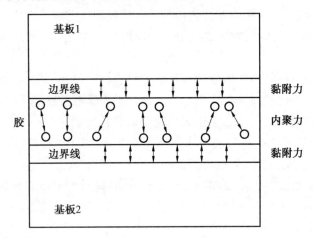

图 5.1 粘接的结构

粘接剂的内聚力主要由它自身的化学性质决定,尤其是在聚合物中内聚力主要来自于原子和分子之间的相互作用。交联型粘接剂一般是硬质体,同时也具有更高的内聚力,相比较而言,热塑性聚合物中内聚力更低。这种与温度相关的力学行为也是粘接剂中化学键类型不同的一种反应。

已经有很多理论对黏附力进行解释。吸附理论认为,黏附力产生于基板和粘接剂中的原子/分子之间的吸引。因此在这一理论中,粘接剂对基板的润湿是一个非常关键的因素,目前为止,这一理论已经取得了一系列实验的验证。

化学键结合理论中认为化学键或范德瓦耳斯力提供了界面力,认为粘接是基体表面和粘接剂分子之间发生化学反应的结果。

粘接通常是发生在粘接剂与基板表面层 1 nm 以内的范围内,由于相互作用的区域有限,基板和粘接剂必须在界面处发生有效的接触,因此在粘接过程中要保证基板表面的绝对清洁,且粘接剂对基板的润湿性也有很高的要求。

润湿指液体在固体表面的铺展行为,液体铺展过程受到界面张力的控制。粘接剂对于基板的润湿性主要可以用接触角来进行描述。接触角越小,说明液体对基板的润湿性越好;接触角越大,说明液体在基板表面的润湿性越差。

5.1.2 粘接过程中的表面处理

界面状态对粘接效果具有决定性的影响,因此在连接之前对基板进行适当的表面处理可以显著提升互连的成功率。同样,未进行表面处理或进行了错误的表面处理,可能会导致焊点性能下降,甚至使产品失效。表面处理的主要目的包括去除表面污染物或氧化层、改变表面所带化学基团、改变界面形貌等,从而提升粘接结合力和可靠性。

表面处理方法主要分为物理方法和化学方法,对于基本的表面处理,往往也不会只使用一种处理方法。例如在超声清洗或气相清洗过程中,使用丙酮、丙醇等有机溶剂,可以去除基板表面的有机污染物。对一些键合性能较差的聚合物,使用等离子体表面活化或电晕处理的方法对基板进行表面处理,在强电场的作用下,空气发生电离并轰击基板表面,使基板表面形成活性的化学基,从而提高焊点强度和可靠性。

5.1.3　粘接剂分类及常见的几种粘接剂

通常来讲,粘接剂可以按照许多不同的方式进行分类,如下:
① 来源(天然或人工合成粘接剂)。
② 物理形式或聚合状态(如膏状、弥散状、液态、一种或多种组分、膜状、带状)。
③ 化学基类型(有机或者无机黏合、环氧树脂、硅、聚亚安酯或丙烯酸类型)。
④ 反应模式(化学反应如聚合、加聚、缩聚;物理反应如热熔、变压吸附、接触黏合)。
⑤ 固化方法(如加热固化、湿气固化和射线固化)。
⑥ 强度(作为结构体、半结构体或密封剂使用)。
⑦ 最终用途(微机电系统、医疗系统、光学、电学或作为热传导材料)。

1. 环氧树脂

环氧树脂作为聚合物的树脂基体,是胶接配方中最常用的材料。环氧树脂的分子结构中存在着具有高胶接密度的极性基团,因此广泛应用于高工作温度的电子产业中,环氧树脂同时具有较高的机械性能,无挥发性副产物,具有较好的绝热特性,尤其是对多种基材具有优异的附着力,且强度高、耐化学腐蚀性高。

在应用过程中可以通过选择合适的溶剂增塑剂、促进剂及固化剂,进一步提升环氧树脂的性能,一些潜伏性的固化剂,如咪唑类潜伏性固化剂的开发,可以大幅度提高环氧树脂的储存稳定性,提高其应用价值。另外,制造环氧树脂基的复合材料,可以为环氧树脂提供全新的特性,如高电导率、高热导率、高机械性能、高弹性模量、高拉伸强度、高柔性等。

2. 丙烯酸树脂

丙烯酸树脂是丙烯酸及其衍生物聚合物的总称。丙烯酸树脂既可以是热塑性树脂,也可以是热固性树脂。

热塑性的丙烯酸树脂则可以作为压敏粘接剂使用,室温条件下保持永久黏着状态,在加热加压条件下对界面进行粘接。这种粘接剂的优势是利于清除,残留物较少,便于返修,缺点则是粘接强度较低,并且耐温能力有限。

热固性的丙烯酸树脂一般是其与环氧树脂等具有官能团的树脂进行共聚形成三维网络得到的,相较于热塑性的丙烯酸树脂具有高强度、高稳定性、耐溶剂性等优势。

3. 有机硅树脂

有机硅树脂也称硅氧烷树脂，分子中存在 Si—O 链而不是常规高分子材料中的碳链结构。由于 Si—O 键的键能比 C—C 键的键能更高，因此有机硅树脂材料的稳定性也更好，因此在航空航天、深空探测、大飞机等要求苛刻的条件下应用也更为广泛。有机硅树脂一般低温柔顺性较好，可返工性较好，相应剪切强度较低。有机硅树脂的缺点有：室温条件下固化一般较慢，会影响生产效率，加热固化温度较高，会导致许多耐热性不足的基板无法加工。

有机硅树脂作为可拉伸导电体的基板，具有广泛的应用。同时，有机硅也可以作为可拉伸导电复合材料的树脂基体，具有优异的力学性能。由于有机硅树脂具有高弹性、低介电常数、低耗散的特性，可在其薄膜表面制造可拉伸天线，可拉伸天线可以通过丝网印刷或光刻刻蚀工艺制造，且随着基板的机械变形，可以对天线的谐振频率进行调制。有机硅树脂应用的另一个案例是，它可以与导电的粒子混合制备柔性导电复合材料，这种材料具有机械柔性，在可穿戴电子器件和电磁防护中，具有较广阔的应用前景。

5.1.4 粘接剂中的添加剂

（1）固化剂。

固化剂在加热过程中可与树脂基体发生化学反应，形成三维立体网络，因此固化剂的种类对于粘接剂最终的粘接性能、力学性能会产生很大的影响。这里以环氧树脂举例，环氧体系中常用酸酐和胺类两种固化剂。酸酐类固化的环氧树脂具有一定的吸水性，因此要避免在导电粘接剂中应用。胺类固化剂按固化条件可分为显在型和潜伏性两种。显在型固化剂可在常温下与环氧树脂发生反应，因此常用于开发双组分环氧胶，充分混合均匀后使用。因此，各向同性导电胶采用双组分体系时，使用前混合不均匀，可能会对导电胶性能产生不利影响。潜伏性固化剂制备单组分环氧胶时具有室温保存时间长、便于操作等优势。

（2）粘接剂。

粘接剂中非反应型的添加剂包括稀释剂、偶联剂、消泡剂等。

① 稀释剂。稀释剂的添加可以起到降低粘接剂黏度的作用，例如，在导电胶的应用过程中，会涉及点胶、丝网印刷等工艺，这些工艺对粘接剂的黏度有非常高的要求。同时，稀释剂的使用可以提高各组分的混合均匀性。稀释剂分为非活性稀释剂和活性稀释剂两种。非活性稀释剂在粘接剂固化过程中不参与反应，因此非活性稀释剂在固化过程中的残留，会导致粘接剂性能下降和使用过程中的溶剂挥发问题；活性稀释剂则会参与固化反应，与树脂主体交联成为树脂体系的一部分。

② 偶联剂。偶联剂的添加主要起到类似于表面处理的功效，一般在导电胶、导热胶等复合材料粘接剂中使用。偶联剂可以降低树脂与填料之间的界面表面能，从而对电、热、力性能均有一定的改善能力，导电胶中常用的偶联剂有 KH550、KH560 等。

③ 消泡剂。粘接剂在应用过程中不可避免会引入大量气泡，在一些对精度要求较

高的领域,如使用导电胶实现微米级分辨率的芯片微连接时,微小气泡会对电学性能和力学性能造成较大影响,消泡剂可通过改变表面张力显著消除粘接剂中残余的微小气泡,增强其力学性能和导电性能。

5.2 导电胶

填充型导电聚合物复合材料的基体为高分子聚合物,通过物理或化学方法将导电物质加入基体,得到的复合材料具有良好的导电性和优异的力学性能。作为聚合物基体的材料一般有环氧树脂、酚醛树脂、有机硅树脂、聚酰亚胺等,参与复合的导电材料金属有银、镍、铜、金等,非金属材料有石墨、炭黑等。

5.2.1 导电胶的优点

随着电子元器件的小型化、微型化、薄膜化以及印刷电路板的高密度化和高度集成化的迅猛发展,Sn-Pb 钎料所能提供的最小节距已经远远满足不了导电连接的实际需求,而导电胶是替代 Sn-Pb 钎料焊接,实现无铅化导电连接的理想材料。其优点主要表现为以下几个方面:① 无铅、无毒、低挥发环保材料;② 适合于细间距互连(FC 可达超细间距 20 μm,显著地改善互连的电性能,有利于实现微型化);③ 工艺温度较低(150～170 ℃),固化快速,适用于热敏感材料、器件以及结构,对基板要求低;④ 节约封装工序(互连图形很简单,免去例如掩膜、底部填充、焊剂涂布和清洗等材料和工艺);⑤ 互连性能好(具备很好的柔性、抗蠕变阻力和阻尼特性)。

目前,导电胶已广泛应用于液晶显示屏、发光二极管、集成电路芯片、印刷线路板组件、点阵块、陶瓷电容、薄膜开关、智能卡、射频识别等电阻元器件和组件的封装和连接,大有逐步取代传统 Sn-Pb 钎料的趋势。表 5.2 给出了传统 Sn-Pb 钎料和普通导电胶的性能比较。

表 5.2 传统 Sn-Pb 钎料和普通导电胶的性能比较

性能	Sn-Pb 钎料	导电胶
体积电阻率 /(Ω·cm)	1.5×10^{-5}	3.5×10^{-4}
热导率 /(W·m^{-1}·K^{-1})	30	3.5
抗冲击强度 /MPa	10～15	<25
剪切强度 /MPa	15.17	13.79
最小节距 /mm	0.3	<0.15
最低处理温度 /℃	215	150～170
对环境的影响	不利	微小
热疲劳	大	小

尽管如此,导电胶仍然不能完全取代 Sn-Pb 钎料,原因主要有三个方面:① 导电胶

的电导率较低。其解决措施有增大树脂网络的固化收缩率；用醛类去除金属导电填料表面的金属氧化物；采用纳米级的导电填料等。② 粘接强度较低，这直接影响元器件的抗冲击性能。研究发现，用等离子体清洁导电胶的待粘接表面，并进一步防止表面吸潮或形成氧化物，可以大大增加粘接强度。另外在树脂体系中加入偶联剂，增加接触表面的粗糙程度也被认为是可行的方法。③ 导电胶固化时间相对较长，严重影响生产效率，进而增加产品的生产成本。研究表明：提高固化温度、添加固化促进剂、使用紫外光固化均可以在很大程度上缩短导电胶的固化时间。

5.2.2 导电胶的分类

导电胶种类很多，用途很广，其分类方法也有很多。按照导电机理的不同可以分为两种类型：一种是本征型导电胶（结构型导电胶），指的是构成导电胶基本结构的高分子复合物材料本身具有导电功能，这类材料的电阻率较高，导电稳定性及重复性较差，且成本较高，因而实用价值有限；另一种是复合型导电胶（填充型导电胶），指的是以高分子聚合物为基体，加入各种导电性物质，经过物理、化学方法复合后而得到的既具有一定导电性又具有良好力学性能的复合材料。这类材料的电阻率低，是目前众多研究者讨论的对象，从狭义角度讲导电胶也正是指这类材料，故一般简称为导电胶。

按照导电胶导电方向的不同可以分为各向同性导电胶（Isotropic Conductive Adhesives，ICA）和各向异性导电胶（Anisotropic Conductive Adhesives，ACA），这也是目前较为普遍的分类方法。ICA 的导电填料一般呈 $1\sim10~\mu m$ 片状，分布均匀无序，在导电胶中所占的体积分数由于填料密度的差异一般在 20%～35%，整个导电胶体系在宏观上表现为各向同性，即在所有方向都有稳定的电流导通能力、优良的粘接性能和相似的力学表现。目前国内的研究大部分集中在这种导电胶上，主要用于连接面积较大的电极连接、芯片连接、管芯连接、印刷电路板连接等。而 ACA 的导电填料一般比 ICA 的导电填料更粗大，为 $3\sim15~\mu m$ 的球形导电粒子，分布较为整齐有序，且在导电胶中所占的体积分数较小，为 5%～20%，在性能方面，ACA 体系在宏观上表现为各向异性，仅在被连接材料表面的法向方向（Z 方向）提供导电通道，而在连接面的平行方向（X、Y 方向）上导电性能很差甚至无法实现导电，且力学性能方面在法向方向和平行方向也有很大的差异。适用于对线间距要求极小的工艺，对工艺和设备的要求均很高，近年来，这种导电胶在国外被广泛用于液晶显示电路板、倒装芯片和智能卡上。图 5.2 是导电胶的连接示意图。

按照基体的不同，导电胶可以分为热塑性导电胶与热固性导电胶。热塑性导电胶的基体是一种热塑性树脂，它具有受热软化发生塑性变形，但冷却后硬化定型，性能优异的特点。热塑性导电胶基体通常采用丙烯酸化的马来酰亚胺树脂和酚醛环氧树脂等，这些树脂材料均由长聚合物链构成，这些聚合物链呈现链状且不容易交联成网状结构，在加热和冷却过程中并不会发生化学反应，只会通过范德瓦耳斯力和氢键相互吸引。热固性导电胶的基体通常则是一些如环氧树脂、聚氨酯和有机硅树脂等热固性高分子树脂基体，这种树脂基体和热塑性树脂的性能恰恰相反。热固性树脂在加热前并

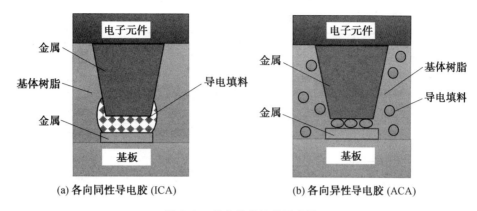

图 5.2　导电胶的连接示意图

不硬化,在受压受热或者紫外光辐照的作用下发生固化反应,且一旦固化,冷却以及再次加热都不会让基体恢复流动性或软化。

这两种导电胶具有各自的特性和优点,适用于不同的领域:热塑性导电胶由于其固化后具有可逆的性能特点,可用于一些简单的元器件的连接,便于修理和拆卸,并且由于其受热软化形变量大和可流动的特点,在合适的领域可以设计出独特的结构,加工成型较为简单;而热固性导电胶的一次固化,永不可逆的特性极大地拓宽了其适用领域,稳定的电性能和耐高温特性让其可以应用于例如航天空间领域的恶劣服役环境下的封装连接,近些年,很多学者将研究方向转向了热固性树脂的改性上,这些研究对于航天事业的发展和航天器的轻量化转型都具有十分重大的意义。

5.2.3　导电胶的基本组成

导电胶主要由基体树脂和导电填料组成。根据基体树脂和导电填料的选择,可以加入助剂(固化剂、促进剂、稀释剂、偶联剂、消泡剂等)以改善导电胶的性能。

1. 基体树脂

导电胶的基体树脂是一种有机高分子多聚物,固化后形成分子骨架结构,对导电胶起到支撑作用,同时把导电粒子牢固地粘接成链状,为导电粒子之间导电通路的形成提供基础。因此基体树脂性能的好坏决定导电胶的力学性能和热学性能,并对导电胶的导电性产生影响。

基体树脂种类很多,主要有环氧树脂、酚醛树脂、聚酰亚胺、有机硅及聚氨酯等。由于环氧树脂具有机械性能优异、热稳定性良好、体积收缩率低、介电常数低、对湿度和化学试剂的抵抗能力强及生产成本低等优点,目前大部分导电胶均以环氧树脂作为基体树脂。

2. 导电填料

导电胶的导电填料是导电性能的主要来源,一般可分为金属填料、碳基填料和混合填料。材料的电阻率和热导率见表 5.3。

表 5.3　材料的电阻率和热导率

材料名称	电阻率 /($\Omega \cdot$ cm)	热导率 /(W $\cdot$ m^{-1} $\cdot$ K^{-1})
银	1.62×10^{-6}	418
铜	1.70×10^{-6}	393
金	2.40×10^{-6}	317
铝	2.62×10^{-6}	214
锌	5.92×10^{-6}	112
铁	9.78×10^{-6}	67
石墨	1×10^{-3}	151
炭黑	1×10^{-2}	$(9.5 \times 10^{-2}) \sim (9.5 \times 10^{-5})$

金属填料主要为银粉、金粉和铜粉等，从表 5.3 可以看出，金的物理特性为电阻率较低、热导率较高、化学性质较稳定等，但其易磨损且价格十分昂贵，因此只有在一些对可靠性和稳定性要求十分苛刻的互连结构中才会使用金作为导电粒子；银的电阻率最低、热导率最高，且银在空气中不易被氧化，即使氧化后形成的氧化银也具有很好的导电性，同时银的价格比金相对便宜，成本较低，因此市场上在售的绝大多数是导电银胶；铜的电阻率、热导率与银相似，但是铜很容易与空气中的氧发生化学反应，生成的氧化铜为半导体，其导电及导热性能不好，化学稳定性也很差。

碳基填料有石墨、炭黑、碳纤维、石墨烯等。石墨和炭黑的电阻率很低，导热性能也很差，它们最大的优势是价格低廉，因此主要用于对导电及导热要求不高，但要求成本很低的导电胶中。

混合填料主要有高聚合物微球包覆金属粉末、银包覆铜、铜包覆石墨、石墨掺杂等，目前其研发的主要考虑因素是成本。

此外，导电填料的尺寸、形貌及分散状态也会对其导电性能造成较大影响，大部分的导电胶中采用片状微米银粉为原料，或在其中混入球形银粉，片状银粉颗粒之间主要是面面接触形式，因此在相同填充量的条件下，其体积电导率优于球形颗粒导电填料。

3. 导电胶中的助剂

导电胶中的助剂主要有固化剂、促进剂、偶联剂、稀释剂和消泡剂等。

固化剂是一种多官能团有机物，能够与环氧树脂发生固化反应，对导电胶的力学性能、玻璃化转变温度、导电性能、储存性能等都有较大的影响。目前常用的固化剂有咪唑类固化剂、酸酐类固化剂和胺类固化剂。促进剂有苯酚、羧酸、醇类等，主要作用是调节固化反应条件和反应速率。偶联剂有硅烷偶联剂、钛酸酯偶联剂、铝酸酯偶联剂等，可以有效提高复合材料界面的粘接结合力。稀释剂有气相二氧化硅、氢化蓖麻油等，可以改变导电胶的流变特性以利于涂布，同时防止金属填料沉淀以延长贮存期。消泡剂有改性有机硅、改性聚硅氧烷溶液、聚有机硅氧烷复合物等，可以防止气泡的产生并尽快消除已经形成的气泡，提高其导电性能和力学性能。

5.2.4 导电胶的导电机理

目前,对填充型导电胶导电机理的研究还处于完善阶段,较受认可的理论主要有渗流理论、隧道效应理论和场致发射理论,图5.3是渗流理论和隧道效应理论示意图。

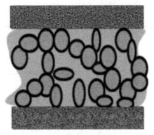
(a) 渗流理论

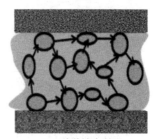
(b) 隧道效应理论

图5.3 渗流理论和隧道效应理论示意图

1. 渗流理论

当导电胶中导电填料的体积分数达到临界值时,导电填料粒子间能相互连接并形成良好的导电网络,使得导电胶的体积电阻率显著下降,其后随着导电填料增加,体积电阻率不能继续明显降低并趋于稳定,这种现象称为渗流效应(percolation effect),产生渗流效应时导电填料的临界体积分数即称为渗流阈值(V_c),V_c也是ACA与ICA的分界线。典型渗流曲线如图5.4所示。

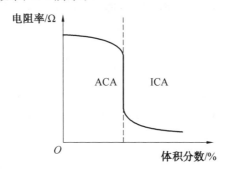

图5.4 典型渗流曲线

2. 隧道效应理论

导电胶中有机物绝缘层阻碍导电粒子间接触,当导电粒子相距非常近(<1 nm)时,在电场作用下,导电粒子上的电子能借助热振动越过能垒到达另一个导电粒子上,即发生跃迁,导电粒子之间就会相互连通,使其电阻率急剧下降从而形成导电通道网,这种现象称为隧道效应。

3. 场致发射理论

在隧道效应中,存在一种特殊情况,即场致发射机制。当导电粒子的间距不大于10 nm时,导电粒子之间所具有的强大电场可诱使场发射现象的发生,穿透导电填料粒子之间的绝缘层而形成导电通道。

从以上三种理论及其使用条件可以看出：当导电粒子体积分数较小，彼此近距离接触较少时，起主要作用的是场致发射理论；当导电填料粒子体积分数增加，彼此间距离达到隧穿间隙时，隧道效应理论开始生效；当导电填料粒子体积分数达到渗流阈值，彼此间能搭接形成导电回路时，渗流理论开始起决定作用。

5.3 各向异性导电胶粘接机理与工艺

5.3.1 各向异性导电胶粘接机理

各向异性导电胶（ACA）是将微小的导电填料均匀分散到基体树脂中形成的一种复合材料，基体树脂固化后提供机械性能，而导电性能是通过导电填料实现的。ACA主要包括两种形式：一种是膏状的，称为各向异性导电胶（ACA）；另一种膜状的，称为各向异性导电膜（Anisotropic Conductive Films，ACF）。典型的 ACA/ACF 互连结构如图 5.5 所示。

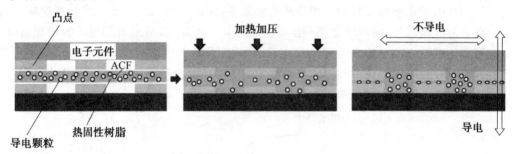

图 5.5　典型的 ACA/ACF 互连结构

ACA 中导电填料在导电胶中所占的体积分数较小，小于渗流阈值（V_c），因此无法形成连续的导电通道，需沿某一方向（Z 方向）施加一定的压力，从而在 Z 轴方向上导电，而在 X、Y 轴方向上不导电。ACA 可通过两种方式来实现电的各向异性互连：① 在导电粒子中加入绝缘粒子，并均匀分布，使导电粒子在 X、Y 轴方向上相互绝缘。② 在导电粒子表面覆盖一层绝缘层，粒子之间是不导电的，只有当粒子在芯片凸点和基板焊盘之间受压时，外层绝缘层被压碎，从而保证 Z 轴方向上是导电的。

常用的导电填料有 Au、Ag、Ni、In、Cu、Cr 金属球，或者由这些金属包裹的非导电颗粒（塑料或玻璃）。与传统的利用 Sn-Pb 钎料进行互连的结构相比，该结构中芯片凸点与基板焊盘并没有通过与钎料发生化学反应生成金属化合物而互连，而是利用 ACA/ACF 中的导电粒子实现芯片凸点与基板焊盘之间的机械接触，当在垂直方向上施加压力时，导电粒子将嵌入芯片凸点和基板焊盘之间，实现仅仅在垂直方向的电气连接，因为 ACF 内部的导电粒子的浓度不足以提供横向导电。最后固化 ACA/ACF 实现芯片与基板之间的机械连接。

随着芯片凸点密度的持续增加，凸点的尺寸和凸点之间的节距将减小，这就有可能导致电极开路；同时，相邻两个凸点的间距变小，导电粒子将流动到两凸点之间并积聚，相邻两凸点就有可能发生短路。ACA/ACF 互连结构中的电学失效如图 5.6 所示。

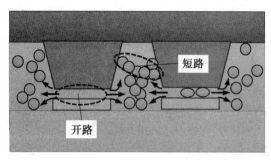

图 5.6　ACA/ACF 互连结构中的电学失效

为防止相邻两凸点发生短路现象，可采用在导电粒子表面覆盖一层绝缘层的方法，带绝缘层导电粒子的结构如图 5.7 所示。在芯片与基板互连过程中，当压力施加在芯片背面，导电粒子将嵌入芯片凸点与基板焊盘之间，在足够的压力下，导电粒子表面的绝缘层将破裂，从而实现在垂直方向上的电连接。虽然在相邻两个凸点之间的导电粒子相互接触，但是由于间隙中的导电粒子没有受到压力，所以这些粒子表面的绝缘层没有被破坏，因此在水平方向上保持着绝缘作用，防止相邻的两个凸点间发生短路，从而实现了电的各向异性互连。

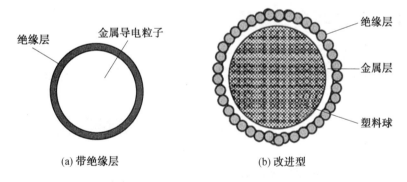

图 5.7　带绝缘层导电粒子的结构

5.3.2　各向异性导电胶粘接工艺

用于玻璃上芯片技术(Chip on Glass，COG)的 ACF 热压粘接工艺如图 5.8 所示。首先，将一小块 ACF 薄膜压覆于 ITO(铟锡氧化物)玻璃基板上。在压覆 ACF 时要施加一定的力，并适当升温以保证连接位置的精准性和连接的均匀性。然后，将芯片集成电路(IC)上带有凸台的一面置于玻璃基板上的 ACF 另一表面。最后，在特定的温度和压力下将 IC 芯片压向玻璃基板，保持一定时间，胶体固化收缩产生对芯片和玻璃基板压缩的力从而将两者互连。

在 ACF 中，通常导电粒子是由高聚物核外镀一层薄的金属层(镍和／或金)，然后再镀覆一层聚合物的绝缘层而形成的。在粘接之前,ACF 中的导电粒子是球形的,被均匀分散互相不接触。而当在高温和一定压力下将 IC 芯片压向玻璃基板时,导电粒子在芯片凸点和玻璃基板之间被压变形,最外层的绝缘层被压破裂露出金属层,从而实现在 Z 方向上的电连接。其他区域导电粒子分布的密度很小,即使相互接触,由于间隙中的导电粒子没有受到压力,这些粒子表面的绝缘层也没有被破坏,因此在水平方向上保持着绝缘作用,不足以在 $X-Y$ 平面上形成导电的通路,这样就实现了电的各向异性互连。

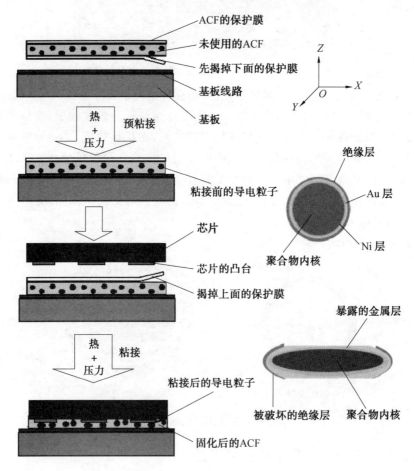

图 5.8 用于玻璃上芯片技术的 ACF 热压粘接工艺

采用各向异性导电胶连接技术进行封装时,粘接工艺参数、导电粒子的含量及粒度分布对其粘接可靠性有很大的影响。

粘接温度是 ACF 粘接可靠性的一个重要影响因素。粘接温度低于 140 ℃ 和高于 220 ℃ 时,器件的接触电阻会明显增加。这是因为,当粘接温度过低时,ACF 没有充分固化,所以在粘接过程结束后,ACF 拉伸力不是足够大,从而导致导电粒子的变形(弹性部分)出现回弹现象;当粘接温度过高时,ACF 固化速度过快,使得导电粒子没有足够时间获得最佳变形范围,而且粒子在芯片凸台与基板焊盘之间分布不均匀。

粘接压力对 ACF 互连器件的可靠性有很大影响,足够的粘接压力可以使导电颗粒与凸点或者金属盘面充分接触,得到足够大的接触面积,降低接触电阻。

芯片凸点和基板焊盘的平整度不均匀,它会直接或间接影响各向异性导电胶粘接后电子元器件的接触电阻的大小。

导电粒子的粒度分布对 ACF 粘接的电性能有很大的影响。因为导电粒子的粒径总是在一定的范围内分布的,而当使用 ACF 进行粘接时,在高温和一定压力下将 IC 芯片压向玻璃基板,粒径相对较大的导电粒子就会先变形,随后粒径小的粒子才开始变形。在粘接完成后,导电粒子与芯片凸台或基板焊盘的接触面积不一样,导电性能也就不一样。由此可见,接触电阻不仅与粘接接触面的黏合程度有关,还与导电粒子的粒径分布情况有关。压力不变,导电粒子的粒径分布的标准偏差越大,接触电阻越大,而导电粒子平均直径的变化对接触电阻没有明显的影响。

导电粒子含量对 ACF 连接件的电性能也有很大影响。随着 ACF 中导电粒子含量的增加,ACF 连接件的接触电阻先逐步降低而后趋于稳定的状态。因为随着导电粒子含量的增加,粘接后在芯片凸台与基板焊盘间形成的导电通道越来越多,所以刚开始提高导电粒子含量接触电阻会变小;当导电粒子含量进一步提高,由于粘接压力保持不变,这时导电粒子含量越高,导电粒子的变形越小,导致导电粒子与芯片凸台或基板焊盘的接触面积越小,所以接触电阻趋于稳定。

5.3.3 各向异性导电胶的应用

ACA/ACF 可以连接各种各样材质的基板,包括玻璃基板、柔性电路板、刚性基板以及陶瓷基板等。

随着高分辨率 LCD 模块的发展,驱动 IC 电极的连接间距减小,每个 IC 的输出电极数量增加,需要 ACA/ACF 材料细间距能力,以满足高密度互连。ACF 用于 LCD 模块的各种封装技术如图 5.9 所示。

① 应用于带式载体封装(Tape Carrier Packages,TCP)。它使用各向异性导电胶通过外引线键合(Outer Lead Bonding,OLB)及 PCB 键合技术,实现柔性印制板安装到玻璃基板上。热键合时应考虑 TCP 与 LCD 玻璃基板之间的热膨胀系数不匹配,而对于 50 μm 以下的细间距 TCP 键合,这种情况更为严重。

② 应用于玻璃上芯片技术(COG)。它直接通过各向异性导电胶将 IC 封装在玻璃上,实现 IC 导电凸点与玻璃上的透明导电焊盘互连封装在一起。

③ 应用于柔性基板上的芯片技术(Chip on Flex,COF)。与 COG 技术类似,将 IC 芯片直接封装到柔性印制板上,达到提高组装密度、减轻质量、缩小体积、能自由弯曲安装的目的。

④ 应用于可穿戴电子设备中。有研究者利用一种被称为 ZTACH ® ACE 的磁调准各向异性导电环氧树脂连接了 Poly — LMNs(聚合液态金属网络)和 E — textile/Cu — Flex,如图 5.10 所示。研究了机械和环境应力对其影响,测试试样通过拉伸试验、疲劳循环以及暴露于温度和湿度条件来承受各种机械和环境应力。结果表明,该连

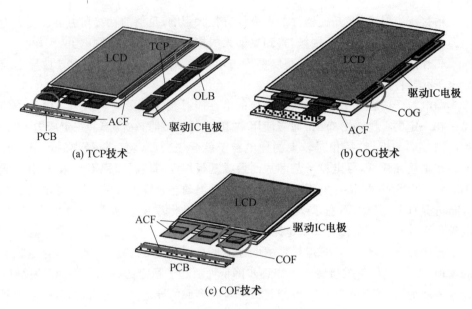

图 5.9 ACF 用于 LCD 模块的各种封装技术

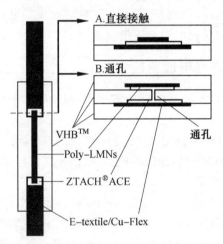

图 5.10 Poly-LMNs 和 E-textile/Cu-Flex

接在机电测试中表现出鲁棒性和低接触电阻。

除 LCD 行业外，ACA/ACF 目前还在芯片级封装（CSP）的柔性电路和表面贴装技术（SMT）、专用集成电路（ASIC）以及手机、个人数字助理（PDA）、数码相机中的传感器芯片和笔记本电脑中的存储芯片的倒装芯片连接中找到应用。

5.4　各向同性导电胶粘接机理与工艺

5.4.1　各向同性导电胶粘接机理

各向同性导电胶（ICA）又称聚合物钎料，与 ACA 不同的是，在芯片与基板的互连过程中，ICA 既提供电气连接，也提供机械连接，典型的 ICA 互连结构如图 5.11 所示。该结构与传统的利用钎料进行互连的结构类似，与 ACA 相比，ICA 需要底部填充，底部填充将芯片与基板之间的热应力再分布，提高了倒装芯片封装的可靠性。各向同性导电胶是通过导电填料颗粒间的直接接触和导体之间的电子跃迁实现导电的。各向同性导电胶中导电填料所占的体积分数较高（20%～35%），在固化后通过导电填料之间的接触在 X、Y、Z 三个方向上导电填料都能产生导电通路以实现电气、机械连接。由渗流理论（图 5.3），填料体积分数增加，ICA 的电性能从绝缘体向导体转变，为达到高电导率，导电填料的体积分数要高于渗流阈值（V_c）。

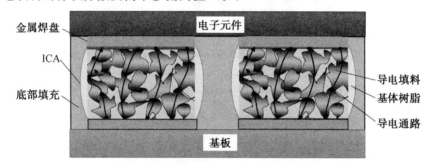

图 5.11　典型的 ICA 互连结构

各向同性导电胶的导电填料有金属填料 Ag、Au、Ni、Cu，短碳纤维，以及低熔点合金填料。银（Ag）是目前最普遍的导电填料，在所有金属中，银的室温电导率和热导率最高。大多数常见金属的氧化物是电绝缘体，例如铜粉在老化后会变成不良导体。镍基和铜基导电胶通常不具有良好的导电稳定性，因为它们容易氧化。即使使用抗氧化剂，铜基导电胶在老化后体积电阻率也会增加，尤其是在高温和潮湿条件下。用于 ICA 金属导电填料最常见的形态是片状，由于片状填料往往具有较大的表面积和更多的接触点，因此比球形填料具有更多的导电通路。较大的颗粒往往会使材料具有较高的电导率和较低的黏度。此外，短碳纤维已被用作导电黏合剂配方中的导电填料，然而碳基导电胶的导电性比银的低得多。为了提高电性能和机械性能，低熔点合金填料已用于 ICA 配方中。导电填料粉末（如 Au、Cu、Ag、Al、Pd、Pt）涂有低熔点金属（如 Bi、In、Sn、Sb 和 Zn）薄层，可熔融以实现相邻颗粒之间或颗粒与金属焊盘之间的冶金结合。

5.4.2 各向同性导电胶粘接工艺

ICA 可用于与具有金属凸点的芯片形成电气互连,为了满足倒装芯片键合对准精度,可以采用转移技术。带有凸点的工艺流程如图 5.12 所示。首先采用丝球键合机在芯片上形成凸点,该方法省去了传统的溅射及电镀制作凸点工艺步骤;芯片上带有凸点的一面与通过丝网印刷产生的 ICA 平面薄膜接触,并通过改变印刷薄膜厚度来控制其转移厚度,从而在凸点尖端上选择性地转移 ICA;接着将芯片拾取、对准、放置在基板上;然后通过加热固化 ICA 实现芯片与基板之间的互连;最后在芯片与基板之间填充树脂,完成整体封装。

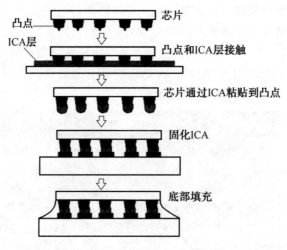

图 5.12 带有凸点的工艺流程

5.4.3 各向同性导电胶的应用

ICA 用于倒装芯片如图 5.13 所示。ICA 的导电填料比 ACA 高得多,可提供各向同性导电。各向同性导电胶导电粒子体积分数大,因此往往黏度较大,通常制成液态浆料,粘接时可采用针管注射或点胶机形成点对点连接,也可利用丝网印刷技术制成复杂的电路。为了将 ICA 用于倒装芯片,它必须选择性地应用于要进行电气互连的区域,并且材料在放置或固化期间不得扩散以避免产生短路。常用丝网印刷或模板印刷技术精确涂敷 ICA 浆料。

ICA 用于表面贴装如图 5.14 所示。各向同性导电胶(ICA)焊点对水分和机械应力更为敏感。利用紫外线(UV)固化环氧树脂,将表面贴装在 PCB 上的芯片封装起来,以增加 ICA 的机械强度,并减少暴露在湿气中的情况。通过环境试验评估导电胶焊点的可靠性,评估接触电阻、表面绝缘电阻等电气性能和机械强度,结果表明 PCB 上的芯片组件和 QFP 组件都可以实现可靠的导电胶连接。

ICA 用于垂直互连如图 5.15 所示。垂直互连的堆叠封装工艺旨在形成三维电路,采用针管注射形成基板材料(如 GaAs 或 InGaP)的垂直粘接互连,无须施加明显的机

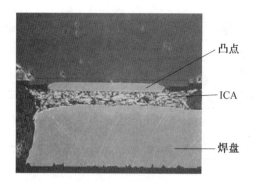

图 5.13 ICA 用于倒装芯片

图 5.14 ICA 用于表面贴装

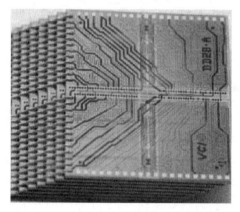

图 5.15 ICA 用于垂直互连(彩图见附录)

械力,不会对薄膜或脆弱的基板材料造成机械损伤。

ICA 用于印刷电路如图 5.16 所示。Wong 团队早期对导电胶用于印刷电路进行过丰富的研究,包括:使用简单的液相化学法制备纳米银片作为导电胶导电填料,制备柔性印刷电路;针对导电胶树脂基体进行化学改性,制备高性能水基各向同性导电黏合剂,提升导电胶环保性并使其更加便于工艺操作;使用单质碘对银片进行表面处理去除半导体氧化银,裸露纯银表面提升导电胶导电性,制备印刷电路等。

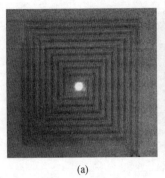 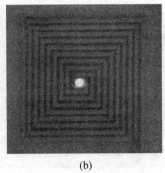 

(a)　　　　　　　　　(b)　　　　　　　　　(c)

图 5.16　ICA 用于印刷电路

5.5　点胶与混胶

点胶是胶接的一项关键工艺。点胶可以保证胶能够正确传递到基板上的不同位置，还可以保证胶固定在原处直至固化。

胶接应用可以主要分为两大类：

① 批量点胶，如针转印和丝网印刷技术；② 选择性点胶，如针滴和喷射点胶技术。

选择性点胶也可以分为以下两种：

① 接触式，点胶设备接触到基板；② 非接触式，与基板无物理接触。

5.5.1　批量点胶技术

1. 针转印技术

针转印技术是一种快捷有效的，将粘接剂图形化涂敷到表面的方法。其原理是将针头浸没到粘接剂中一定深度，再将携带有粘接剂的针头与基板接触，将一定量的粘接剂转移到基板上，如图 5.17 所示。针转印过程既适合于手工生产，也可实现批量自动化制造。这种批量转印技术有如下缺点：当产品结构发生变化时，需要重新加工针阵列，成本较高，粘接剂长期暴露于环境中，存在结块或吸潮的风险。

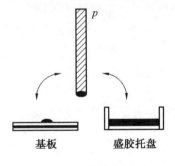

图 5.17　针转印原理

2. 丝网印刷技术

丝网印刷技术是一种快速高效的表面施胶方法。丝网印刷使用与点胶花样相匹配的带洞模板。操作过程中使用刮刀或刮板推挤粘接剂,使其从模板的网眼中漏印到基板表面,印刷过程如图 5.18 所示。丝网印刷技术具有成本低、精度高、快速高效的优点,丝网网孔密度、网板厚度以及胶的流动性都会对最终效果产生一定影响。施胶面积较大时,可去掉丝网,直接使用镂空版印刷技术。

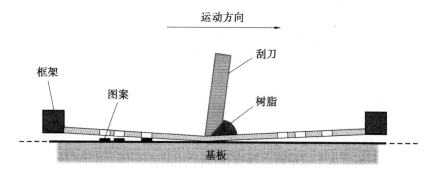

图 5.18 丝网印刷过程

丝网印刷的优势是效率高,适用于批量生产。但相较于针转印技术,丝网印刷技术对于粘接剂的黏度更加敏感,因此对环境温度和部分固化的控制也更为严格,另外,网版的储存需要占据较大空间,网版的清洗也相对耗时。

5.5.2 选择性点胶技术

长期以来,针头选择性点胶技术都是粘接剂表面贴装应用中的首选点胶技术。该技术可以很好地匹配自动化生产编程,灵活实现不同基板设计条件下的点胶需求。采用时间-压力型点胶、螺杆泵式点胶、喷射点胶(无接触)等方法可以实现定量点胶。

1. 时间-压力型点胶技术

时间-压力型点胶是一种流体点胶技术,通过压缩空气使针筒内的液体从针尖流出,压缩空气作用时间的长短直接关系点胶量的多少。相对于其他表面胶装方法,这种方法在实际应用中具有更好的灵活性。通常采用一个相对简单的自动化控制软件平台即可实现。该技术既可以应用于手动点胶设备,也可以应用于自动化点胶设备。手动操作过程中,使用踏板开关控制压缩气体作用时间,点胶量一般通过人为经验控制。自动化操作则是必然趋势,但是由于压缩空气不稳定性、针筒内粘接剂剩余量变化、粘接剂黏度一致性等影响,点胶一致性相对较难控制。

2. 螺杆泵式点胶系统

螺杆泵式点胶系统工作原理是通过旋转螺纹来对粘接剂进行分配,通过控制电动机旋转的开闭来控制粘接剂的流量,系统工作过程中,可通过物料桶进行胶液补充,与时间-压力型点胶技术相比,生产效率有所提高,胶点尺寸一致性更好。

3. 喷射点胶技术

喷射点胶是一种非接触式的点胶技术,可以分为气动驱动式喷射点胶和压电驱动式喷射点胶。基于压电原理、流体力学知识,国内对压电喷射点胶技术进行了许多研究。压电喷射阀是喷射点胶系统中的核心元器件,其原理是通过一个压电驱动器驱动探针高频地挤压胶流出喷嘴,喷射点胶可以获得很小的胶点尺寸(直径小于 50 μm),有利于小尺寸器件的封装。不同于传统的压电喷墨打印技术,喷射点胶主要是针对黏度较高的粘接剂,通过快速打开和关闭喷嘴,实现点胶量的精确控制。

5.5.3 混合

许多粘接剂都是双组分体系,在使用前需要进行充分的混合,这一过程又称为混胶或匀胶。如果待混合的多组分具有相似的黏度和相对较长的固化时间,可以使用静态混合器进行混合。静态混合器也常被称为静止搅拌器,与一般搅拌器不同的是,它的内部没有运动部件,而是依靠流体流动和内部单元实现多种流体的混合。静态混合器中,流体的运动遵循着"分割—移位—重叠"的规律,混合过程中起主要作用的是移位。由于混合单元的作用,流体时而左旋,时而右旋,不断改变流动混合方向,不仅将中心流体推向周边,而且将周边流体推向中心,从而达到良好的径向混合效果。

对于黏度差异较大,固化时间较短,效率要求较高或复合材料粘接剂等情况,一般采用动态混合方法对粘接剂进行混合,如图 5.19 所示。气动或电动马达用于驱动混合室内的转轮,混合后的胶通过喷嘴挤出。动态混合方法也可采用搅拌脱泡机,将物料投放入料杯中,机器同时施加自转与公转,实现消泡和均匀搅拌且混合不分层的作用,自转速度可以设为公转的 70%,多用于复合材料的混合,但要注意搅拌脱泡过程中,粘接剂会产热加速固化进程,对混合时间要进行控制。

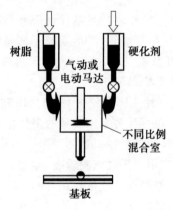

图 5.19 动态混合方法原理

本 章 习 题

5.1 相比 Sn-Pb 钎料,请简述导电胶的优点。

5.2 简述导电胶的分类方法。

5.3 简述导电胶的基本组成。

5.4 简述导电胶的导电机理。

5.5 比较各向异性导电胶（ACA）和各向同性导电胶（ICA）的结构。

5.6 比较各向异性导电胶（ACA）与各向同性导电胶（ICA）的连接机理。

本章参考文献

[1] LI Y G, LU D, WONG C P. Electrical conductive adhesives with nanotechnologies[M]. New York：Springer Science & Business Media，2009.

[2] DERAKHSHANKHAH H, MOHAMMAD-REZAEI R, MASSOUMI B, et al. Conducting polymer-based electrically conductive adhesive materials：Design, fabrication, properties, and applications[J]. Journal of Materials Science：Materials in Electronics, 2020, 31：10947-10961.

[3] REN H M, GUO Y, HUANG S Y, et al. One-step preparation of silver hexagonal microsheets as electrically conductive adhesive fillers for printed electronics[J]. ACS Applied Materials & Interfaces, 2015, 7(24)：13685-13692.

[4] YANG C, XIE Y T, YUEN M M F, et al. Silver surface iodination for enhancing the conductivity of conductive composites[J]. Advanced Functional Materials, 2010, 20(16)：2580-2587.

[5] PU N W, PENG Y Y, WANG P C, et al. Application of nitrogen-doped graphene nanosheets in electrically conductive adhesives[J]. Carbon, 2014, 67：449-456.

[6] LUO J, CHENG Z, LI C, et al. Electrically conductive adhesives based on thermoplastic polyurethane filled with silver flakes and carbon nanotubes[J]. Composites Science and Technology, 2016, 129：191-197.

[7] REN H M, GUO Y, HUANG S Y, et al. One-step preparation of silver hexagonal microsheets as electrically conductive adhesive fillers for printed electronics[J]. ACS Applied Materials & Interfaces, 2015, 7(24)：13685-13692.

[8] FU Y X, HE Z X, MO D C, et al. Thermal conductivity enhancement with different fillers for epoxy resin adhesives[J]. Applied Thermal Engineering, 2014, 66(1-2)：493-498.

[9] SHIN K Y, LEE J S, HONG J Y, et al. One-step fabrication of a highly conductive and durable copper paste and its flexible dipole tag-antenna application[J]. Chemical Communications, 2014, 50(23)：3093-3096.

第 6 章　先进封装互连方法

为满足电子元器件及产品超轻、超薄、高性能和低功耗等需求，芯片的制备及封装技术均不断向更高水平发展。但在后摩尔时代，芯片制造面临物理极限制约与经济效益降低的双重困难，片上系统(SoC)制程工艺复杂，成本高昂。通过小型化、高密度、高集成的封装技术提升芯片整体性能成为集成电路行业技术新的发展趋势。传统封装主要采用引线键合工艺实现从芯片到基板的电气互连，已逐渐难以满足芯片多引脚、高品质的连接需求。先进封装采用凸点、铜柱、硅通孔等更加多样的先进互连方式，具有功能多样化、连接多样化、堆叠多样化的特性，在提高芯片集成度、电气连接以及性能优化的过程中具有更深远的发展潜力。目前，全球封装行业的主流技术以芯片级封装(CSP)、球栅阵列(BGA)封装等二维封装为主，正在向系统级封装(SiP)、多芯粒封装(Chiplet)等更先进的三维封装形式迈进，发展出了高密度倒装芯片(FC)、凸点键合(Bumping)、芯片及晶圆键合(WB)、转接板(interposer)、硅通孔(TSV)等先进封装连接技术。

本章将对先进封装互连方法及典型技术进行论述，共分为四个部分。第一部分主要介绍芯片键合及其典型技术，如芯片钎焊键合、阳极键合；第二部分主要介绍晶圆键合及典型技术，如晶圆直接键合和中间层键合；第三部分主要介绍三维封装中 TSV 技术优势及发展驱动力、TSV 封装所包含的具体技术和 TSV 集成与装配流程；最后部分介绍了 Chiplet 的特点和典型技术。

6.1　芯片键合方法

芯片键合是将芯片连接到引线框架、基板、其他芯片或晶圆的技术。按照芯片键合的作用和对象可以对其进一步划分。一类是传统封装中与引线键合配合的芯片键合技术，其原理是将晶圆划片后得到的独立芯片的背面键合到基板或引线框架上。另一类是将芯片与晶圆，或晶圆与晶圆中相应芯片键合的技术。本节着重介绍两类芯片键合技术的典型代表，即芯片钎焊键合和阳极键合。晶圆与晶圆键合，即晶圆键合的相关内容将在 6.2 节中进行介绍。

6.1.1　芯片钎焊键合

在封装结构中，与引线键合配合的芯片键合技术一般使用中间层键合材料实现，本书中将其称为中间层芯片键合。中间层键合材料可以是树脂类材料，通过粘接的方式实现芯片键合，典型的材料包括环氧树脂、聚酰亚胺、热塑性材料、硅酮材料等。转接板键合材料还可以是钎料合金，本节主要介绍以钎料作为中间层的芯片键合技术。

芯片钎焊键合一般使用高熔点钎料合金实现芯片背面金属化镀层与基板或引线框架金属化镀层之间的钎焊连接,其结构示意图如图6.1所示。主要应用于气密性封装结构,如陶瓷封装或金属封装结构。根据使用的钎料是否为共晶钎料,还可以细分成共晶芯片键合和非共晶芯片键合。比较典型的共晶芯片键合材料有Au2.85Si(熔点363 ℃)、Au12Ge(熔点356 ℃)和Au20Sn(熔点280 ℃)。典型的非共晶芯片键合材料有Pb10Sn(固相线275 ℃－液相线302 ℃)、Pb5Sn(固相线308 ℃－液相线312 ℃)和Pb5In(固相线300 ℃－液相线313 ℃)等。

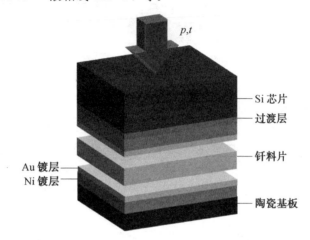

图6.1　芯片钎焊键合结构示意图

钎料可以采用预先镀覆在芯片背面、印刷焊膏或预制钎料片等形式。一般使用再流焊工艺实现芯片与基板或引线框架的钎焊连接。再流焊的峰值温度一般高于钎料液相线或共晶温度40～60 ℃,根据再流焊过程中氧化膜的去除方式,可以分为使用助焊剂和使用惰性气氛＋还原性气氛等方式。使用助焊剂的情况下,需要考虑助焊剂的去除和清洗,应避免助焊剂的残留引起键合界面的可靠性问题。

为了确保钎焊过程的顺利进行以及服役过程中的可靠性,需要在芯片背面、基板或引线框架表面镀覆合适的金属化层。例如Ni/Au,Ni层的耐钎焊性优良,但易氧化,而Au层可以防止Ni层的氧化,且具备优良的可焊性能。

除了上述通过预制钎料,使用再流焊工艺实现芯片键合的方法之外,还有通过界面材料之间的扩散形成共晶成分,发生熔化,并完成钎焊的过程,称为共晶钎焊过程。以Au2.85Si共晶芯片键合为例,如图6.2所示,其钎焊过程如下:在高于363 ℃和一定的压力下,将Si基芯片在表面镀Au的基板上摩擦,去除两侧材料表面氧化层,实现Si和Au的原子接触,在压力和高温的作用下,Si和Au发生原子的互扩散,形成共晶成分点发生熔化,并使熔化的Au2.85Si钎料扩展至整个芯片和基板的接触界面,然后在冷却过程中,Au2.85Si钎料发生凝固,实现芯片与基板之间的共晶键合。

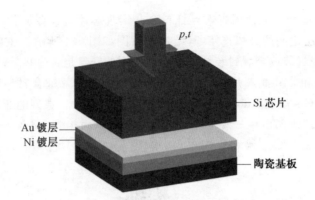

图 6.2 Au2.85Si 共晶芯片键合

影响 Au-Si 共晶键合质量的因素有以下几个。

1. Si 芯片背面键合表面的氧化

在芯片键合的加热过程中，Si 芯片背面的键合表面会发生氧化，生成 SiO_2，妨碍 Au 与 Si 原子的接触，因此，键合过程最好有惰性气体保护，如 N_2，或加入还原性气氛，如 H_2。另外，由于 Si 的氧化即使是在室温条件下也会发生，所以需要注意 Si 芯片的存放环境，如可将需要长期存放的 Si 芯片放置到真空或惰性气体柜中，并注意存放的温度和湿度等环境条件。

2. 基板镀 Au 镀层的厚度

在共晶键合过程中，需要保证 Au 镀层的厚度合适，太薄或太厚都有问题。如果太薄，则不能满足共晶键合过程中对基板表面 Au 镀层的消耗，使剩余的 Au 镀层与基板的附着力降低，甚至导致分层失效；如果太厚，则将显著增加制造成本。

3. 共晶键合温度

共晶键合温度是共晶键合的关键工艺参数。Au97.15Si2.85 共晶钎料的熔点是 363 ℃，但共晶键合是非平衡加热过程，为了保证键合的效率和质量，共晶键合温度一般要高于 363 ℃。如果基板的散热能力强，或热容量较高，还需要进一步提高共晶键合温度。但过高的共晶键合温度也可能造成芯片性能的下降或者产生可靠性问题。

4. 共晶键合压力

在共晶键合过程中，需要对芯片施加一定的压力，以确保 Si 芯片背面与基板或引线框架的待键合表面之间的均衡接触。如果压力太小或压力不均匀会使待键合界面产生空隙。产生空隙的位置将无法实现 Au、Si 原子扩散和形成共晶成分，导致这些位置无法实现共晶键合，降低芯片与基板或引线框架之间的键合质量和强度。如果压力过大，可能会导致芯片或脆性基板发生破裂。另外，产生的液态共晶成分也可能会被过大的压力挤出键合界面。

5. 热应力

由于芯片共晶键合材料的熔点一般较高，且具有较高的弹性模量，变形能力较差，芯片和基板或引线框架的热膨胀系数必须更好地匹配，才能够保证键合结构不产生过大的热应力。电子元器件在工作期间一般要经受温度循环，如果芯片和基板或引线框架热膨胀系数差异较大,在温度循环过程中键合的界面会产生周期性的剪切应力,这些应力将可能导致芯片发生破裂或者焊点发生疲劳断裂。此外,在键合过程中也需要合理设置加热和冷却的温度曲线。如在键合前可以对拾取芯片的吸嘴、基板和引线框架进行预热,以减少对芯片和键合界面的热冲击。键合后可以在保护气氛中进行慢速冷却,也可以有效减小键合界面的应力。

6.1.2 阳极键合

1. 阳极键合简介

阳极键合方法是由 Wallis 和 Pomerantz 在 1969 年创造的,在硅传感器制造中是最常用的晶圆与晶圆的键合技术。该技术包括在静电场的辅助下实现硅晶圆向玻璃晶圆的键合,也称静电键合、电场辅助热键合。键合对象可以是硅片与玻璃、硅片与硅片或玻璃与玻璃,图 6.3 是阳极键合实现方法的示意图。

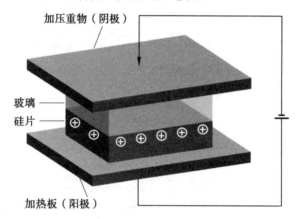

图 6.3 阳极键合实现方法的示意图

通过该技术可以实现传感器和执行器的气密性包封。在硅和玻璃基微流体器件的密封中,如微型化学反应器、针对 DNA 应用和分析的"基因芯片"也可以应用该技术进行制造。与其他键合技术包括直接和转接板键合相比,电场辅助作用下阳极键合工艺的优点在于高键合强度和低操作温度。

阳极键合由于能够实现高键合质量被广泛应用于玻璃晶圆向其他导电材料的键合。该工艺用于建立玻璃和金属晶圆之间气密和机械的固体连接或玻璃与半导体晶圆间的连接。在阳极键合中,基板通常被加热到 400~450 ℃,通常施加 400~1 200 V 的电压至需要键合的晶圆对,静电力和离子的移动致使每片晶圆的边缘层最终形成不可逆的化学键合。

通过降低键合温度,可以避免对预加工器件集成电路的弱化损伤。该工艺还可以最小化或免除由于键合所引入的应力问题和冷却后的包装材料。应力问题通常会导致可靠性问题,甚至是失效。此外,热膨胀系数存在很大差异的晶圆也可以通过该工艺实现键合。目前,晶圆键合的研究主要集中在尽可能低的温度条件下实现强晶圆键合。

然而,随着键合温度的降低,键合的质量也会降低。键合强度低,并且在界面处的气泡和空穴难于减少或清除。几乎没有文献报道低温下的阳极键合能够实现高键合强度和无气泡的界面。

2. 低温晶圆阳极键合工艺

在硅－玻璃晶圆键合技术中,键合温度在200～300 ℃ 之间,电压变化范围是200～400 V。硅与玻璃的键合在外部电压施加时立刻发生。在键合的最初,电流高但迅速在几秒钟内下降,特别是对高键合温度,如图6.4所示。最初的电流峰值对应于最初钠和钾离子从玻璃晶圆向阳极的输运,因此阳极被中和。一旦达到平衡状态,电流迅速下降。在所有实验中,最大的电流值被设为30 mA,电压为600 V,键合载荷为200 N,真空度为1 Pa。高温导致玻璃晶圆中高的离子迁移率。当温度升高时,玻璃的电阻呈指数下降,界面处的空间电荷快速积累,导致静电场力升高,拉近晶圆形成紧密接触。因此,高电压会引发高电流且提高键合质量。

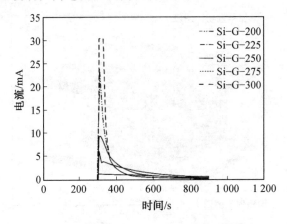

图 6.4 不同键合温度下的电流－时间关系
(G 代表玻璃;200,225,⋯ 代表温度)

当键合温度低于 250 ℃ 时,随着温度的升高,达到平衡态所需的输运周期变得更长;当键合温度超过 250 ℃ 时,随温度升高,达到平衡态所需的输运周期变短。高温条件下,更多从 Na_2O 和 K_2O 分解得来的离子在最开始的阶段向阳极移动。因此,可以很容易地达到平衡态,输运周期变得更短。

键合界面完整性的评估是通过将被键合区域与整个晶圆的尺寸进行比较来实现的。图 6.5 是不同温度下硅与玻璃键合对的超声扫描显微镜照片,键合电压为 600 V、键合压力为200 N、键合时间为10 min、真空度为1 Pa。键合温度为200 ℃ 的情况下,离晶圆中心10 mm 的位置形成了一个大气泡。键合工具上面的圆电极由两片石墨构成,内部的圆电极直径约为20 mm,外部的圆电极直径约为100 mm。两片电极由一根金属带连接。两个晶圆在从其中心点开始接触的实施过程中,小的中心电极首先下压,接下来是靠外的大电极。因此,大气泡的出现是电极的结构造成的。其他气泡的尺寸均小于2 mm。键合温度高于225 ℃ 时,气泡的尺寸明显减小,小于1 mm,未键合区域也有所减少。更高的键合温度可以补偿电极结构的弊端。已经通过分辨率为 2.5 μm 的超声扫描显微镜观察到了接近于无气泡的界面。

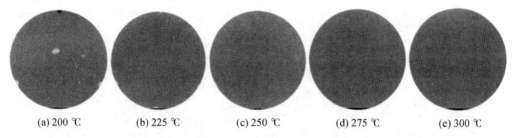

图 6.5　不同温度下硅与玻璃键合对的超声扫描显微镜照片

大部分的晶圆区域已实现键合，从键合效率的角度证明了低温条件下，特别是在 200～300 ℃ 的温区内阳极键合的可行性。未键合区域或气孔主要是气体被卷入配对的晶圆表面之间造成的。没有发现由于微粒导致的气孔，这表明清洗过程可以有效地去除晶圆表面所有的微粒。超声扫描显微镜照片被进一步通过图像处理进行分析，测量得到的未键合面积标于图 6.6 中。当键合温度从 200 ℃ 上升到 225 ℃ 时，未键合面积从 1.22% 下降到 0.6%。通过 SEM 也观察到了界面的完整性。图 6.7 展示了典型的硅与玻璃键合对截面，键合温度为 200 ℃ 或 300 ℃、电压为 600 V、键合负载为 200 N、键合时间为 10 min、真空度为 1 Pa。键合界面处没有观察到间隙。

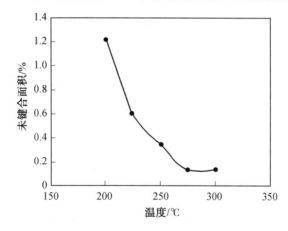

图 6.6　未键合区域与键合温度之间的关系

键合强度是决定键合质量和可靠性的一个重要因素。高键合强度意味着形成了良好的键合。一个有趣的现象是：在高温条件下形成的键合对不能被分开，它们在玻璃晶圆处断裂而不是在界面处。图 6.8 是键合强度与键合温度之间的关系。键合强度随键合温度升高而增长。键合温度为 200 ℃ 时，键合对的键合强度为 10 MPa。键合温度高于 225 ℃ 的条件下，断裂发生在玻璃晶圆处。该强度可与其他研究者在更高键合温度条件下得到键合对的强度（5～25 MPa）相比。尽管断裂的位置发生在玻璃而不是在界面处，断裂强度仍然随着键合温度的升高而增长。该结果表明：在键合过程中通过热处理提高了玻璃的断裂强度。因此，硅与玻璃之间的键合强度要高于曲线中标明的数值。

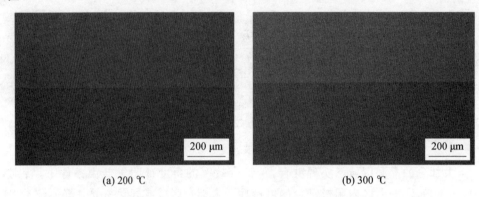

(a) 200 ℃ (b) 300 ℃

图 6.7　典型的硅与玻璃键合对截面

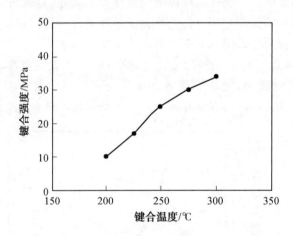

图 6.8　键合强度与键合温度之间的关系

在更低温度下，界面处的反应在很大程度上取决于温度，这是由于温度是离子迁移的主要驱动力。此外，从动力学的角度看，由于只提供了更少的能量用于促进键合反应，低温将会严重阻碍反应发生。当温度升高时，对于温度的依赖性得到释放，电场辅助因素变得更加重要，电场会导致 O^{2-} 和 OH^- 向界面漂移。

在低温阳极键合工艺中产生的热致残余应力可以通过使用尖针式形貌检试仪测量晶圆曲率变化实现。如期望的那样，低温键合很大程度上减小了诱导应力。对不同条件下得到的键合晶圆进行测量，并没有检测到残余应力。

3. 阳极键合机理

为确定玻璃内元素分布和避免对界面的任何污染，键合对的玻璃晶圆要通过机械或化学方法减薄至几微米。接下来从玻璃层开始溅射，并逐渐透入硅晶圆。图 6.9 是硅与玻璃界面处元素（Si、O、H、Na 和 K）的分布情况，键合温度为 200 ℃ 时的分布如图 6.9(a) 所示，键合温度为 300 ℃ 时的分布如图 6.9(b) 所示，电压为 600 V、键合负载为 200 N、键合时间为 10 min、真空度等级为 1 Pa、溅射速率是 10 nm/min。在键合温度为 200 ℃ 下的贫化区域约为 0.5 μm，在 300 ℃ 下的贫化区域约为 1 μm。此外，贫化区会随键合温度升高而变大。高温会造成高的离子迁移率。更多的钠和钾离子从界面处的玻璃一侧向阳极输运，生成了更大的贫化区。然而，玻璃表面的离子堆积是明显的，这是硅晶圆表面羟基的吸引造成的。对键合机理描述的相关报道是有争议的，在该论题上还没有达成共识。这些描述可大体被归为两类，一类是氧与硅直接反应形成的键合，另一类是将键合的形成归因于氢氧化物间的反应。

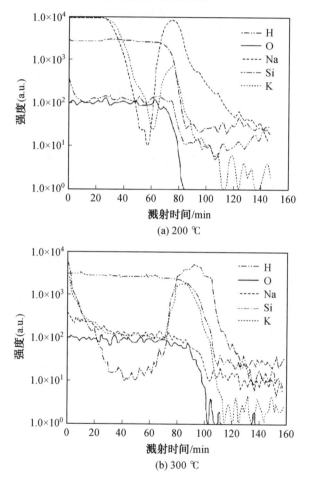

图 6.9 硅与玻璃界面处元素（Si、O、H、Na 和 K）的分布情况

在阳极键合前，晶圆表面被处理成亲水表面。因此，晶圆的表面覆盖着羟基。当两个晶圆实现接触，接触作用力为静电力、羟基间的吸引力和外部的作用力。在阳极键合过程中，键合界面处玻璃一侧会形成空间电荷区域，留下相对固定的负氧离子。与此同时，会在硅－玻璃界面处的硅一侧产生相应的正电荷（镜像电荷），导致两个晶圆间产生高的静电力。负氧离子从 Na^+ 贫化区漂移至硅表面。硅被负氧离子氧化。高键合温度会增加 Na^+、K^+ 和负氧离子的迁移率和漂移速度，并促进硅与氧之间的反应，因此会推动氧化进程。

玻璃晶圆是由 SiO_2、Al_2O_3、B_2O_3、Na_2O 和 K_2O 构成。SiO_2 是主要的组成部分。对于硅向硅、硅向二氧化硅和二氧化硅向二氧化硅直接键合,即使在低温情况下也由氢键合的反应使晶圆表面被羟基覆盖。以 SiO_2 为主要成分的硼硅酸 7740 玻璃应用于阳极键合中。在晶圆被堆叠和键合之前,玻璃和硅晶圆都被处理使其具有亲水性,晶圆表面覆有羟基。位于上面的是玻璃晶圆,下面的是硅晶圆。堆叠之后,—OH 开始在约 200 ℃ 的键合温度下脱水,氢键合被硅—氧—硅键合取代。玻璃和硅表面间的羟基键合可以通过 SiO_2 和无定形 Si 间的氢键合实现。

一般而言,阳极键合机理由硅的氧化和羟基间的氢键合构成。更高的温度会促进这种反应并形成更高的键合质量。

6.2 晶圆键合方法

晶圆是生产集成电路所用的载体,由于其形状为圆形,故由此而得名,又被称为晶片或圆片。自 1958 年第一块集成电路诞生以来,硅工艺便在集成电路的生产中占主导地位,硅晶圆则是制造半导体芯片的基本材料。随着对集成电路要求的不断提高,其他半导体材料的应用也越来越多,如锗、砷化镓、碳化硅、氮化镓等。晶圆键合可以分为直接键合和中间层键合,均为先进芯片制造与封装过程中的重要环节,本部分将对直接键合和中间层键合的典型方法进行介绍。

6.2.1 直接键合

直接键合可以使经过抛光的半导体晶圆在不使用粘接剂的情况下结合在一起,在集成电路制造、微机电系统封装和多功能芯片集成等领域具有广泛的应用。为了尽可能减小传统的高温硅熔键合(800~1 000 ℃)所引发的多种材料、结构间的热膨胀和热应力,如何在较低退火温度条件下实现半导体晶圆键合是研究者们关注的问题。低温键合(< 200 ℃)工艺被认为是发展的主流,其相关研究已在美国、欧洲、日本和中国等诸多大学和研究机构中广泛开展。其中无须加热的室温键合(约 25 ℃)技术更被视为下一代制造工艺的备选,半导体制造的相关厂商也均投入大量研究经费,开发室温键合方法及工艺,因此开展室温晶圆直接键合研究,对于推动半导体产业的进步具有重要的科学意义与现实要求。

1. 硅熔键合

硅片直接键合技术(Silicon Direct Bonding,SDB)诞生于 20 世纪 80 年代,由美国 IBM 公司的 Lasky 和日本东芝公司的 Shimbo 等人提出。该技术是把两片镜面抛光硅晶圆(氧化或未氧化均可)经表面清洗,在室温下直接贴合,再经过退火处理提高键合强度,将两片晶圆结合成为一个整体的技术。为获得足够高的硅—硅晶圆键合强度,往往需要施加较高的退火温度(800~1 000 ℃),与硅材料的熔点(1 410 ℃)较为接近,因此该方法又常被称为硅熔键合或熔融键合(fusion bonding)。美国 IBM 公司将硅熔键合与离子注入技术相结合,成功制备了绝缘衬底上的硅(Silicon-on-insulator,

SOI)晶圆。由于 SOI 结构在提高半导体器件性能方面具有体硅晶圆所无法比拟的优点,晶圆直接键合的方法开始受到广泛关注。

根据清洗后硅片表面所呈现的状态不同,该方法又可分为亲水键合(hydrophilic bonding)与疏水键合(hydrophobic bonding)两类,原理如图 6.10 所示。20 世纪 90 年代,以美国杜克大学的童勤义和德国马克斯－普朗克研究所的 Gösele 为代表的研究者经过大量的实验,系统研究了退火温度对两类方法键合强度的影响,并提出了键合机理模型。对于亲水键合,主要利用 RCA 溶液(氨水和双氧水的混合水溶液)或食人鱼溶液(浓硫酸和双氧水的混合溶液)对洁净抛光的晶圆表面进行清洗,形成羟基(—OH)密度较高的亲水表面,大气环境中的水分子极易吸附于该亲水表面。后在室温条件下,将具有亲水表面的两片晶圆贴合到一起,根据反应式(6.1),高温退火过程中界面之间较弱的分子间作用力(范德瓦耳斯力和氢键)会转化为较强的 Si—O—Si 共价键,从而获得牢固的键合界面。

$$\text{Si—OH} + \text{HO—Si} \longrightarrow \text{Si—O—Si} + \text{H}_2\text{O} \tag{6.1}$$

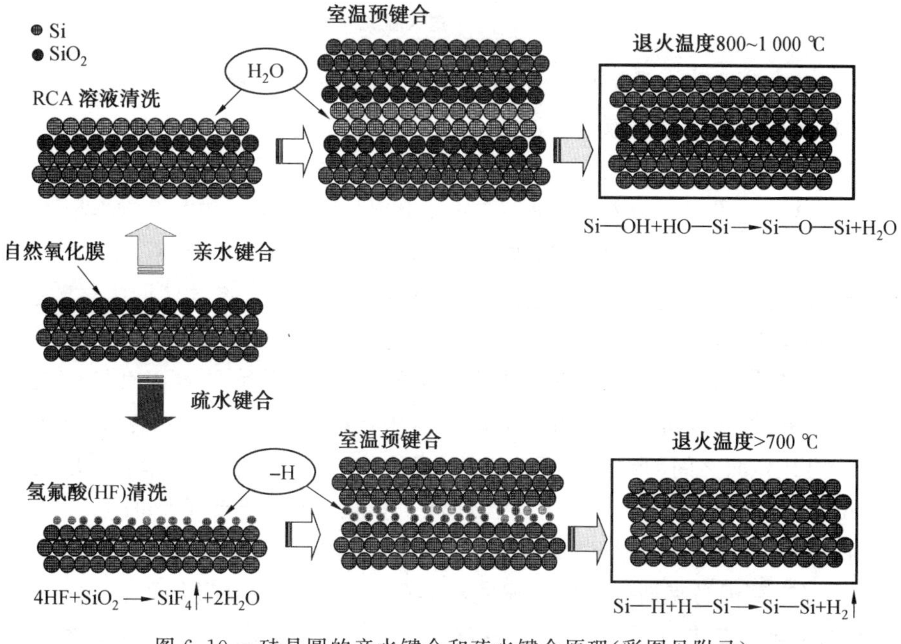

图 6.10 硅晶圆的亲水键合和疏水键合原理(彩图见附录)

对于疏水键合,一般是利用氢氟酸(HF)去除硅片表面的自然氧化膜,硅片表面布满具有疏水特性的硅氢键(Si—H),处理过的硅片先在室温下直接贴合,后续的加热退火过程则遵循反应式(6.2),界面形成 Si—Si 共价键。

$$\text{Si—H} + \text{H—Si} \longrightarrow \text{Si—Si} + \text{H}_2 \uparrow \tag{6.2}$$

硅晶圆亲水和疏水键合的表面结合能与退火温度的关系如图 6.11 所示。当退火温度低于 550 ℃时,通过亲水法获得的键合能高于疏水键合法,而疏水键合法只有经过较高的退火温度,才能满足键合晶圆后续加工所需克服的机械强度,但是无论采用哪种方法,均需要经过较高温度($>$650 ℃)的退火,才能获得大于 2.0 J/m^2 的键合能。

由于高温退火过程能够诱发内部元器件的热应力,导致掺杂元素的有害扩散,损坏温度敏感元器件,因此很大程度上限制了晶圆键合技术在微机电系统的制造和晶圆级封装等方面的应用。

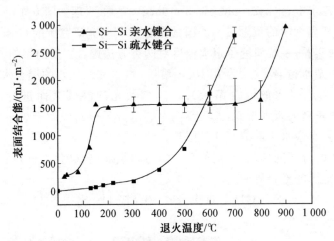

图 6.11 硅晶圆亲水和疏水键合的表面结合能与退火温度的关系

2. 超高真空键合与表面活化键合

超高真空键合(ultra-high vacuum bonding)于20世纪70年代诞生,美国国家航空航天局(NASA)在太空进行实验时,意外地发现超高真空环境中裸露金属表面之间的黏附现象。众所周知,将硅晶圆暴露在大气环境中,其表面会瞬间生成数埃(Å,1 Å = 0.1 nm)厚的自然氧化膜。先将硅晶圆表面氧化膜在超高真空环境中被除去,再使洁净抛光后的晶圆表面达到足够近的接触,通过相邻材料界面之间的分子间作用力(范德瓦耳斯力或氢键),进一步拉近两个表面原子间的距离,从而使界面直接形成共价键。早在1964年,Smith和Gussenhoven就已经开展对石英与石英在超高真空环境下的键合研究,但其界面之间的键合主要依靠范德瓦耳斯力,因此获得的键合强度较弱。1966年,Haneman等人又对锗的真空键合进行了报道,并且实现了界面原子之间的共价键。由于真空键合对设备要求高,此后,有关真空环境键合的研究有所搁置。

1995年,德国马克斯-普朗克研究所的Gösele课题组对超高真空环境下硅-硅晶圆之间的键合工艺进行了系统探索,其键合过程的原理如图 6.12 所示。其表面处理过程与疏水键合法相同,首先将硅晶圆浸入氢氟酸中,去除表面的自然氧化层,表面因覆盖一层硅氢键而变得疏水。在室温下将两片疏水晶圆先预键合,随后将键合后的晶圆转移至超高真空腔体内,并将腔体内的压强降低至 3×10^{-7} Pa,通过操纵器先将键合的两片晶圆分离(疏水键合室温下强度很低),然后将腔体内的温度升高至 300～800 ℃,以使得表面残余的氧化膜分解和表面吸附的氢发生解吸附,直至硅表面的氧化膜和吸附的氢去除完全,而后冷却腔体至室温。最后,通过真空机械操纵装置,使两片晶圆再次贴合,在无须任何外力及退火的情况下,完成室温键合过程,键合强度可达到 2.0 J/m²。从键合界面的透射电子显微镜图像中可以看出,Si-Si 键合界面处不存在非晶态的中间层,原子排列整齐。该方法亦适用于 Si－GaAs 以及 Si－InP 的键合。

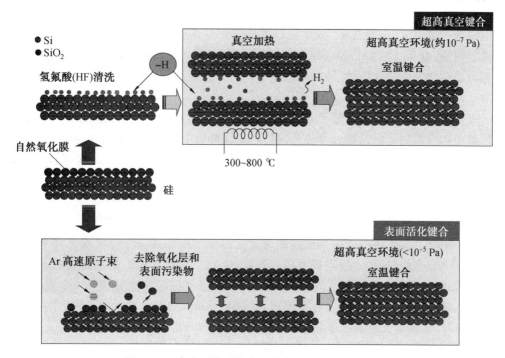

图 6.12　真空环境下的室温键合原理(彩图见附录)

真空键合的实现主要依赖于原子级清洁的表面具有极高的活性,并且极易在低温甚至室温下发生键合。表面活化键合(Surface Activated Bonding, SAB)的基本原理是在高真空环境中($< 10^{-5}$ Pa),利用高速氩原子或氩离子轰击晶圆表面,除去表面氧化膜及其他污染物。然后施加一定压力,使两个已被去除氧化膜的表面在高真空环境中紧密接触,依靠化学键的作用,使表面能量降低,实现原子尺度上的牢固结合,在室温(约 25 ℃)条件下能达到良好的键合强度,无须后续的退火,消除了热膨胀系数不匹配而造成的热应力问题。

表面活化键合方法的开发主要始于 20 世纪 90 年代,日本东京大学的 Suga 课题组率先开展室温键合的研究,但起初所涉及的材料主要是 Al－陶瓷、Al－Al、Al－Si_3N_4、Al－不锈钢、Al－Si、Al－Al、Al－Al_2O_3、Cu－Cu、Cu－PbSn 钎料等金属间、金属与陶瓷及金属与半导体的键合。由于离子束轰击后的表面活性极高,如果此过程是在非理想状态下进行的,那么二次氧化或者二次污染的问题极易发生,因此轰击与键合的过程常常在超高真空环境下进行(即使这样,表面氧化及污染问题依然存在,但程度要大大降低)。为此,Suga 等人还专门开发了表面活化键合设备。随着 Suga 等人对这项技术的研究不断深入,又将这项技术的应用扩展到半导体材料领域,并且利用 Ar 高速原子或 Ar 离子轰击晶圆表面,成功实现了 Si－Si、Si－GaAs 以及 Si－$LiNbO_3$ 之间的键合。

表面活化键合法已成功应用于多种金属、合金、半导体材料之间的室温键合。虽然表面活化键合法自诞生伊始就受到半导体工业界的广泛关注,但以下两个问题限制了该方法的推广应用:① 该方法对氧化物的晶圆(如二氧化硅、石英及玻璃)并不适用,室温键合强度很低,仍需退火工艺;② 该方法需要高真空系统,设备复杂昂贵。为了克服以上困难,近年来加拿大 McMaster 大学的 Howlader 和 Kondou 等人提出了纳米层增强表面活化键合法,试图扩展表面活化键合法的应用范围,其效果和机理尚在研究中。

3. 等离子体活化键合

虽然真空环境中的室温键合具有诸多优点,但超高真空系统的高成本和设备复杂性很大程度限制了室温键合方法的推广。大气环境中的室温键合方法越来越受到人们关注,其中等离子体活化键合法已成为低温晶圆直接键合的主流。等离子体活化键合法与前文所述的硅熔键合法的原理十分类似,只是在上述 RCA 溶液清洗后利用 O_2、N_2、H_2 或 Ar 等离子体照射晶圆表面(或称之为活化),而后将两晶圆在室温下预键合到一起,经过 200~400 ℃ 的低温退火后达到足够高的键合强度,其键合原理如图 6.13 所示。由于等离子体的产生和全部的键合过程都可在低真空度环境或大气下进行,不需要高真空系统,操作方便且成本相对较低,受到了研究者和工业界的重视,近年来成为研究热点。除了 Si 晶圆之间的键合以外,该方法还适用于硅与 Ⅲ~Ⅵ 族化合物半导体的键合,但存在的问题是在低温退火过程中,晶圆的键合界面中往往出现大量的孔洞(void),这些退火孔洞严重降低了器件的成品率和可靠性,严格优化等离子体的照射时间能很大程度上抑制退火孔洞的生成。

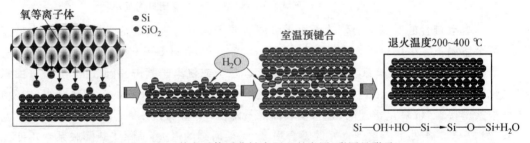

图 6.13 等离子体活化键合原理示意图(彩图见附录)

Plach 等人考察了等离子体活化键合机理,研究表明等离子体表面活化一方面被认为可增加单位面积表面的羟基(—OH)基团密度,另一方面是等离子体与表面的相互作用,造成晶圆表下层区域形成的多孔结构能够存储水,促进键合界面水分子的扩散,从而在宏观上提高了键合强度,但多孔结构内多余的水分子亦会在后续退火过程和硅晶圆反应,产生大量氢气聚集形成键合界面孔洞。等离子体照射对表面的影响,一方面提高了晶圆表面—OH 基团密度,另一方面产生的多孔结构吸附过量的水分子,成为后续退火过程中产生界面孔洞的隐患。

为了进一步降低等离子体活化键合工艺过程中的退火温度,Howlader 等人开发出了一项两种等离子体按顺序活化的键合方法(sequential plasma activated bonding)。该方法首先采用反应离子刻蚀型(RIE)氧等离子体处理晶圆,而后采用微波等离子产生的氮自由基再次活化晶圆表面,从而使得硅和石英等晶圆之间在室温条件下获得了较高的键合强度。除此以外,美国 Ziptronix(现 Xperi)公司基于多步骤表面干湿法,处理开发出了一种氧化物晶圆的低温直接键合技术,被命名为开发的 ZiBond™ 技术。该工艺流程的关键是包含氢氟酸和氨水两个处理步骤,在空气气氛中室温储存 60 h 后,SiO_2-SiO_2 晶圆之间的键合强度可达到硅母材的断裂能(约 2.5 J/m²)。由于可以通过热氧化或化学气相沉积的方法在多种半导体材料上制备氧化硅层,因此 ZiBond™ 技术适用于多种晶圆材料的键合,然而该方法仍需要包括湿法化学溶液清洗、加热和等离子体处理在内的一系列表面处理步骤,工艺较为复杂且耗时相对较长。

近年来哈尔滨工业大学的研究者们开发出了一项含氟等离子体活化室温键合技术(fluorine containing plasma activated bonding)。该方法主要是在传统的氧等离子体的气氛中添加极少量的四氟化碳(CF_4),利用含氟的等离子体处理硅晶圆表面,在大气环境中室温键合,经空气气氛 24 h 室温存储后,无须加热即得到与硅母材断裂能(约 2.5 J/m²)接近的键合强度,实现了 Si-Si 晶圆的室温键合。该方法具有成本低、操作简单和无毒无害等优点。含氟等离子体活化的硅晶圆室温键合结果及键合界面如图 6.14 所示。

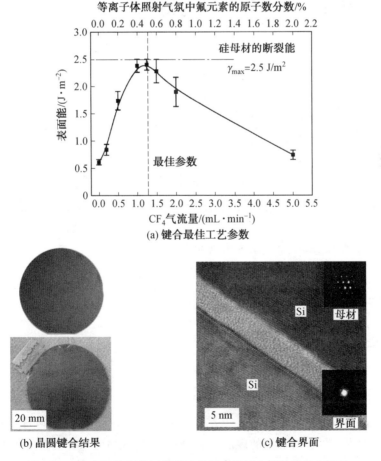

图 6.14 含氟等离子体活化的硅晶圆室温键合结果及键合界面

在实现 Si—Si 键合的基础上将含氟等离子体活化键合方法的适用性由 Si 材料扩展到 Si 基材料范围,成功应用于 Si—SiO_2、SiO_2—SiO_2 以及 Si—Si_3N_4 晶圆的室温键合,弥补了表面活化键合方法对 SiO_2 材料键合强度低的不足。对于等离子活化键合机理的研究表明,低温退火过程中键合界面间的水分子能够渗透进入表面氧化层,对键合强度的提高有至关重要的作用。经含氟的氧等离子体处理后的硅晶圆表面会形成氧氟化硅,与氧等离子体处理后表面产生的二氧化硅相比,含氟等离子体产生的低密度氧氟化硅对水的穿透更敏感,更容易在水应力腐蚀的作用下发生软化。如图 6.15 所示,室温放置过程中吸收水后的氧氟化硅层体积发生膨胀,使晶圆之间原子尺度接触面积增大,形成更多的 Si—O—Si 共价键,因此在室温保存一定时间后能获得很高的键合强度。

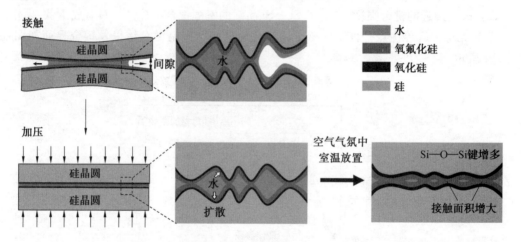

图 6.15　含氟等离子体活化室温键合机理示意图

另外,等离子体添加少量氟能够部分解决等离子活化键合中的退火孔洞问题。退火孔洞一般被认为是退火过程中界面的部分水分子渗进硅基体,发生氧化过程(反应式(6.3)),产生氢气(H_2)聚集于界面处而造成的。

$$Si + H_2O \longrightarrow SiO_2 + H_2 \uparrow \tag{6.3}$$

由此可见,硅表面吸附的水分子量对键合强度及退火孔洞生成有直接影响。研究发现通过调节等离子体气氛中的氟含量,能够控制硅晶圆表面水分子的吸附量,减少了界面间多余水分子,在获得牢固的室温键合界面的同时,亦能够大幅度减少退火孔洞的生成。

6.2.2　中间层键合

由于晶圆直接键合形成的键合界面超薄且无须引入其他材料,常被视为极佳的键合方法。但直接键合对晶圆的表面形貌、平整度和翘曲度都有极高的要求,在微电子制造及封装工业中大量晶圆无法满足如此苛刻的条件。因此常需要采用中间层辅助实现晶圆之间的键合,根据中间层的种类可分为金属键合、玻璃钎料键合和聚合物键合等方法。

1. Cu/Cu 金属键合

金属键合是指先在待键合表面上制作金属薄膜,然后实现两表面之间的粘接。该方法的优势在于可实现键合界面的直接电气互连,且键合结构往往具有优良的导热性。无凸点金属键合还可以降低 RC 延迟,提高信号传输密度,在半导体生产领域具有很大优势。List 等人的研究表明,基于无凸点金属键合的三维集成技术能够有效将互连 RC 延迟问题降低 30%～75%。因此,金属键合技术是三维集成的关键,可采用的金属材料包括铝、金、铜、银等,其中铜(Cu)是目前主流的电极互连材料,具有电阻率低、导热系数高、耐电迁移性能好等优点。本节主要针对 Cu/Cu 键合工艺、键合质量的评估及应用进行系统的介绍。

(1)Cu/Cu 键合工艺。

Cu/Cu 键合是无凸点三维集成的关键技术,近年来研究人员针对 Cu/Cu 键合工艺展开了大量研究。前文所述的表面活化键合(SAB)技术最早被用于 Cu/Cu 的室温键合,其原理是在超高真空环境下通过快速氩原子束轰击去除 Cu 表面的污染物和氧化物,施加一定压力实现两个 Cu 表面的原子级接触,在室温条件下铜原子之间直接成键。图 6.16 为表面活化键合机示意图,该方法不需要加热过程,能够有效防止晶圆之间因热膨胀引起的热失配,非常适用于晶圆级无凸点异质集成。但是 SAB 技术对真空环境要求高,设备昂贵,而且对样品表面粗糙度要求很高,键合前通常需要进行化学机械抛光(CMP)过程,使表面粗糙度小于 1 nm 才能顺利实施键合。

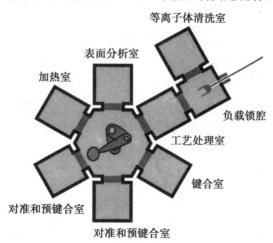

图 6.16 表面活化键合机示意图

另外一种室温 Cu/Cu 键合方法是原子扩散键合(Atomic Diffusion Bonding,ADB)。与 SAB 键合类似的是,ADB 同样需要超高真空环境,其原理是将待键合样品送入真空室后,在晶圆表面原位溅射沉积纳米级金属薄膜,而后即刻在真空或大气环境下完成键合,其键合过程示意图如图 6.17 所示。采用 ADB 方法可以实现多种金属的直接键合,如 Ag、Au、Cu、Ta、Ti 等。ADB 方法能够获得性能卓越的键合界面,但是该方法也具备一定的局限性。键合过程需在短时间内即刻完成,以防止表面污染与氧化。

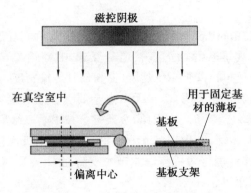

图 6.17　ADB 键合过程示意图

薄膜沉积完成后若放置时间稍有延长,即使在超高真空环境下(约 10^{-7} Pa)样品的键合强度也会大幅降低。

与之对比,热压键合(Thermal Compression Bonding,TCB)也称为扩散键合,对样品表面粗糙度和薄膜新鲜度要求较低,通过温度和压力的相互作用,使 Cu 原子产生塑性变形、蠕变以及原子扩散,从而完成高强度键合。热压键合工艺常常与一些化学预处理工艺相结合,即在热压键合之前,将 Cu 表面浸泡在还原性溶液中,从而去除 Cu 表面氧化物,常用的 Cu 的化学预处理溶液包括甲酸、醋酸、盐酸和硫酸。化学预处理热压键合工艺流程如图 6.18 所示。此外,等离子体活化能够有效去除 Cu 表面污染物,激活 Cu 表面,与热压键合工艺相结合,同样具有良好的键合效果。热压键合工艺设计方案简单,成本较低,受到了业界和学术界的广泛关注和发展。

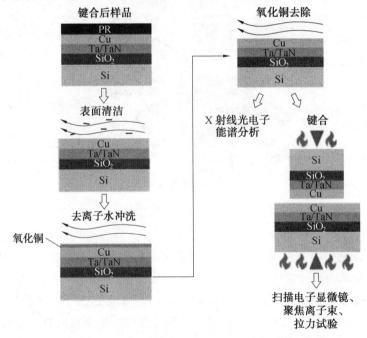

图 6.18　化学预处理热压键合工艺流程

(2)Cu/Cu 键合质量的评估。

键合强度是评估键合质量的关键因素,主要通过三种实验方法来实现,分别是裂纹传播扩展法、拉伸测试法和剪切测试法,其中裂纹传播扩展法最早由 Maszara 等人提出,是指将一定厚度的刀片插入键合晶圆的边缘,通过观察裂纹扩展的长度来计算键合能。

晶圆键合的机械强度决定了键合对在后续切割、研磨等后序加工工艺中的稳定性。而微观界面表征,如扫描电镜(SEM)和透射电子显微镜(TEM)分析,能够在微观层面分析可能存在的缺陷及界面反应机理。Ya-Sheng Tang 等人用 TEM 观测了键合前 Cu 层、400 ℃ 热压 30 min 后键合界面和热压后继续在 400 ℃ 下 N_2 气氛退火 30 min 后键合界面的 Cu/Cu 界面分布变化,如图 6.19 所示。可以看出,初始沉积 Cu

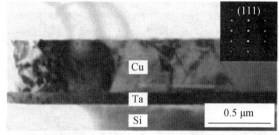

(a) 键合前Si晶圆上的Cu/Ta薄膜表面

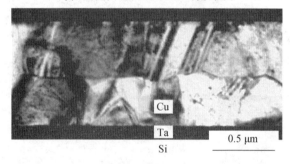

(b) 400 ℃热压30 min

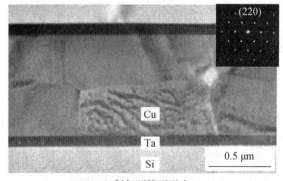

(c) 400 ℃氮气环境下退火30 min

图 6.19 Cu/Cu 热压键合 TEM 图像

薄膜晶粒较小。经 400 ℃ 热压 30 min 后，形成了连续的键合界面，界面无孔洞和其他键合缺陷，结合界面明显，且 Cu 晶粒尺寸变大。经进一步 400 ℃ 退火 30 min 后，原始 Cu/Cu 键合界面消失，Cu 原子扩散更加充分，Cu 晶粒进一步长大，形成了更加完美的键合界面。说明热压键合机制是基于 Cu 原子间的相互扩散完成的，较高的温度能够增强原子扩散速率，同时退火工艺能够使原子扩散更加充分，改善键合质量。

热压键合工艺虽能获得良好的 Cu/Cu 键合，然而所需的键合温度仍较高。为进一步降低键合温度，哈尔滨工业大学开发了一种两步协同活化键合技术，采用甲酸溶液浸泡和 Ar/O_2 等离子体活化处理的两步活化工艺成功实现了 Cu/Cu 在 200 ℃ 的键合，将传统 Cu/Cu 热压键合温度降低 50%。低温键合条件下同时使 Cu/Cu 键合强度高达 12 MPa。该低温键合工艺还成功适用于 Cu/SiO_2 无凸点混合键合，如图 6.20 所示。

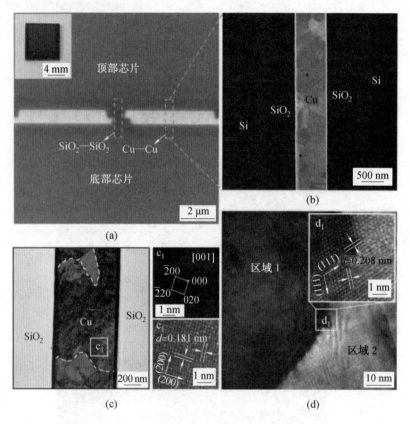

图 6.20　两步协同活化获得的 Cu/SiO_2 混合键合界面

Cu 具有优良的导热和导电性能，良好的键合界面是保证电信号传输的前提。不同尺寸 Cu 互连线的键合件的接触电阻率大约为 $10^{-8}\Omega\cdot cm^2$。高强度且键合界面无孔洞的良好 Cu/Cu 键合结构经多次应力循环后键合界面稳定性良好。基于 Cu/Cu 键合的三维集成技术对于处理器及内存/存储器的多层堆叠具有重要价值，有望实现在超高速存储器、CMOS 传感器、三维现场可编程门阵列等领域的实际应用。

2. 玻璃钎料键合

玻璃钎料键合是利用低熔点玻璃钎料作为中间层,通过融化的玻璃钎料在待键合表面润湿铺展,能够在较低温度下(< 450 ℃)实现具有特殊结构封盖和器件的粘接,也被称为密封玻璃键合,广泛应用于晶圆级微机电系统(MEMS)封装。该间接键合技术优势在于:① 具有低材料选择性,适用于微纳加工制造中常见材料(如硅、硅氧化物、硅氮化物、铝、玻璃、陶瓷等)之间的键合;② 由于玻璃钎料的绝缘特性,避免了在键合前实施金属布线和封装条之间的电气绝缘这一额外步骤,降低了封装成本和工艺门槛;③ 低于 450 ℃ 的工艺温度能够避免晶圆因高温热制程而产生损伤;④ 对键合材料表面的粗糙度容忍度高,密封结构具有良好的气密性,因此该技术常被应用于器件的真空封装中。对于具有可动结构的 MEMS 器件和易受环境影响的微纳光电器件(如谐振器、陀螺仪、显示器、加速器、量子点发光器件等),采用玻璃钎料键合的真空封装不仅具有高键合强度可以保护微结构不受机械损伤,确保传感器的长期服役稳定性和可靠性,高气密性封装还可以降低空气阻尼,减少环境气氛带来的噪声与影响,提高器件性能。此外,经过玻璃钎料键合封装的器件也可以通过预留焊盘,从而与传统的 QFN、BCC 以及 BGA 等封装结构进行耦合,实现更高程度的集成。图 6.21 是玻璃钎料键合晶圆级红外传感器示意图。

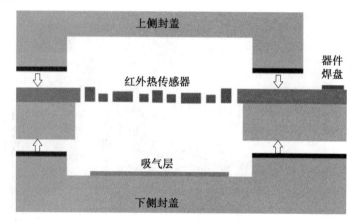

图 6.21 玻璃钎料键合晶圆级红外传感器示意图

(1)玻璃钎料键合材料及工艺。

如图 6.22 所示,玻璃钎料键合工艺通常包括三个步骤:玻璃钎料丝网印刷,印刷钎料的预热处理和最终的热压键合。玻璃钎料膏体通常由粒度小于 15 μm 的精研玻璃颗粒、有机黏合剂组成,目前主要由 Ferro、NEG、Corning、Schott 等企业生产。丝网印刷是涂布玻璃钎料的最常用方法,由于钎料膏体在丝网印刷过程中存在一定接触误差,因此玻璃钎料的印刷通常是在敏感度较低的封盖晶圆上进行。与其他种类钎料丝网印刷的方式一样,在玻璃钎料涂布过程中,玻璃钎料膏体被铺在刮刀前面,然后通过刮刀将膏体经图案化的网格沉积到封盖晶圆上,得到约为 30 μm 厚的玻璃钎料层。这种玻璃钎料的涂布方式避免了通过光刻进行钎料的图案化沉积,降低了工艺复杂程度和成本,但是同样也将玻璃钎料键合的特征尺寸限制在 150~200 μm 的范围内,极限特征尺寸为 100 μm。为了保证封装结构的真空环境达到服役要求,玻璃钎料的沉积关键尺寸需要满足一定的要求。例如,为了使切割后的封装器件能够在 5 个月内保证 200~2 000 Pa 的稳定真空环境,需要玻璃钎料印刷的特征尺寸至少达到 300 μm。对于某些必须在器件晶圆上进行钎料膏体涂布的情况,丝网印刷方式将无法适用,需要采用一些非接触式打印的方法沉积玻璃钎料,如电喷涂、喷射点胶等,实现玻璃钎料的图案化沉积。喷射点胶涂覆玻璃钎料系统如图 6.23 所示。

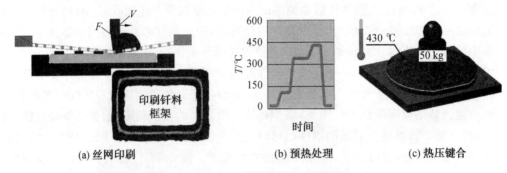

图 6.22 玻璃钎料键合工艺示意图

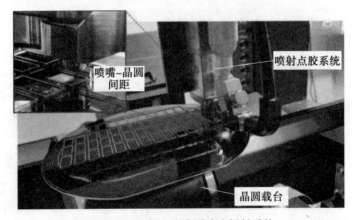

图 6.23 喷射点胶涂覆玻璃钎料系统

图案化沉积的玻璃钎料在键合前需要经过多步的预热处理。在多步的温度变化过程中,玻璃钎料中的有机粘接剂和溶剂会逸出或者燃烧分解,颗粒状的玻璃被烧结成无任何气体孔洞夹杂的致密玻璃。在热压键合过程中,经预热处理的致密玻璃会在温度和一定压力(数千牛顿)的辅助下完成最终键合。该过程中经过预热处理的玻璃黏度下降润湿晶圆表面,填充两侧晶圆之间的待连接区域,然后在冷却过程中形成两侧晶圆的牢固连接。由于玻璃存在一定的吸潮吸湿行为,因此最终的热压键合需要持续几个小时,或者需要在最终键合前进行 20 min 的 120 ℃ 保温,去除键合界面中的水分,实现完全可靠连接。此外,为了防止晶圆的键合界面因热冲击而产生裂纹,至少需要在键合的晶圆冷却至 200 ℃ 以下后,再从热压腔体内取出完成键合。封装温度敏感器件和连接受热膨胀差异较大材料时,需要对整个晶圆进行加热的玻璃钎料预热处理和热压键合将不再适用。如图 6.24 所示的激光辅助玻璃钎料键合工艺能够通过局部加热实现连接,避免不必要的热影响,降低制造过程的复杂性,打破该键合技术的应用局限性。

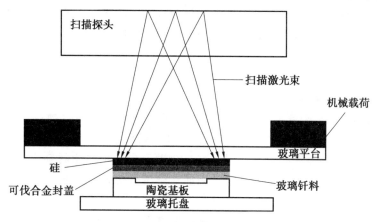

图 6.24　激光辅助玻璃钎料键合工艺示意图

(2) 玻璃钎料键合机理。

玻璃钎料首先在 120 ℃ 进行干燥,钎料中的溶剂挥发,黏合剂中的高分子通过聚合形成非常稳定的结构,使印刷膏体不易变形流动,此时涂布有玻璃钎料的晶圆能够进行运输和贮存。当温度升高至 340 ℃ 时,玻璃钎料中的有机粘接剂燃烧,而玻璃未被完全熔化,仍呈现一定的颗粒状态互相接触,形成开放的微结构能够使有机物的燃烧产物逸出,促使玻璃颗粒之间紧密接触实现致密化。在 430 ℃ 预烧结阶段,玻璃颗粒完全熔化,转变为无孔洞的一体状态,从钎料转变为真正的玻璃。热压键合过程中温度是关键的参数,需要足够高的温度(425 ~ 450 ℃),促使玻璃软化、黏度下降并与待键合表面形成良好润湿,促使晶圆表面与玻璃产生原子尺度的接触和融合,作为键合形成的初始和必要过程。压力仅用于辅助玻璃润湿待键合表面,以及减小晶圆翘曲对键合的影响。

3. 聚合物键合

聚合物键合技术是指以有机聚合物作为中间层,在低温下实现材料表面间连接的技术。典型的聚合物键合过程需要在单侧或两侧材料表面涂敷满足需求的聚合物,并在一定的温度和压力下实现聚合物从液态或黏弹态向固态的转化,最终获得大面积、牢固且无孔洞的界面。该技术的优势在于与成熟的 CMOS 工艺间良好的兼容性,能够容忍表面的粗糙度和颗粒对键合质量的影响,键合温度低(< 450 ℃),且无须特殊的表面处理,是一种简单、可靠、低成本的通用性键合方法。目前,依靠聚合物键合技术已经实现如半导体材料、特殊功能芯片、生物材料甚至二维材料间的永久 / 临时键合或转移,广泛应用于芯片三维异质集成、光伏电池、数据存储器件、CMOS 图像传感器封装、声表面波器件、生物传感等多个领域。聚合物键合的局限性主要在于界面不具备高温可靠性,且对气体渗透率较高,因此不适用于气密性器件,此外低热导率 (0.29 W/(m·K)) 导致其作为键合中间层存在较高的界面热阻,如果不对厚度进行

调控可能影响器件的实际使用寿命。

(1) 聚合物键合原理。

聚合物键合的本质是两种距离足够近的材料表面原子间的成键。原子或分子间的基本相互作用力包括共价键、离子键、偶极子相互作用和范德瓦耳斯力。其中共价键和范德瓦耳斯力的大小显著受到原子间距的影响（0.3～0.5 nm）。由于表面粗糙度的存在，待连接表面间距在没有形变时通常因远超该范围而难以成键。为了拉近表面原子间距，目前主要是通过增强聚合物对材料表面的润湿、施加压力实现材料的弹性／塑性变形，以及提升退火温度促进原子间扩散等方式，最终实现聚合物对表面间隙的完全填充和固化。需要注意的是，已有大量文献证明，液态／半液态的聚合物与材料间的润湿是影响键合质量的关键因素。润湿过程又会进一步受到原始材料表面的物理形貌、黏附的有机污染物或灰尘颗粒的影响。因此在待键合表面涂敷聚合物前，利用一些有机溶剂（如丙酮、乙醇、异丙醇）、强酸（如 HCl、H_2SO_4）、碱性溶液（如 NH_4OH）、氧化剂（如 H_2O_2）等对表面进行处理能够有效改善聚合物与表面间的润湿。为了进一步改善表面润湿过程，聚合物供应商还开发了与聚合物搭配的助粘剂，例如与 Si 晶圆搭配使用的化学式为 G—Si—$(OR)_3$ 的助粘剂，其中 R 可以是 —H、—CH_2、—CH_3 或者其他官能团。G 基团可与聚合物发生良好相互作用，而硅醇基团与 Si 氧化表面上的羟基反应，可实现聚合物与 Si 表面间的良好润湿。

当聚合物在材料表面充分润湿后，需要在温度和压力的作用下完成聚合物由液态向固态的转化最终实现连接。常用的聚合物材料包括热塑性聚合物、热固性聚合物、弹性体和混合聚合物。基本原理是通过蒸发聚合物中溶剂后硬化、热塑性聚合物高温熔化再降低至室温凝固，或在温度、紫外光等条件的诱导下热固性聚合物单体分子发生交联而固化。由于本节介绍的内容是面向晶圆的聚合物键合，因此对聚合物的种类有一些特殊的要求。比如，键合后的晶圆往往需要进行后续的微纳加工，其温度接近 400 ℃，因此热预算较低的热塑性聚合物和弹性体并不十分适合晶圆键合。热固性聚合物由于具有优异的热稳定性，因此对晶圆键合更具有吸引力。常用的热固性聚合物主要包括二乙烯基硅氧烷－双苯并环丁烯（DVS－BCB）、环氧树脂、聚酰亚胺（PI）等。其中聚酰亚胺在发生固化时因为发生亚胺反应释放气体产物，导致键合界面存在孔洞，因此不是最理想的聚合物。相比之下，BCB 和环氧树脂因聚合过程中无气体产物释放，具备良好的热稳定性、高键合质量以及理想的键合强度而被广泛使用。目前这两类聚合物已实现了大规模商业化，如美国 Dow Chemical Company 提供的 BCB、美国 MIcroChem Corporation 和瑞士 Gersteltec Engineering Solutions 生产的 SU 8 均在半导体加工制造中起到重要作用。需要注意的是，SU 8 固化是在室温下通过紫外光诱导发生，因此必须保证一侧材料对紫外光完全透明。相比之下，BCB 是在 300～450 ℃ 的温度下实现固化，对材料的兼容性更强，因此是一种更通用的晶圆间键合聚合物。

(2) 晶圆间聚合物键合技术。

本节将以 BCB 为例，简单介绍面向晶圆的聚合物键合工艺与技术。根据聚合物键合的原理，对于待键合的晶圆表面首先要进行清洗流程，获得无污染、无颗粒的清洁表面,为后续 BCB 在表面的充分润湿做准备。表面清洁完成后,为了提高晶圆表面与 BCB 的润湿性可先旋涂一层助粘剂对表面进行改性(该过程并不是必需的),改性结束后在晶圆表面进一步旋涂一层均匀的 BCB 层。常用的 BCB 层厚度在 $1\sim25$ mm 范围内,厚膜的 BCB 能够缓解材料间 CTE 不匹配导致的热应力,但随着器件小型化和对界面性能(如透光性、导热性)的需求,未来需要不断降低中间层的厚度。目前主要通过调节旋涂速率来优化 BCB 厚度,还可对商业化的 BCB 进行定制,调整三甲苯溶剂的含量改变聚合物黏度从而调节旋涂后的聚合物厚度。当液态的 BCB 在晶圆表面完全润湿铺展时,可进行下一步的预固化工艺。预固化的目的在于使液态的 BCB 实现约 35% 的初始交联反应,该过程能够降低聚合物的流动性,保证中间层厚度均匀。经过预固化的 BCB 即可使两片待键合的晶圆接触,施加一定的温度与压力,在 N_2 等惰性气氛的保护下促进交联反应的进一步发生,最终完成 BCB 的完全固化。BCB 的交联百分比与固化时间、固化温度间的关系如图 6.25(a) 所示。

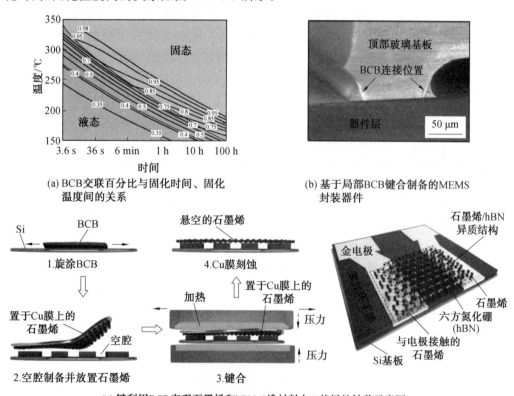

图 6.25 晶圆间的 BCB 键合技术

基于 BCB 的键合工艺目前已能够实现大尺寸、低中间层厚度、高产量的 Si 晶圆间键合。如图 6.25(b) 所示为瑞典皇家理工学院 Niklaus 团队基于局部 BCB 键合制备的 MEMS 封装器件。近两年,Niklaus 等人又进一步将键合材料体系由传统的三维拓展至二维,通过在目标基板表面旋涂 BCB,完成了原始 Cu 膜表面生长的大尺寸石墨烯向

Si 基板的转移,并对该技术进行改进,通过两次转移制备了石墨烯/六方氮化硼(hBN)大面积三维异质结构,避免了二维材料与聚合物接触的风险,示意图如图 6.26(c) 所示。基于该异质结构进一步在 Si 基板表面制备接触电极,证实了该工艺应用于后道工艺(Back End of the Line,BEOL)的可行性。

4. 硅酸盐键合

以硅酸盐为代表的旋涂玻璃(Spin on Glass,SOG)在微电子领域常被用作中间电介质层或表面平坦化材料。硅酸盐还可以作为晶圆键合的粘接剂,具有补偿表面缺陷和降低颗粒污染的功效,硅酸盐键合的工艺流程简单,工艺温度较低(低于 300 ℃)。本节将介绍采用硅酸盐作为粘接剂的晶圆键合工艺。

在衬底上涂敷粘接剂一般有两种工艺,即旋涂和喷涂,其中前者更为常用。在旋涂工艺中,液态状玻璃胶体先被涂布在晶圆上,然后通过低速旋转使胶体材料均匀分布在整个晶圆表面,最后采用高速旋转去除过多材料并蒸发干燥。喷涂对于表面不平整度高的晶圆,非圆形衬底或带刻蚀沟槽与过孔的衬底尤其适用。本节中的硅酸盐,一般使用的是硅酸钠,又称为水玻璃,在多个领域的连接中发挥着重要的作用。1997 年,Wang 等人利用旋涂的硅酸钠层作为粘接剂,将制作了微通道的玻璃基板与玻璃盖板封闭,在 90 ℃下固化 1 h 或在室温下过夜,均可以实现良好的通道密封。在低温下用硅酸钠玻璃获得的键合机械强度与在 1 400 ℃下用传统硅熔直接键合方法的强度相当。

1999 年,Satoh 将水玻璃首次用于晶圆键合。该方法为一种低温(80 ℃)、低外部载荷(电场、磁场等)的晶圆键合技术,键合面积比大于 95%,强度约为 290 kgf/cm²。由于这种水玻璃键合技术适用于相对较低的温度,因此键合的残余应力非常小,能够在三维方向上将八个 4 in 晶圆键合在一起。此外,由于键合层的厚度小到几纳米,通过对准也可以实现 ±3 μm 公差的精密键合。

水玻璃是含有 Na_2O 和 SiO_2 的硅酸钠水溶液。在硅酸钠水溶液中的反应如式(6.4)所示。该反应是可逆的,因此水玻璃溶液显示出黏附特性,没有沉淀物或凝胶。将水玻璃加热至 100 ℃ 左右,原硅酸[$Si(OH)_4$]开始脱水冷凝成仅含有 Si—O—Si 键的网格结构,如反应式(6.5)所示。

$$Na_2O \cdot nSiO_2 + (2n+1)H_2O \rightleftharpoons 2NaOH + nSi(OH)_4 \quad (6.4)$$

$$n\mathrm{Si(OH)}_4 \xrightarrow{-2n\mathrm{H_2O}} \begin{array}{c} -\mathrm{Si-O-Si-} \\ | \quad\quad | \\ \mathrm{O} \quad\quad \mathrm{O} \\ | \quad\quad | \\ -\mathrm{Si-O-Si-} \\ | \quad\quad | \end{array} \quad (6.5)$$

根据这些反应,水玻璃显示出在 Si 或 SiO_2 之间进行晶圆键合的潜力,因为它们的表面可以经过亲水性处理以形成大量 Si—OH 键,这很容易参与脱水缩合反应,并通过 Si—O—Si 键形成理想的键合界面。水玻璃键合的机理如图 6.26 所示。

关于键合的影响因素,Takeshi Ito 等人针对键合温度和键合压力对键合强度的影

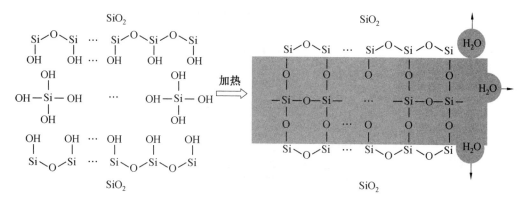

图 6.26　水玻璃键合的机理

响进行了研究。不同温度和不同压力下的水玻璃键合强度如图 6.27 所示，可以看出键合强度与温度没有相关性，对于实现大面积高强度键合，键合压力十分重要。

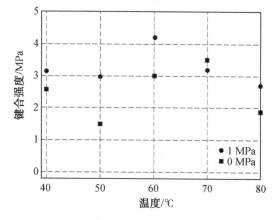

图 6.27　不同温度和不同压力下的水玻璃键合强度

在烘箱中加热之前，键合表面存在少量水玻璃溶液，当溶液进行聚合时，水玻璃溶液会迁移到不平整的表面，因此该技术能够成功地键合晶圆，而不必考虑表面粗糙度的问题。如图 6.28 所示，这表明更高的压力使键合层更薄，并且在 0.4 MPa 以上稳定。这一结果表明，这种键合技术能够将两个表面粗糙度为 200 nm 的晶圆键合在一起。然而，应注意的是，水玻璃层越厚，如上所述的粘接强度越弱。

使用这种方法的主要好处是低温和对材料的兼容性。但使用该方法时，需要考虑后续加工或使用过程中，温度、湿度等环境因素对界面的影响。

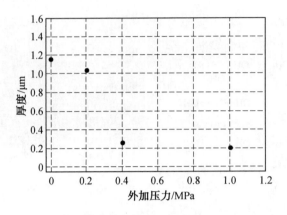

图 6.28 键合过程中施加的压力对键合层厚度的影响

6.3 三维封装硅通孔技术

三维封装是将裸芯片、已封装芯片通过堆叠的方式实现芯片垂直互联及组装的高密度封装技术。系统级封装(SiP)是高密度封装结构的典型代表,SiP 通过封装技术制备出具有类似于片上系统(SoC)功能的高性能微型组件。系统级封装通常将单个或多个芯片,如存储器、处理器、射频通信芯片、模拟功放等,与无源元器件(如电阻、电感、电容)、分立元器件、微元器件、光学元器件或传感器芯片,通过系统设计及特定的封装工艺实现具有完整功能的系统或子系统。

SiP 高密度封装技术有两种典型实现的形式:

① 多个芯片平面排布,并且被包封在一个封装体内部,也称"2.5D 集成"。

② 在一个封装结构中使用多个芯片通过 TSV 技术堆叠在彼此之上的 3D 集成。

TSV 技术是在硅片上打孔,然后在孔内填充导电材料,实现不同硅片之间的电气互连的技术。其具备如下特点:

① 采用 TSV 技术可以省去引线,减小封装体积。

② 连线长度可以缩短到与芯片厚度相等。

③ 更短的路径与更低的电阻及电感,更适于信号及电力传输。

④ 通过垂直互连代替长的水平互连,可以显著减小 RC 延迟。

⑤ 可以实现高密度、高深宽比的连接,从而能够实现复杂的多片全硅系统集成。

本节将主要介绍 3D 封装中的 TSV 技术。

6.3.1 硅通孔连接技术的优势及发展驱动力

3D TSV 集成的优势是显而易见的,它可以最大程度上缩短最短导线,连接大量逻辑电路,可以实现高度并行的接口、更低的功率、更高的性能、更小的外形因素等。而上述效果的实现与芯片叠层的数量、TSV 的尺寸、微凸点的大小和密度相关。

业内已经讨论了许多不同的 TSV 技术,其潜在应用范围从用于小型相机的堆叠

CMOS 图像传感器,到用于高性能数字处理的堆叠 CPU。因此,TSV 的尺寸范围从非常粗(几十微米直径)到非常细(亚微米)。直径为几微米的 TSV 可以实现 3D SiP 封装堆垛所需的层到层 1 000～10 000 之间连接的数量。这种类型的 TSV 技术正在实际商业产品的大批量生产中加速发展。

图 6.29 中展示了 3D 堆叠概念结构的示意图,具备如下特征:使用了 TSV 技术,提供了硅片从正面到背面的通路;使用了微凸点连接上下两层晶圆;使用铜柱、微凸点、底部填充、模塑料和 BGA 等技术实现单个基板封装。

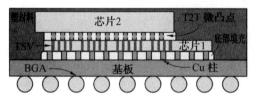
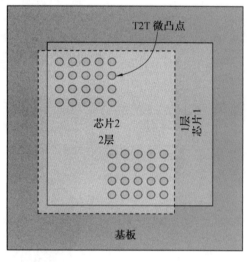

图 6.29 3D 堆叠概念结构的示意图

基于 TSV 的 3D 封装技术的特有属性是可实现高密度(远远大于 1 000)的芯片间的电气连接,这是目前任何其他技术都无法实现的。

在数字 SiP 领域,基于 TSV 的 3D 技术的早期驱动因素之一(2008—2012 年)是基于逻辑内存的堆栈,在这种情况下,T2T(Tier-to-Tier)接口需求由 JEDEC 标准(JEDEC 2011、2013、2014)和 DRAM 内存供应商(三星、海力士、尔必达(现在的美光)等)定义。因此,早期的行业努力集中在 TSV 技术可以实现 DRAM 存储器和逻辑 SoC 芯片之间的结合,并需要约大于 1 000 的互联。

考虑到 3D 技术的各种权衡,特别是 TSV 技术(面积、晶圆厚度等),基于 TSV 的 3D 芯片堆叠技术的共同要求如下:

①TSV 直径:约 5 μm。
②TSV 深度:约 50 μm。
③TSV 填充:Cu。
④微凸点间距:约 40 μm。
⑤微凸点直径:约 25 μm。

这些要求通常被称为 5/50 TSV,在图 6.30 的示意图和照片中进行了说明,并代表了使用 3D 堆叠技术的行业工作的一种"重心"。这张图大致是按关键特征的比例绘制

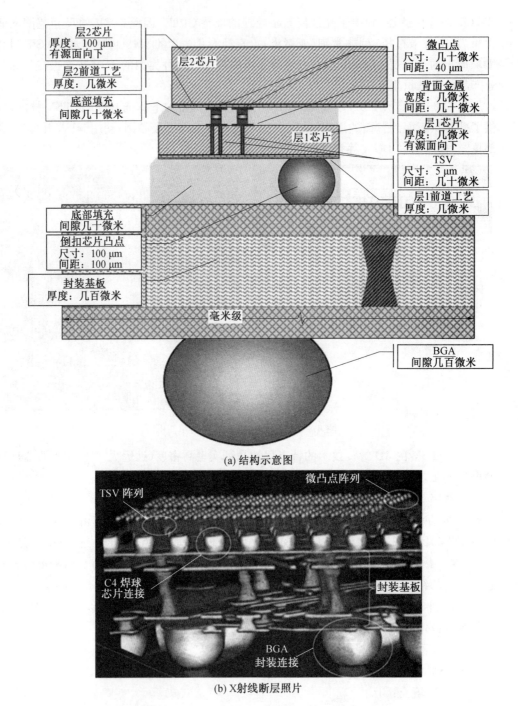

图 6.30 基于 TSV 的通用 3D SiP 封装（彩图见附录）

的,展示了两个芯片的对背(F2B)堆叠,并突出区分(TSV 和 T2T 微凸点)和标准(C4 芯片凸点、BGA 球、基板、底部填充等)特征。还包括一个 X 射线断层照片突出这些关键特征的相对大小。显示的结构是对背(F2B)与层 1(逻辑)和层 2(内存)芯片有源面向下,与微凸点进行 T2T 连接。图中所示的芯片－基板连接是 C4 钎料球,也可以(而且经常)使用铜柱。

不同的应用对 TSV 有不同的要求,例如通常用于 Si 插接器的 10 μm/100 μm TSV,或用于 3D 内存的 1 μm/2 μm TSV(如 Tezzaron 2016)。而 5/50 TSV 或在这个近似范围内的 TSV,如直径在 3~8 μm 之间,已经在量产中得到了证明,是探索各种技术和设计 3D 堆叠结构的绝佳工具。

6.3.2　TSV 封装所包含的具体技术

TSV 可以实现从 Si 芯片的正面到背面的连接,其相关的基本技术并不是特别新,最初的专利是在多年前申请的(Smith 和 Stern 1964 年)。为了"钻孔和填充"TSV,已经提出和探究了多种技术流程。TSV 形成的基本过程技术包括 TSV 钻孔(drill),隔离和 TSV 填充(fill),TSV 底部的减薄和覆盖(reveal),以及这些技术模块集成到整个 TSV 制造流程。TSV 制造的关键技术如下,其他类型的 TSV 制造方法实现的技术类似,但顺序或材料有所不同。

① 钻孔。可以通过刻蚀或激光熔化在硅晶体中形成通孔即钻孔。几乎所有刻蚀形成 TSV 的变体都使用博世(Bosch)工艺,即深层等离子体刻蚀工艺(DRIE)。DIRE 与 RIE 的原理相同,二者均是基于氟基气体,通过化学作用和物理作用进行蚀刻的高深宽比硅蚀刻技术。RIE 的各向异性性能不如 DRIE,二者的主要差异是 DRIE 采用钝化和蚀刻交替的方式,这种方式最早由 Bosch 提出并运用在 MEMS 元器件的蚀刻中,故又称 Bosch 工艺。该方法能制作出孔径小(>5 μm)、纵深比高的垂直硅通孔,且与 IC 工艺兼容。深层等离子体刻蚀工艺由一系列连续的等离子蚀刻和清洗的步骤组成。这是为了防止由于被蚀刻材料的再沉积而造成的通孔变形。因此,TSV 壁在微观尺度上通常是"扇形"的,如图 6.31 所示。该工艺的产量(以及成本)必须与整体质量和产量相平衡,特别是与形成良好隔离层、填充侧壁和深孔底部的难度相平衡。除了刻蚀,也可以使用激光熔化的方式形成通孔,其特点是可以局部对准、无须掩模、可精确定位硅通孔的位置、其成本较深层等离子体刻蚀工艺低、具有较高的纵深比。此外,激光加工主要是依靠熔融硅而产生的通孔,通孔内壁的粗糙度和热损伤较高。

② 隔离层或绝缘层沉积。TSV 显然需要与半导体硅基体通过沉积绝缘材料进行隔离。典型绝缘层材料有氧化硅、氮化硅,上述绝缘层可以隔绝金属与硅基体,防止硅基体与通孔内金属之间短接而漏电。绝缘层的厚度一般在纳米或微米量级,既需要有足够的绝缘性能,也需要和硅基体之间有很强的结合力,同时要保证和硅衬底之间热膨胀系数的匹配。通常绝缘材料以硅的氧化物为主,此外使用较多的还有硅基氮化物与硅基氧化物。二氧化硅或氮化硅一般使用等离子体增强化学气相沉积(Plasma Enhanced Chemical Vapor Deposition,PECVD)或减压化学气相沉积(Sub-Atmospheric Chemical Vapor Deposition,SACVD)方法进行沉积。为避免沉积过程中高温对晶圆产生过大的应力,业内目前多采用 PECVD 来制作二氧化硅或氮化硅。显然,这种绝缘材料的完整性对管理 TSV 泄漏电流和可靠性至关重要。在深通孔

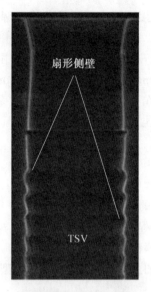

图 6.31 TSV 部分的显微照片

的侧壁和底部形成连续的、无裂纹或折痕、厚度均匀性好的绝缘薄膜比在干净的平面上要困难得多。以 TSV 形成圆柱形的 M—O—S 电容为例,通孔电容不仅受衬底厚度的控制,而且受衬底掺杂水平和界面态的性质和密度控制。在深通孔中控制界面具有挑战性,特别是因为一些特性可能会进一步受后续流程的影响(减薄、抛光、背面钝化)。

③ 填充物。最常用的填充物金属是铜和钨,二者各有其局限性和优点。铜具有较好的电气性能,广泛应用于集成电路和封装行业,且易于电镀。但是它相对柔软和易变形,CTE 与 Si 有很大的不同,并且不能承受高温(高于 400 ℃)加工。钨与高温加工兼容,非常坚硬和稳定,但电阻较大且有许多加工特异性。虽然它不像铜那样容易受蠕变的影响,但它面临着不同的应力挑战。Cu 通常用于 via-middle 和 via-last 的 TSV 类型,尽管一些特定的应用中倾向于使用 W 来避免 Cu 的应力问题。在使用铜作为电导通材料时,需要考虑铜在硅和氧化硅中都有较高扩散率的情况。为抑制铜的扩散,一般要在铜和氧化硅之间增加一层阻挡扩散用的金属薄膜。这层薄膜通常称为扩散阻挡层(barrier layer),以区别于电镀铜所需沉积的铜薄膜种子黏附层。扩散阻挡层的作用是阻挡铜原子与硅或氧化硅的接触,并保持上下材料间较好的粘接性,满足这个要求的常见金属及化合物有 Ta、TiW、Ti 及 TiN。从成本、性能和工艺方法角度综合考虑,业界多采用物理气相沉积(Physical Vapor Deposition,PVD)的 Ti 层,通常需要保证孔内最小厚度不低于 100 nm。所以 TSV 铜填充一般分为两步,首先沉积扩散阻挡层/黏附层,然后通过电镀铜填充。由于采用溅射方式沉积扩散阻挡层/黏附层,孔内厚度不足

1 μm，因此需要进一步填充 TSV。结合工艺难易度、TSV 的特征尺寸、深宽比、工艺特点、可靠性、成本及材料导电性等因素，镀铜（electro plating）工艺具有工艺灵活、成本低、沉积速率快的优点，适用于大规模生产，现已成为 TSV 制备过程中通孔填充的主要方式。根据电镀填孔过程与形貌的不同，镀铜可以分为均匀镀铜（conformal copper plating）工艺和自下向上的镀铜（bottom-up copper plating）工艺。需要注意的是，电镀速率以及成本和质量需要仔细管理，以防止关闭通孔颈部导致通孔中心出现空隙（又称锁孔）。

④ 抛光和盖层。镀通孔填料的顶部通常是圆顶或蘑菇状的，因此通过 CMP 来平整通孔，并通过介质层沉积来盖住 TSV 的顶部，从而完成通孔制备流程。

⑤ 显露。将 TSV 作为盲孔钻入全厚度晶圆中，在完成 TSV 和剩余的 CMOS 加工后，翻转晶圆并减薄以显示 TSV 的底部。呈现过程通常是粗硅磨，然后是 CMP 抛光步骤，以防止过多的位错或其他缺陷在背面萌生。

如图 6.32 所示是基于 TSV 的 3D 芯片堆叠截面，显示了 TSV 和 T2T 微凸点，并突出显示了 TSV 的深宽比（约 10∶1），以及关键特征的相对尺寸。

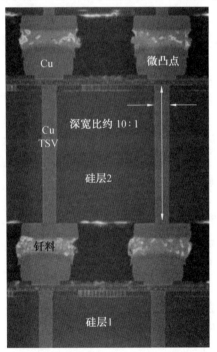

图 6.32　基于 TSV 的 3D 芯片堆叠截面

6.3.3　TSV 与 CMOS 流程的集成

TSV 可以与其他 CMOS 工艺集成，业界已经提出了一些集成方案。这些方案通常按标准 CMOS 流程中的 TSV 插入点进行分类，具体如下。

(1) 先过孔(via-first)。

TSV 深蚀刻,以及相关的过孔隔离层和填充步骤,是在标准 CMOS FEOL 工艺(Front End of the Line,前道工艺,又称前端工艺)中实现的,通常围绕制备浅沟槽隔离(STI)的步骤。该流程充分利用了现有的 Si 技术,并可以实现最高的长径比(大于10∶1),因此通孔最小,但要求材料能够耐受制备 CMOS 器件所需的后续 FEOL 工艺温度。因此,在实际制备中要求使用 W 或类似的耐高温金属作为填充材料。

(2) 后过孔(via-last)。

TSV 蚀刻、制作隔离层和填充步骤在所有硅加工完成后实施,从而消除了对高温加工的公差要求,并允许使用铜作为填充材料。在薄到所需厚度后,从晶圆背面钻出 TSV。目前,这种方法通常是将 TSV 连接到更高的金属层上,甚至是放置在晶圆正面的焊盘底部。考虑到前后对齐的挑战,以及钻穿 FEOL 和 BEOL(Back End of the Line,后道工艺,又称后端工艺)材料的问题,这类过孔通常是相当低的长径比(小于5∶1)或相当大的孔径。此外,后过孔的结构要求保留 FEOL 和 BEOL 功能的区域,因此区域利用率较差。同时,后过孔技术避免了中间过孔技术所面临的一些集成和缩放比例的挑战。总之,这种方法通常不用于需要高密度互连的应用场景。

(3) 中间过孔(via-middle)。

这种流程在 FEOL Si 加工完成后,BEOL 加工之前进行 TSV 深蚀刻,制作隔离层和填充。这种流程利用了硅工艺,可以实现高深宽比(约10∶1),但也不需要经受高的 FEOL 工艺温度,从而允许使用铜作为填充材料。中间过孔填充的铜类型的 TSV(5/50 或 10/100)已经十分普遍,特别是在数字应用(内存立方体堆叠、插入器等)领域。将相对较大的 TSV 特征(微米范围内)与聚合物层、接触层和金属层(所有特征都在纳米范围内)的加工相结合是一项挑战。因此,中间过孔技术越来越难以与规模较大的 CMOS 技术集成。

(4) 背面通孔。

背面通孔是一种后过孔的方法,但它将 TSV 放置在本地互连或 Metal−1 上,而不是钻穿 BEOL 堆栈。因此,这种过孔类型可以像中间过孔一样有效。现代对齐技术,不需要通过 BEOL 堆栈成像,可以相当准确地定位,因为这是末端过程,铜填充可以使用。此外,原则上这个过程可以在 OSAT(封测代工)生产线上实施,可以利用 OSAT 的成本优势。此外,通过在 TSV 电镀中形成一个 Cu 柱,从而消除了背面加工的一些步骤,并消除了凸点焊盘掩模的需要。

(5) 单片集成电路 TSV。

最终的三维叠加技术——所谓单片集成电路 TSV,是利用 BEOL 互连实现有源硅的多层堆叠。这通常是通过利用绝缘体上硅(SOI)和/或外延沉积技术来实现的,即在已完成的晶圆的 BEOL 堆栈上生长一层 Si,然后加工以实现另一层有源器件。由于层可以非常薄,层到层的连接是通过一个非常小的通孔连接实现的,使用标准的 BEOL 制程缺点很明显,第一层中的有源器件必须承受与第二层中构建有源器件相关的处理温度。

(6) 混合工艺。

下面介绍几种独特的 TSV 技术：① 尔必达和 PTI 开发了一种混合 TSV 流程，结合了先过孔和后过孔技术，其中 TSV 在 STI 步骤中制备，而(Cu)填充在所有 Si 处理完成后在 OSAT 中实现；② Tezzaron 有一种特殊的 TSV 技术，基于混合(Cu－Cu/O－O)晶圆到晶圆(Wafer-to-Wafer，W2W)键合、减薄，并通过微小的(小于 1 μm)W 填充过孔(称为超级接触)实现 T2T 互连。这些方法避免了单片芯片技术的热处理温度的挑战，但提供了类似的 T2T 密度。

6.3.4　TSV 集成与装配流程

除了与 Si 晶圆生产线上其他 CMOS 工艺的集成，还有进一步的挑战，即将 Si 晶圆与 TSV 集成到封装流程中。具体如下。

(1) 晶圆厂后流程。

TSV 显露加工(减薄、抛光、背面准备)可由硅晶圆厂或 OSAT 完成。使用代工的好处是一个单一的实体负责建立和测试完整的晶圆与 TSV，从而可能有更好的机会获得和提高良率。然而，这将需要运输薄的(如 50 μm)双面晶圆——这是可能的，但很难于处理。

在 OSAT 执行 TSV 显露加工的优势在于，它可以集成到装配流程中，从而有机会利用标准的 OSAT 流程步骤，例如凸点制备、载体键合／剥离等。需要注意的是，OSAT 支持使用厚的有机(PI)电介质作为背后介质，而代工厂准备采用薄无机电介质(氧化硅和／或氮化硅)。这个选择对翘曲管理、堆叠顺序、成本、质量等都有影响。

(2) 堆叠流程。

堆叠流程的定义是三维装配流程中的一个关键点，对整体架构和总成本有重大影响。具体的选项如下：

① 晶圆到晶圆(W2W)。

② 芯片到晶圆(D2W)。

③ 芯片到芯片(D2D)。

④ 芯片到基板(D2S)。

从成本的角度来看，W2W 流程是最有吸引力的，因为它是组合加工而不是一个芯片到另一个芯片的逐个加工。然而，它也对芯片尺寸(两个芯片必须是相同的尺寸)和芯片成品率(成品率必须非常高，以避免将好芯片堆叠在坏芯片上)施加了限制。因此，这是一个可行的选择，主要是为了同质内存堆叠——因为芯片是相同的大小，存储器通常包括冗余和其他修复方案，以提高芯片产量到可接受的水平。

D2W 工艺也很有吸引力，因为它使用其中一个晶圆作为载体。然而，这种附加方案要求 T2 芯片等于或小于 T1 芯片，并且在 T1 芯片的覆盖范围内堆叠。

芯片到芯片(D2D)和芯片到基板(D2S)流程是一次键合一个芯片，因此非常昂贵。它们限制了组装过程，规定了不同的顺序和数量的临时键合／剥离步骤、芯片连接过程(热压缩 vs 再流)等，所有这些都影响封装成本。另外，这两种流程类型对相对的芯片尺寸和位置限制较少，可以在设计和架构中提供最大限度的灵活性。

在大多数情况下 3D 堆叠的价值主张是最大化的堆叠，当芯片（两个或两个以上）差不多大小，通常有一个"关键"尺寸低于 3D 芯片堆叠是不经济的。然而，在 3D 技术中，两个芯片尺寸之间的关系决定了增量约束，从而影响了可行的架构。例如，对于晶圆到晶圆（W2W）堆叠，芯片尺寸必须相同。同样，对于芯片到晶圆（D2W）堆叠，T2 芯片的放置必须符合 T1 芯片的覆盖面积，从而限制了 TSV 阵列在 T1 平面上的放置自由。对于芯片到芯片（D2D）叠加，通常较小的芯片应该在上面，从而使 TSV 技术用于构建更大尺寸的芯片。此外，与 2.5D 分立芯片的情况一样，每个 T2T 互连会导致一些 Si 消耗，所以层数更少的大芯片结构可能优于层数更多的小芯片堆叠结构。

6.4 多芯粒封装技术

主流 SoC 是将多个类型计算单元通过光刻的形式制作到同一块晶圆上。例如，智能手机的 SoC 芯片上集成了 ISP、NPU、Modem、CPU、GPU、DSP 等不同功能的计算单元，以及众多的接口 IP，SoC 追求的是高度的集成化，利用先进芯片制程对于所有的单元进行全面的提升。

Chiplet 则是反其道而行之，它是将复杂的 SoC 芯片从设计阶段就按照不同的计算单元或功能单元对其进行分解，针对不同的计算单元或功能单元选择最适合的半导体制程工艺单独制造成 Chiplet（小芯片、晶粒、芯粒），再通过先进封装技术，如 2.5D 或 3D 封装将各个 Chiplet 彼此互连，最终集成封装为一个片上系统组。图 6.33 是 3D Chiplet 设计理念示意图。本节将介绍 Chiplet 封装的特点和典型技术。

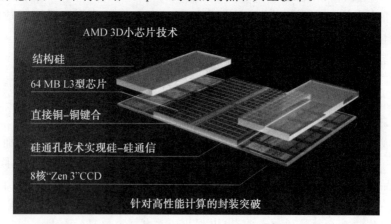

图 6.33　3D Chiplet 设计理念示意图

6.4.1　芯粒特点

Chiplet 的解决方案优势在于以下几方面。

(1) 可以降低产品的设计和制造成本。

Chiplet 可以大幅提高大型芯片的良率。

目前在 AI、高性能计算等应用中有超大的运算量需求,推动了逻辑芯片内的运算核心数量快速上升,同时,与之配套的 I/O 数量和 SRAM 容量也在大幅提升,使得整个芯片不仅晶体管数量暴涨,大型芯片的晶体管数量也提高到了惊人的 2.6 万亿个。芯片面积增长不仅增加了制造的难度,其固有不良率所带来的损失也显著增加。将不同类型和功能的 Chiplet 分开进行制造,可以有效改善芯片制造的良率,降低芯片制造的成本。

(2) Chiplet 可以让芯片设计更加灵活、开发周期更短。

Chiplet 可以将不同厂商、不同工艺制程的模块集成在一起。模块化的 Chiplet 可以重复使用在不同的芯片产品中,甚至直接从第三方供应商购买,能够显著降低大规模芯片设计的门槛,也有利于后续产品的迭代,同时缩短了产品开发的周期。

(3) 芯片制造的成本显著降低。

SoC 由不同的计算单元所构成,包括 SRAM、各种 I/O 接口、模拟或数模混合元器件,其中逻辑计算单元一般依赖先进高精度制程来提升其性能,而其他单元对于制程工艺及精度的要求并不高,采用 Chiplet 技术,用低精度制程工艺加工其他单元模块,可以显著降低芯片制造成本。

6.4.2 芯粒封装的典型技术

虽然 Chiplet 技术具有很多优点,但仍面临着许多需要解决的挑战。其中最关键的是先进封装技术,即如何让"Chiplet"的各芯片之间高速互连在一起,整合成一个"片上系统"。

1. 2.5D 封装

随着 Chiplet 技术的兴起,2.5D 封装成为 Chipet 架构产品主要的封装解决方案。2.5D 封装的最大特点是采用中间层作为 Chiplet 之间以及电路板信号互连的桥梁。此外,还有 HD-FO(High Density Fan-out)封装技术,如 RDL Fan-out 技术。RDL 是将原来设计的芯片线路接点位置(I/O pad),通过晶圆级金属、绝缘层布线和凸点制备进行重新优化排布,使芯片能适用于不同的封装形式。3D 封装技术可以实现 Chiplet 之间的堆叠和高密度互联,但 3D 封装的技术难度更高,目前主要由英特尔和台积电掌握 3D 封装技术并有商用。

在 2.5D 封装中,异质芯片或 Chiplet 可以并排放置在硅中间层顶部,通过芯片的微凸点和硅中间层表面的 RDL 实现互连。中间层通过硅通孔实现上下层的互连,再通过更大体积的凸点以 C4 的方式组装至下层基板或印制电路板上,如图 6.34 所示。

2. RDL 技术

RDL 技术可以实现相对于芯片所在区域向内扇出(Fan-in)和向外扇出(Fan-out)。晶圆级芯片尺寸封装(Wafer Level Chip Size Package,WLCSP)凸点的排布有两种常见的形式,直接焊盘上凸点(Bump on Pad,BOP)和 RDL,如图 6.35 所示。BOP 是凸点直接制备在 Al 焊盘上,凸点的间距和尺寸都会受到芯片原始焊盘的排布

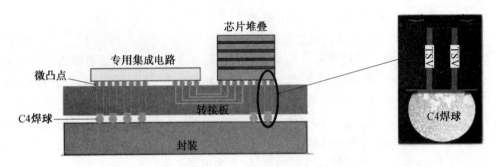

图 6.34 转接板 2.5D 封装
（图片来源：Globalfoundries）

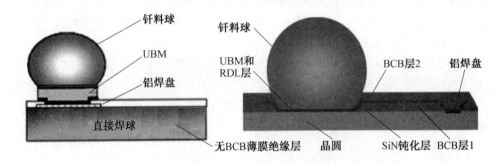

图 6.35 BOP 和 RDL 结构中凸点示意图

限制，而 RDL 优势主要有三点：① 芯片内部线路可以通过一部分的 RDL 替代，从而降低芯片的设计和制造成本；② 采用 RDL 技术能够承载更多的 I/O 数量；③ 采用 RDL 技术可以对 I/O 间距进行优化、使用更大凸点尺寸，能够更好地缓解芯片与基板之间热膨胀系数失配所产生的热应力，进而提升封装结构的可靠性。

最早的 WLCSP 是 Fan-in，凸点全部长在芯片上，而芯片和焊盘及凸点连接主要是靠 RDL 技术制备的金属线，封装后尺寸几乎和芯片面积接近。Fan-out 可以将凸点即 I/O 扇出到芯片之外的区域。

(1) Fan-in。

如图 6.36 所示为 Fan-in 的 RDL 制作过程。

(2) Fan-out。

先将芯片从晶圆上切割下来，倒置组装到芯片载体上（carrier）。此时芯片载体和芯片组装起来形成了一个新的晶圆，称为重组晶圆（reconstituted wafer）。在重组晶圆中，再使用 RDL 技术对凸点进行扇出。

Fan-in 和 Fan-out 流程对比见表 6.1，从流程上看，Fan-out 除了重组晶圆外，其他步骤与 Fan-in RDL 基本一致。

2017 年，英特尔推出了 EMIB（Embedded Multi-die Interconnect Bridge，嵌入式多芯片互连桥接）封装技术，如图 6.37 所示，可以将不同类型、不同制程的小芯片 IP 以 2.5D 的形式灵活组合在一起，形成一个类似 SoC 的结构。

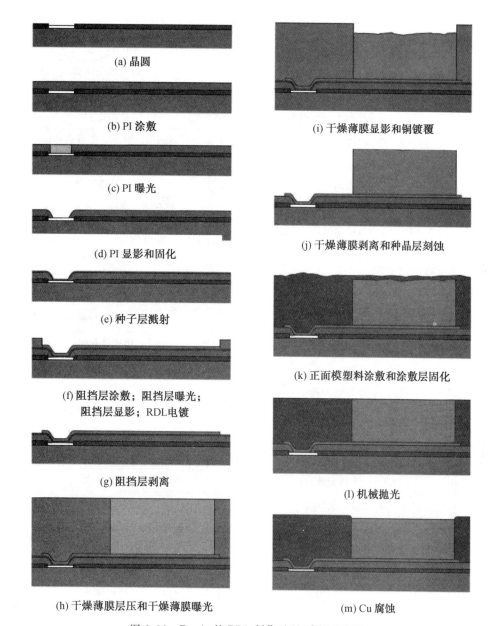

图 6.36 Fan-in 的 RDL 制作过程（彩图见附录）

表 6.1 Fan-in 和 Fan-out 流程对比

RDL WLCSP		Fan-out WLCSP	
1	聚合物 1 涂敷	1	晶圆层次检测
2	聚合物 1 成像 / 曝光 / 显影	2	晶圆背面研磨
3	RDL 种子层溅射	3	晶圆切割
4	阻挡层涂敷	4	已知好芯片 (KGD) 挑选和组装
5	阻挡层成像 / 显影	5	晶圆塑封
6	RDL 铜图形镀覆	6	聚合物 1 涂敷
7	阻挡层剥离	7	聚合物 1 成像 / 曝光 / 显影
8	种子层刻蚀	8	RDL 种子层溅射
9	聚合物 2 涂敷	9	阻挡层涂敷
10	聚合物 2 成像 / 曝光 / 显影	10	阻挡层成像 / 显影
11	UBM 种子层溅射	11	RDL 铜图形镀覆
12	阻挡层涂敷	12	阻挡层剥离
13	阻挡层成像 / 显影	13	种子层刻蚀
14	UBM 图形镀覆	14	聚合物 2 涂敷
15	阻挡层剥离	15	聚合物 2 成像 / 曝光 / 显影
16	种子层刻蚀	16	UBM 种子层溅射
17	助焊剂涂敷	17	阻挡层涂敷
18	钎料球放置	18	阻挡层成像 / 显影
19	钎料再流	19	UBM 图形镀覆
20	晶圆层次检测	20	阻挡层剥离
21	晶圆背面研磨	21	种子层刻蚀
22	背面层压	22	助焊剂涂敷
23	激光打标	23	钎料球放置
24	晶圆切割	24	钎料再流
25	载带卷轴包装	25	晶圆层次检测
		26	激光打标
		27	晶圆切割
		28	载带卷轴包装

图 6.39 是典型 2.5D 封装结构和 EMIB 封装技术的对比，EMIB 是在一块封装电路板上的两个芯片之间提供超高速互联通信的桥梁，与传统的 2.5D 封装相比，不会降低正常芯片生产的良率、不需使用高成本的 TSV 技术、封装设计更加简单。

在 2018 年底的 Intel 架构日活动上，英特尔又推出了业界首创的 3D 逻辑芯片封装

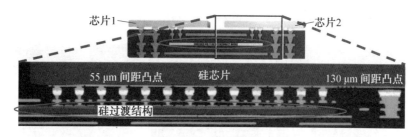

图 6.37　英特尔推出的 EMIB 封装技术（彩图见附录）

(a) 2.5D 封装结构

(b) EMIB 封装技术

图 6.38　典型 2.5D 封装结构和 EMIB 封装技术的对比（彩图见附录）

技术——Foveros 3D，它可实现在逻辑芯片上堆叠不同制程的逻辑芯片。过去只能把逻辑芯片和存储芯片连在一起，因为中间的带宽和数据要求低一些。而 Foveros 3D 则可以把不同制程的逻辑芯片堆叠在一起，裸片间的互连间隙只有 $50~\mu m$，同时可保证连接的带宽够大、速度够快、功耗够低，而且 3D 的堆叠封装形式，还可以保持较小的面积，具体结构如图 6.39 所示。后续英特尔还宣布计划推出 Foveros Direct 技术，可以实现 $10~\mu m$ 以下的凸点间距，使 3D 堆叠的互连密度提高一个数量级。

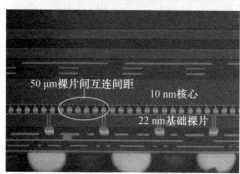
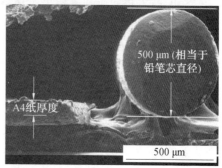

图 6.39　Foveros 3D 封装结构

除了英特尔之外，台积电在 2.5D/3D 封装技术方面的布局超过 10 年。目前，台积电已将先进封装相关技术整合为"3DFabric"平台，针对前段的集成芯片系统（System of Integrated Chips，SoIC），针对后段封装的整合型扇出（InFO）以及 CoWoS 系列家族。图 6.40 是台积电相关 3D 封装技术的示意图。

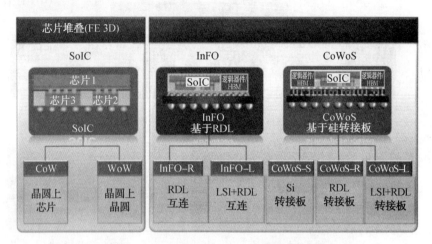

图 6.40　台积 3D 封装技术的示意图（彩图见附录）

按照台积电方面的定义,诸如 CoW(Chip-on-Wafer)和 WoW(Wafer-on-Wafer)等前端芯片堆叠技术统称为"SoIC",即集成芯片系统。这些技术的目标是在不使用后端集成选项上看到的"凸点"的情况下,将硅片堆叠在一起。在这里,SoIC 设计实际上是在创建键合接口,以便硅可以放在硅的顶部,就好像它是一整块硅一样。

根据台积电官方介绍,公司的 SoIC 服务平台提供创新的前端 3D 芯片间堆叠技术,用于重新集成从片上系统(SoC)划分的小芯片。最终的集成芯片在系统性能方面优于原始 SoC。它还提供了集成其他系统功能的灵活性。台积电指出,SoIC 服务平台可满足云、网络和边缘应用中不断增长的计算、带宽和延迟要求。它支持 CoW 和 WoW 方案,而这两种方案在混合和匹配不同的芯片功能、尺寸和技术节点时提供了出色的设计灵活性。

SoIC 技术将同质和异构小芯片集成到单个类似 SoC 的芯片中,具有更小的尺寸和更薄的外形,可以整体集成到先进 CoWoS 和 InFO 结构中。从外观上看,新集成的芯片就像一个通用的 SoC 芯片,但嵌入了所需的异构集成功能,如图 6.41 所示是 SoIC 异质集成芯片封装结构示意图。

SoC－同质集成的特点是一个芯片即一个系统、在一块芯片上加工不同功能单元、单各功能单元必须采用相同的制备工艺,芯片尺寸较大,很高的开发成本,开发周期长,良率较低,遵从摩尔定律发展方向,发展困难。SoIC－异质异构集成可以集成系统各个功能芯片,各芯粒间能够实现高速互连,可集成不同工艺的芯粒,甚至是不同厂家生产的芯粒,可采用 3D 结构,具有较低的开发成本,更短的开发周期,良率较高,有潜力超越摩尔定律发展方向。

台积电于 2017 年宣布了 InFO 技术。它使用聚酰亚胺薄膜代替 CoWoS 中的硅转接板,从而降低了单位成本和封装高度,这两项都是移动应用成功的重要标准。台积电已经出货了海量用于智能手机的 InFO 设计。

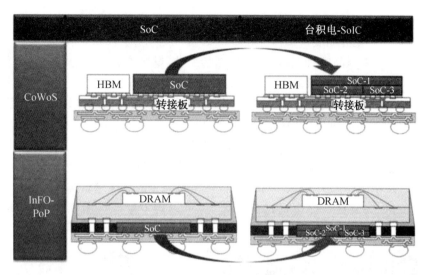

图 6.41 SoIC 异质集成芯片封装结构示意图

台积电根据转接板的不同,将其"CoWoS"封装技术分为三种类型。一种是"CoWoS－S(Silicon interposer)",它使用硅(Si)衬底作为转接板。这种类型是 2011 年开发的第一个"CoWoS"技术,在过去,"CoWoS"是指以硅基板作为转接板的先进封装技术。另一种是"CoWoS－R(RDL interposer)",它使用 RDL 作为转接板。第三种是"CoWoS－L(Local Silicon Interconnect and RDL interposer)",它使用小芯片(Chiplet)和 RDL 作为转接板。图 6.42 是 CoWoS 三种类型的结构示意图。

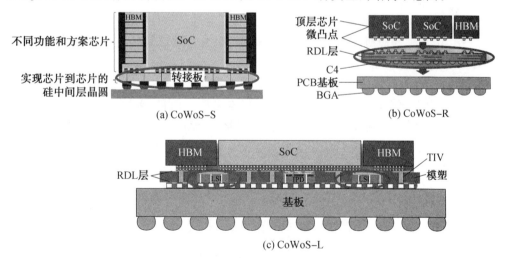

图 6.42 CoWoS 三种类型的结构示意图(彩图见附录)

三星公司在先进封装领域也有布局,并开发了 Cube 系列制程。针对 2.5D 封装,三星推出了可与台积电 CoWoS 封装制程相抗衡的 I－Cube 封装制程。I－Cube 这种带有 300 μm TSV(硅通孔)的硅(Si)转接板晶圆由 Samsung Foundry 制造,共有两种组装工艺,具体取决于硅转接板的使用方式:基板上芯片(CoS)或晶圆上芯片(CoW)。

在 CoS 中,硅转接板位于背面研磨并锯切的硅转接板晶圆中。芯片组装在封装基板上。然后,在其上方贴装逻辑器件和 HBM(高带宽内存)模块。在 CoW 中,逻辑器件和 HBM 模块采用晶圆级模塑、研磨和锯切工艺,贴装在背面研磨的硅转接板晶圆上,然后再将带有器件的模塑硅转接板裸片贴装到封装基板上。CoS 拥有一个重要优势:中期测试。中期测试可确保在贴装 HBM 之前不会贴装任何故障转接板或逻辑芯片。CoW 则拥有另一个重要优势:更大。CoW 可以使用更大的硅转接板。CoS 有助于开发低成本 2.5D 封装,而 CoW 则有助于开发搭载更多 HBM 模块的 2.5D 封装。Samsung Foundry 已经成功验证 I－Cube™ 的资质,可提供多种转接板尺寸、HBM 模块数和封装尺寸。如今,使用 2 个(1 600 mm^2)硅转接板并集成高级逻辑芯片和多达 4 个 HBM 模块的 2.5D 封装已经完全通过资质验证,可以用于生产。图 6.43 是 2.5D 硅转接板 I－Cube 结构示意图。

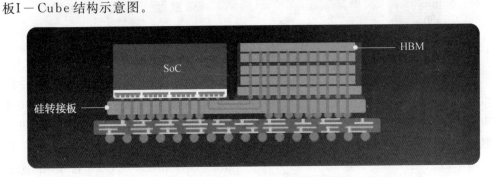

图 6.43 2.5D 硅转接板 I－Cube 结构示意图(彩图见附录)

R－Cube™ 是以 RDL 在前的工艺,称为"芯片在后(chip last)"工艺。通常会于 R－Cube™ 工艺初期,在载体上制造 RDL 转接板。通过最后制造 RDL 转接板,可以实现比芯片在前(chip first)工艺更快的总处理时间(TAT)。此外,通过推迟制造 RDL 层,可以在 RDL 转接板贴装已知良好的 ASIC 和 HBM。RDL 转接板的一个重要优势在于它作为无硅通孔解决方案,是一种低成本选项。而且,RDL 转接板因具有极小的信号通孔尺寸,而大幅改善了 SerDes 信号完整性(SI),并且因 RDL 金属厚度而改善了内存 SI。此外,采用的低损耗介电材料有助于降低介电损耗。而且,RDL 转接板利用精细的线路宽度和间距减少了路由干扰,从而提高了设计灵活性。图 6.44 是 2.5D RDL 转接板 R－Cube 结构示意图。Samsung Foundry 正在开发一款 2.5D 无硅通孔 RDL 转接板技术,配备 2/2 μm 线路和间距宽度,以及集成了 4 个 HBM 模块的大型转接板(约为 1 600 mm^2)。

X－Cube™ 运用三项关键技术:晶圆上芯片(CoW)、晶圆上晶圆(WoW)和硅通孔(TSV)。结合这三项技术,可实现更高密度集成、更大规模扩展,并改进电源效率和降低延迟。图 6.45 是逻辑转接板 3D IC X－Cube 结构示意图。三星电子率先提供具备高度可靠性和竞争优势的微凸点 3D IC 产品,如高带宽内存(HBM)和 CMOS 图像传感器(CIS)产品。Samsung Foundry 已在 7LPP 逻辑裸片和 7LPP SRAM 裸片之间,利用微凸点 CoW 技术和逻辑 TSV PDK,实施了高带宽和低延迟静态随机存储器

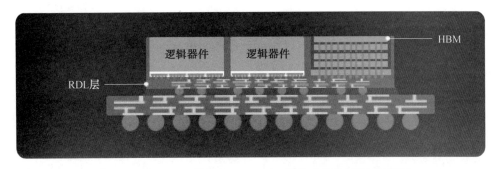

图 6.44 2.5D RDL 转接板 R－Cube 结构示意图(彩图见附录)

(SRAM)接口,用于 AI 推理等低功耗 3D IC 应用。

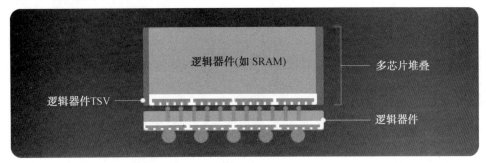

图 6.45 逻辑转接板 3D IC X－Cube 结构示意图(彩图见附录)

H－Cube™ 包含一个转接板、一个小间距基板和一个模块基板。三星(Samsung Foundry)开发了这一解决方案,用于提供封装尺寸大而又经济实惠的混合解决方案。小间距基板的 BGA 锡球间距从 1 mm 缩小到 0.4 mm(甚至更小),使得基板变得更小、更平价,因为小尺寸基板的价格低于大尺寸基板。置于小间距基板下方的模块基板尺寸较大(高达 200 mm×200 mm),并且由于规格要求宽松,所以成本不如小间距基板昂贵。H－Cube™ 具有三大优势:经济实惠、封装尺寸大且集成灵活性高。相同封装尺寸的混合基板比单块小间距基板更加实惠。图 6.46 是混合转接板 H－Cube™ 结构示意图。由于封装尺寸大,所以能够按照更大的系数扩展 I/O 数量或附加组件(如电容器、PMIC、GDDR 等)。Samsung Foundry 正在开发一款大型混合封装尺寸(85 mm×85 mm)解决方案,其中的大尺寸硅转接板可以集成 6 个 HBM 模块。

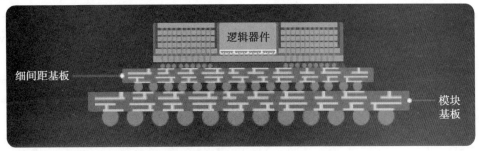

图 6.46 混合转接板 H－Cube™ 结构示意图(彩图见附录)

本 章 习 题

6.1 芯片键合有哪几种方法?每种方法优缺点是什么?

6.2 晶圆直接键合方法及原理是什么?

6.3 阳极键合原理是什么?

6.4 列举三种最先进的封装形式以及其中包含的连接技术。

本章参考文献

[1] TUMMALA R R, RYMASZEWSKI E J, KLOPFENSTEIN A G, et al. Microelectronics packaging handbook[M]. 2nd ed. Boston: Publishing House of Electronics Industry, 2001.

[2] TUMMALA R R. Fundamentals of microsystems packaging[M]. New York: McGraw-Hill, 2001.

[3] 周运鸿. 微连接与纳米连接[M]. 田艳红, 王春青, 刘威, 等译. 北京: 机械工业出版社, 2010.

[4] MASTEIKA V, KOWAL J, BTAITHWAITE N S J, et al. A review of hydrophilic silicon wafer bonding[J]. ECS Journal of Solid State Science and Technology, 2014, 3(4): Q42.

[5] GOSELE U. Semiconductor wafer bonding: science and technology[J]. Interface Science and Material Interconnection Proceedings of JIMIS, 1998: 37-44.

[6] SMITH H I, GUSSENHOVEN M S. Adhesion of polished quartz crystals under ultrahigh vacuum[J]. Journal of Applied Physics, 1965, 36(7): 2326-2327.

[7] HANEMAN D, ROOTS W D, GRANT J T P. Atomic mating of germanium surfaces[J]. Journal of Applied Physics, 1967, 38(5): 2203-2212.

[8] SUGA T. Cu-Cu room temperature bonding-current status of surface activated bonding(SAB)[J]. ECS Transactions, 2006, 3(6): 155-163.

[9] TAKAGI H, MAEDA R. Direct bonding of two crystal substrates at room temperature by Ar-beam surface activation[J]. Journal of Crystal Growth, 2006, 292(2): 429-432.

[10] SUGA T, TAKAHASHI Y, TAKAGI H, et al. Structure of AlAl and AlSi$_3$N$_4$ interfaces bonded at room temperature by means of the surface activation method[J]. Acta Materialia, 1992, 40: S133-S137.

[11] HOSODA N, KYOGOKU Y, SUGA T. Effect of the surface treatment on the room-temperature bonding of Al to Si and SiO$_2$[J]. Journal of Materials

Science, 1998, 33(1): 253-258.

[12] AKATSU T, HOSODA N, SUGA T, et al. Atomic structure of Al/Al interface formed by surface activated bonding[J]. Journal of Materials Science, 1999, 34(17): 4133-4139.

[13] TAKAGI H, KIKUCHI K, MAEDA R, et al. Surface activated bonding of silicon wafers at room temperature[J]. Applied Physics Letters, 1996, 68(16): 2222-2224.

[14] SATOH A. Water glass bonding[J]. Sensors and Actuators A: Physical, 1999, 72(2): 160-168.

[15] LIANG D, FANG A, OAKLEY D, et al. 150 mm InP-to-silicon direct wafer bonding for silicon photonic integrated circuits[J]. ECS Transactions, 2008, 16(8): 235.

[16] WANG C, SUGA T. Room-temperature direct bonding using fluorine containing plasma activation[J]. Journal of The Electrochemical Society, 2011, 158(5): H525.

[17] WANG C, SUGA T. Investigation of fluorine containing plasma activation for room-temperature bonding of Si-based materials[J]. Microelectronics Reliability, 2012, 52(2): 347-351.

[18] WANG C, LIU Y, LI Y, et al. Mechanisms for room-temperature fluorine containing plasma activated bonding[J]. ECS Journal of Solid State Science and Technology, 2017, 6(7): P373.

[19] WANG C, LIU Y, SUGA T. A comparative study: void formation in silicon wafer direct bonding by oxygen plasma activation with and without fluorine[J]. ECS Journal of Solid State Science and Technology, 2016, 6(1): P7.

[20] KANG Q, WANG C, ZHOU S, et al. Low-temperature Co-hydroxylated Cu/SiO_2 hybrid bonding strategy for a memory-centric chip architecture[J]. ACS Applied Materials and Interfaces, 2021, 13(32): 38866-38876.

[21] JI Y, FU R, LV J, et al. Enhanced bonding strength of Al_2O_3/AlN ceramics joined via glass frit with gradient thermal expansion coefficient[J]. Ceramics International, 2020, 46(8): 12806-12811.

[22] TIAN R, CAO F, LI Y, et al. Application of laser-assisted glass frit bonding encapsulation in all inorganic quantum dot light emitting devices[J]. Molecular Crystals and Liquid Crystals, 2018, 676(1): 59-64.

[23] ITO T, SOBUE K, OHYA S. Water glass bonding for micro-total analysis system[J]. Sensors and Actuators B: Chemical, 2002, 81(2-3): 187-195.

[24] RADOJCIC R. More-than-Moore 2.5 D and 3D SiP integration[M]. Cham:

Springer, 2017.

[25] HUANG P K, LU C Y, WEI W H, et al. Wafer level system integration of the fifth generation CoWoS ® -S with high performance Si interposer at 2500 mm^2[C]//2021 IEEE 71st Electronic Components and Technology Conference(ECTC). IEEE, 2021: 101-104.

[26] DOUG C H. New system-in-package(SiP) integration technologies [C]// Proceedings of the IEEE 2014 Custom Integrated Circuits Conference. IEEE, 2014: 1-6.

[27] YU D, HUANG Z, XIAO Z, et al. Embedded Si fan out: a low cost wafer level packaging technology without molding and de-bonding processes[C]//2017 IEEE 67th Electronic Components and Technology Conference(ECTC). IEEE, 2017: 28-34.

[28] YU D, YEH J, LIN T S, et al. CPI advancement in integrated fan-out(InFO) technology[C]//2017 IEEE International Reliability Physics Symposium(IRPS). IEEE, 2017: 4A-1.1-4A-1.4.

[29] CHEN M F, CHEN F C, CHIOU W C, et al. System on integrated chips(SoIC TM) for 3D heterogeneous integration[C]//2019 IEEE 69th Electronic Components and Technology Conference(ECTC). IEEE, 2019: 594-599.

[30] PHILIP G, MITSUMASA K, PETER R, et al. Handbook of 3D intergration[M]. Singapore: Wiley-VCH, 2014.

第7章 纳米连接技术

7.1 概 述

微纳电子器件中广泛存在着同质或异质材料之间的互连结构,这些互连结构不但起到导电通路的作用,还起到功能单元的作用,因此有必要将各部分互连产生微米或纳米尺度的欧姆接触。纳米颗粒、纳米线、纳米管、纳米薄膜是纳米工程的基本构成,在纳米器件以及智能传感领域有着重要的应用,由于纳米材料特殊的尺寸效应以及高的表面/体积比使其具有独特的光学、电学和化学性能,纳米材料在光、电、热等能量场作用下的熔化、润湿、溶解、扩散等皆因纳米效应而颠覆,需要开发全新的纳米连接方法,提出全新的纳米连接机理。

纳米材料是指三维空间尺寸中至少有一维处于纳米尺度范围内或由它们作为基本单元构成的材料,这是一类由维度与尺寸定义的材料。纳米材料的基本单元可以分为三类:① 零维材料,指在材料空间三维尺寸均为纳米尺度,如纳米粒子、量子点和原子团簇等;② 一维材料,指在空间有两维处于纳米尺度,如纳米线、纳米管、纳米带和纳米棒等;③ 二维材料,指在三维空间中有一维处于纳米尺度,如超薄膜、超晶格和分子外延膜等。针对不同的纳米结构,分别有不同的纳米连接方式。

纳米颗粒最为常用的领域是纳米墨水和纳米浆料,通过将纳米颗粒分散在溶剂中,利用纳米材料高表面能的特性,在低温下将材料烧结成高温的多孔块体材料,是目前最有前景的功率器件连接材料之一。常用的纳米颗粒连接技术包括低温烧结和激光连接。纳米线或纳米纤维可以作为合成物中的添加物、量子器件中的互连线、场发射器件以及用于制造纳米传感器等,根据连接材料与应用领域的不同,纳米连接方法可以分为冷压连接法、光辐照连接法、电场辅助连接法、高能粒子束连接法、纳米钎焊及其他连接方法。纳米薄膜具有高各向异性、高表面积、独特的形貌以及可调谐的机械、光学、电学和电磁功能等特性,在光电和电子器件、能源和环境领域有广泛的应用前景,目前较为成熟的纳米薄膜连接技术包括多层膜扩散连接法、表面活化连接法和自蔓延反应连接法。

本章将首先介绍单个纳米颗粒之间连接的方法及物理机制,之后介绍纳米线、纳米浆料以及纳米薄膜的连接技术,阐述并比较不同纳米连接方法的技术特点和连接机制,分析纳米材料的尺寸效应是如何影响连接过程的,重点介绍纳米材料在不同能量场作用下连接界面的形成机理。

7.2 纳米颗粒连接技术

纳米颗粒是指颗粒尺寸为纳米量级的超细微粒,它的尺度大于原子簇,小于通常的微粉。根据材料的区别,通常分为有机和无机纳米颗粒。有机纳米颗粒包括蛋白质、碳水化合物、脂质、聚合物或任何其他纳米尺寸的有机化合物。无机纳米颗粒包括金属、陶瓷、半导体纳米颗粒,以及碳基纳米颗粒,如富勒烯、炭黑和碳量子点。纳米颗粒是纳米技术的基本组成部分,其应用范围从生物传感器到电子纳米器件等不同领域。纳米颗粒具有各种独特的光谱、电子和化学性质,这些特性源于它们的小尺寸和高表面/体积比。材料的熔化温度、熔融焓和导热系数随着纳米颗粒尺寸的减小而降低。这种尺寸依赖性不限于任何特定材料。将纳米颗粒组装成对称和某些规则结构对于实现纳米器件所需的特性非常重要。为了自下而上构建纳米器件,有必要将纳米颗粒互连在一起以实现欧姆接触。

常用于少量纳米颗粒连接的技术是激光处理,包括纳秒激光和飞秒激光。图 7.1 显示了纳秒激光和飞秒激光处理下纳米颗粒的热效应。对于纳秒激光脉冲甚至更长的脉冲,热效应占主导地位,即整个纳米颗粒将被加热。在阈值温度下,纳米颗粒会熔化并改变其形状。但是,对于飞秒激光脉冲,只有表面晶格会被加热,因为激光脉冲宽度远短于热扩散的特征时间。表面熔化将是飞秒激光照射的显著特征。这种熔化是由于与电子激发和喷射相关的晶格键软化。由于这种表面熔化发生在纳米尺度,因此纳米颗粒的形状和大小将大致保持不变。

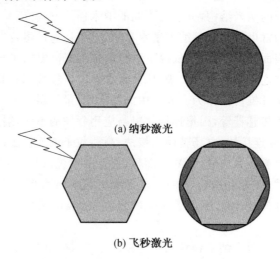

图 7.1 纳米颗粒在激光辐照作用下产生的热效应

图 7.2(a) 和 (b) 显示了以 4×10^{14} W/cm^2 的飞秒激光强度照射 10 min 前后的金纳米颗粒溶液。飞秒激光照射观察到两种效应:产生大量尺寸为 1~3 nm 的微小纳米颗粒;2~3 个金纳米颗粒和互连形成约 15 nm 的大颗粒。可以推断,这些微小的纳米颗粒是通过激光照射碎裂产生的。之前的研究表明,电子激发是纳秒激光脉冲光致碎裂

的第一步。这种电子发射导致纳米粒子带正电,电荷之间的排斥导致碎裂。与纳秒激光相比,飞秒激光脉冲与物质之间的相互作用以电子激发为主,激发的 Au 电子与 Au 晶格之间几乎没有能量转移。因此,预计飞秒激光照射会发生有效的光致碎裂。在脉冲宽度为 100 fs 的情况下,激光诱导的水分解发生在大约 10^{12} W/cm² 的强度下。目前的实验中,在焦点附近的 Au 纳米颗粒溶液中发现了大约 5 mm 长的丝状区域。这表明在该区域中水被聚焦激光破碎。可能是来自水破裂的负离子和极强激光的振动增强了 Au 纳米粒子的碎片。这在图 7.2(c) 中很明显,其中仅观察到焊接的 Au 纳米颗粒。此外,值得注意的是,在纳秒激光照射中也观察到了加热－熔化－蒸发过程。此外,图 7.2(d) 中的纳米粒子保持多晶状态,表明飞秒激光照射的非热焊接机制。与热烧结和毫秒激光退火相比,连接的纳米粒子仍然很好地保持其原始形状,表明仅表面熔化。图 7.2(d) 中显示的高分辨率 TEM 清楚地表明两个 Au 纳米粒子通过金属键焊接在一起。

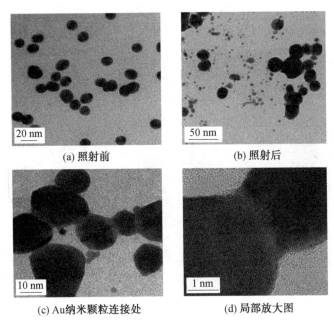

图 7.2　飞秒激光连接 Au 纳米颗粒

通过有限元方法和 Drude－Lorentz 模型对飞秒激光处理时的 Au 纳米颗粒表面归一化电场强度进行数值模拟。图 7.3 显示了飞秒激光处理下归一化电场强度分布图。纳米颗粒的直径为 50 nm,相邻间隙为 5 nm,连接区域的间隙为 5 nm。结果显示,与相邻纳米颗粒相比,连接后的纳米颗粒在颈部区域具有环形热点。这清楚地表明热点区域在增加。此外,激光处理后的纳米颗粒能够形成牢固且永久的连接。

图 7.4(a) 显示了采用飞秒激光连接 Au 纳米颗粒连接处的 TEM 图像。图 7.4(b) 的 EDX 图也表明金纳米粒子接触良好,具有欧姆纳米接触。在连接处,金原子连续存在,在波谷处没有显示不连续性。这表明金纳米粒子相互结合以提供电连接。图 7.4(b) 中连接处的强度分布要比纳米颗粒内部的更加尖锐,这表明连接处比金纳米颗

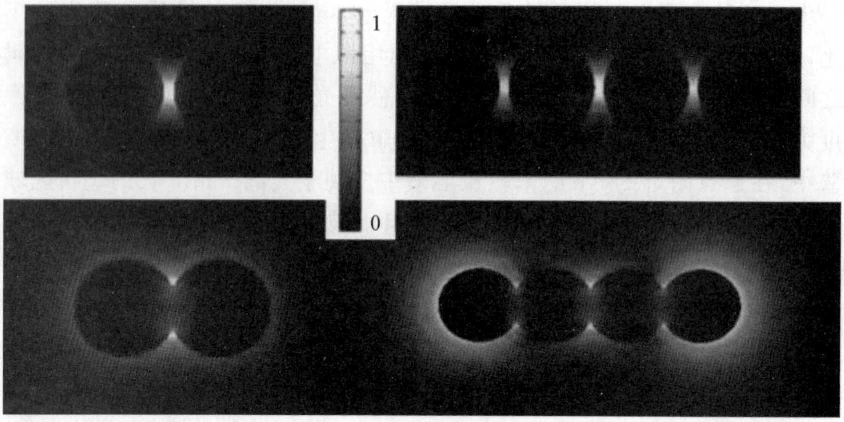

图 7.3　飞秒激光处理下归一化电场强度分布图（彩图见附录）

粒中心更容易熔化。可以将此归因于熔化温度的降低以及熔化焓随着纳米颗粒尺寸的减小而降低。

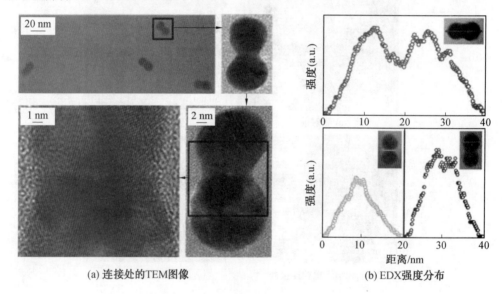

(a) 连接处的TEM图像　　　　　(b) EDX强度分布

图 7.4　飞秒激光连接 Au 纳米颗粒

7.3　纳米线连接技术

纳米线或纳米纤维通常指直径在 100 nm 以下、长度方向没有限制的一维结构，广义上也包括纳米管。根据组成材料的不同，纳米线可分为金属纳米线（如 Ni、Pt、Au 等）、半导体纳米线（如 InP、Si、GaN 等）和绝缘体纳米线（如 SiO_2、TiO_2 等）。电子在纳米线横向受到量子束缚，能级不连续，这种量子束缚的特性在一些纳米线中表现为非连续的电阻值。这种电阻的量子化在电子、光电子和纳电子机械器械中有很重要的作用。因此，纳米线可以作为合成物中的添加物、量子器械中的连线、场发射器以及用于制造生物分子纳米感应器等。

一维纳米线的连接在传感器、柔性透明电极以及光电器件等方面有着广泛应用。各国研究者针对纳米线连接开发了多种技术,根据连接所用能量源的不同,纳米连接方法可以分为冷压连接法、光辐照连接法、电场辅助连接法、激光连接法、高能粒子束连接法、纳米钎焊、碳纳米管(CNT)连接方法及其他连接方法等。根据连接材料是否为金属材料进行分类,纳米线的连接主要包括金属－金属纳米线的连接、金属－非金属纳米线的连接和非金属－非金属纳米线的连接。

由于纳米尺度材料表面原子往往比块体材料具有更高的能量,其表面原子在较低的外部能量输入(力、热、光、电等)即可实现互连,从而得到具有一定强度的焊点。与宏观尺度的连接相比,纳米尺度下的连接工艺更加具有挑战性,在宏观尺度焊接中被忽略的因素也可能对纳米连接的质量产生重要的影响。例如,宏观尺度上的连接由于被连接材料尺寸较大,因此对于能量的输入范围的控制精度要求也较低。但是在纳米连接中,通常需要能量输入范围精确地控制在纳米尺度内以避免对周围区域带来损伤。另外,宏观尺度的互连材料一般在肉眼下便可以实现操纵、对准,但是纳米材料往往需要在高倍的扫描电子显微镜、透射电子显微镜下观察到,这也为纳米材料的操纵及对准技术带来了更高的要求。此外,纳米连接对于互连性能的评价同样具有特殊性。由于宏观尺度上的连接主要承担机械支撑的作用,因此互连强度是最被关注的评价指标。如何实现高强度低变形损伤的焊点对纳米连接技术提出了新的挑战。

7.3.1 冷压连接法

冷压(cold welding)是指在较低温度甚至室温下,对纳米线施加宏观应力,使纳米线在搭接点处发生塑性变形实现互连的一种方式。纳米材料由于具有纳米效应,更易实现冷压焊接。在特定情况下,甚至几乎不需要施加压力,即可实现连接。

冷压连接是依靠纳米材料的表面效应实现的。当材料的尺度减小到纳米级别后,其表面的原子比例极大提高,具有非常高的表面能,这一现象称为纳米材料的表面效应。如图 7.5(a) 所示,随着粒径减小,表面原子数迅速增加,表面原子具有高的活性,很容易与其他原子结合。例如金属的纳米粒子在空气中会燃烧,无机的纳米粒子暴露在空气中会吸附气体,并与气体进行反应。

图 7.5(b) 所示的是单一立方结构的晶粒的二维平面图,假定颗粒为圆形,实心圆代表位于表面的原子,空心圆代表内部原子,颗粒尺寸为 3 nm,原子间距约为 0.3 nm,很明显,实心圆的原子近邻配位不完全,缺少一个近邻的"E"原子,缺少两个近邻的"D"原子和缺少 3 个近邻配位的"A"原子,像"A"这样的表面原子极不稳定,很快跑到"B"位置上,这些表面原子一遇见其他原子,便很快结合,使其稳定化。因此,小尺寸纳米材料表面的原子也更容易发生迁移。此外,这种表面原子的活性不但引起纳米粒子表面原子输运和构型的变化,也引起表面电子结构和电子能谱的变化,利用这一现象也能实现纳米材料的互连。

基于上述特性,在纳米材料原子互扩散的基础上,施加大范围的应力,使纳米线在

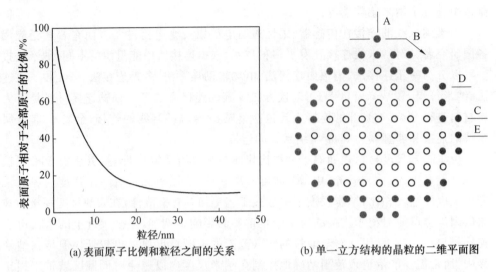

(a) 表面原子比例和粒径之间的关系　　(b) 单一立方结构的晶粒的二维平面图

图 7.5　纳米材料表(界)面原子状态分析

搭接点处发生塑性变形增大接触面积,提高原子扩散速率,可形成良好连接的焊点。采用两片刚性基底对纳米线网络施加压力,通过纳米线焊点的塑性变形在 5 s 内即形成了紧密的焊点,从而提高了银纳米线薄膜的导电性能(图 7.6)。这种方法简单便捷,可在热敏感的基底上连接纳米线,但同时对于基底的要求比较高,只适用于基底平整的纳米材料的连接。

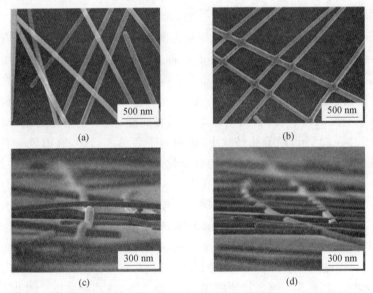

图 7.6　采用冷压连接方法连接纳米线形成的互连网格

此外,可以使纳米材料相互接触,利用表面原子的高表面能,使其自发迁移扩散从而形成连接。一个例子是,在透射电子显微镜下,观察到两根互相接触的金纳米棒端部原子的扩散过程。如图 7.7 所示,在大约 2 min 后,原本独立的纳米棒依靠原子扩散形成了完整的互连焊点,实现了纳米材料无压冷焊接。

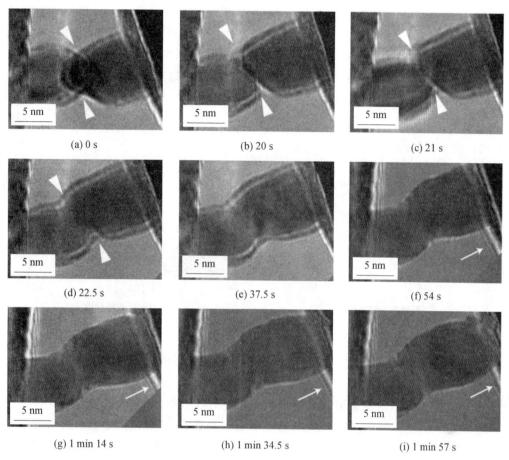

图 7.7 利用原位透射电子显微镜观察两根金纳米棒的焊点形成过程

7.3.2 光辐照连接法

当超细微粒的尺寸与光波波长、德布罗意波长以及超导态的相干长度或透射深度等物理特征尺寸相当或更小时,晶体周期性的边界条件将被破坏;非晶态纳米微粒的颗粒表面层附近原子密度减小,导致声、光、电、磁、热、力学等特性呈现新效应,称为小尺寸效应。光致连接就是利用了纳米材料的这一特点,采用光能作为能量源实现材料之间连接。根据光源的波长范围不同,光致连接的光源可以分为辐照区域较广的卤素灯、氙灯光源,以及能量更为集中的激光光源。金属材料的导带中富集自由电子,因此当辐照光的波长处在金属材料的共振吸收带(即入射光的频率与电子—离子晶格系统的固有频率一致)时,自由电子会发生集体相干振荡,称为表面等离激元共振(Surface Plasmon Resonance,SPR)。表面等离激元共振分为两种,如图 7.8 所示:一种是局域表面等离激元(Localized Surface Plasmon,LSP),即电子振荡在金属表面或纳米间隙附近传播;另一种是表面等离极化激元(Surface Plasmon Polariton,SPP),即电子振荡以纵波形式沿着金属表面传播。

与纳米颗粒的连接类似,金属－金属连接和金属－非金属连接中都有金属的存在,在激光辐照下容易激发 SPR,在纳米线交接处形成局部电场增强,从而在亚波长的"热点"处实现连接。非金属与非金属的连接则需要利用激光的热效应或多光子吸收效应来熔化材料实现连接。此外,在纳米尺度下,器件的功能特性往往与连接界面的状态息息相关。

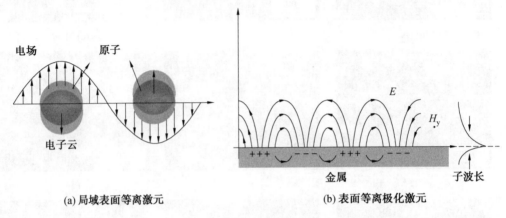

图 7.8　表面等离激元传播方式示意图

以激光与金属材料之间的相互作用为例,介绍光子能量引发纳米材料局部表面等离激光共振(LSPR)效应,进而形成材料连接的机制。金属材料的导带中富集自由电子,因此激光辐照的能量可以直接沉积在导带的电子中,无须电离的过程。也正因如此,相比于其他材料,金属类材料更容易吸收激光能量,加工阈值更低。自由电子吸收光子能量被激发,当入射激光的频率与电子－离子晶格系统的固有频率一致时,会发生 LSPR 效应。发生共振的波长依赖于金属纳米材料的形状、涂层以及材料之间的间隙大小。金属纳米材料会在几何不连续处(包括凸起、凹陷和靠近其他材料的界面)俘获等离子体激元的能量,局部的电场增强导致"热点"的出现,从而实现亚波长尺度的键合。当激光的频率无法达到电子－离子晶格系统的共振条件时,如果激光的功率密度足够高,依旧可以在结构的界面或不连续处形成局域化的电场增强效果,继而诱发"热点"。此外,当纳米材料表面包覆有机聚合物时,随着激光能量的注入,初始状态是聚合物改性实现间隙互连,当激光能量沉积过多时,纳米材料完全熔融,合并为一体,实现欧姆接触。如图 7.9 的仿真结果所示,当波长范围为 $200 \sim 1\,000$ nm 的面光源沿着 z 轴方向照射两根呈十字交叉的纳米线时,纳米线在交叉点的位置会产生局部最大场强,该位置光吸收能力最强,使得纳米线之间产生局部热点形成连接。

对于脉冲宽度在皮秒(10^{-12} s)或飞秒(10^{-15} s)量级的超快激光而言,激光与金属材料的相互作用过程可以分为三步。第一步是电子加热和电子－电子散射,由于电子－电子耦合的时间尺度很短,一般在亚皮秒量级,因此在通常的研究中忽略电子系统的热弛豫时间,将其视为平衡态。第二步是电子－晶格耦合,电子系统吸收激光能量后

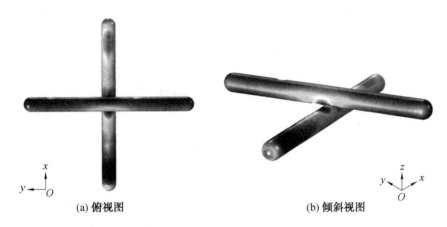

图 7.9 使用有限元计算的铜纳米线中电场分布结果（彩图见附录）

温度远高于晶格，与晶格系统形成非平衡态。之后电子与晶格碰撞完成能量弛豫，电子温度下降，晶格温度上升，达到新的平衡态，这一过程是通过电子－声子散射来完成的。第三步是相变及材料去除，晶格的温度随着电子－晶格的弛豫过程不断升高，当温度超过材料熔点时，就会发生相变过程。金属材料常见的相变是熔化，除此之外，还会发生膨胀分裂和相爆炸。

非金属材料，例如半导体和电介质材料，其中不存在或少量存在自由电子，因此需要先通过电离过程将材料价带中的电子激发到导带成为自由电子，然后再通过自由电子的激发沉积激光能量。对于非金属材料，电离产生的自由电子吸收光子能量后会形成类金属态的等离子体，且电子－晶格耦合过程与金属材料一致。但非金属材料需要经历电离过程，且二者相变也有所差异。

非金属材料的电离机制可以分为光致电离和碰撞电离，而光致电离又可以分为单光子电离、多光子电离、隧道电离和超越势垒电离。其中，光致电离能否发生依赖于激光场强的高低，而碰撞电离的积累会进一步导致雪崩电离。除了热熔化以外，超快激光作用于非金属材料还会导致非热相变过程，包括非热熔化和库仑爆炸。大量的价带电子被激发为自由电子会导致非金属材料发生晶格无序，由于被激发的电子还未与晶格耦合进行能量弛豫，因此这是一种非热熔化过程。此外，超快激光的激发会导致材料表面发射大量自由电子，内部的离子晶格由于静电排斥力从材料表面剥落，这一过程被称为库仑爆炸。

（1）可调波长光辐照法。

卤素灯、氙灯等光源具有更大的能量辐射区域，更加适用于大面积纳米线网络的互连。例如采用宽波长范围卤素灯作为光源辐照金属银纳米线网络实现其互连、采用可调波长（100～1 000 nm）的氙灯作为光源实现了铜纳米线网络的相互连接（图7.10）。

在光烧结之前，铜纳米线之间简单地搭接在一起，此时铜纳米线网络在交叉点处的结合力仅仅是由重力、范德瓦耳斯力、毛细力和喷头中的气压所导致的物理接触，铜纳

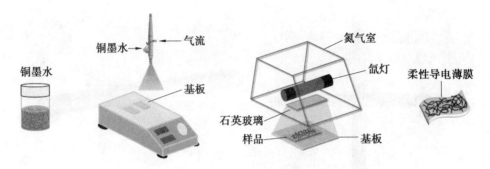

图 7.10　光烧结法制备铜纳米线导电薄膜过程的示意图

米线间的搭接十分松散,如图 7.11(a) 和 (b) 所示。经过光烧结处理后,从图 7.11(c) 和 (d) 中可以看出,上面的铜纳米线部分嵌入下面的纳米线里,在接触点发生了纳米连接,这大大提高了铜纳米线网络的导电性能。图 7.11(e) 和 (f) 给出了铜纳米线交叉点处典型的 TEM 照片。经过光烧结之后,铜纳米线表面十分清洁,有机物层在光烧结过程中被去除,NW-1 和 NW-2 两根纳米线之间没有清晰的界限。图中标出的晶面间距 0.25 nm、0.21 nm、0.18 nm 分别对应铜的 (110)、(111)、(200) 晶面。NW-2 在虚线所示的区域出现了与 NW-1 生长方向一致的晶面取向,这个区域的原子部分由 NW-2 贡献而与 NW-1 取向一致,说明在光烧结过程中铜原子在交叉点附近发生了重组,从而说明光照优先熔化了交叉点附近的铜原子,铜原子通过表面扩散实现了再结晶。光烧结并没有引起大面积的熔化,只在连接点的地方产生明显的原子互扩散和再结晶现象。与传统的加热法比较,光烧结技术能够在实现铜纳米线连接的同时,防止光照对其他部分的损伤,是一种有效的连接铜纳米线的技术。

光烧结法制备铜纳米线导电薄膜的机制主要包括三方面,如图 7.12 所示。首先,由于铜纳米线吸收光能,在表面聚集转化为热量,对铜纳米线进行热烧结。在这个过程中,铜原子之间相互扩散,铜纳米线之间形成互连的网络,相互之间的接触面积大大提高,有利于导电性能的改善。其次,由于铜纳米线表面的 SPR 效应,在铜纳米线交叉的位置吸收光能更为强烈,促进了铜原子在交叉点处的相互扩散,进一步加强了铜纳米线之间的连接。最后,铜纳米线表面的有机物在光烧结过程中光致分解成为还原性的醛类,在光照条件下与铜纳米线表面的氧化物发生还原反应,得到了纯净的 Cu-Cu 接触,铜纳米线之间的连接更为直接。

经光烧结得到的铜纳米线薄膜可以作为应变传感器件应用在多个领域。例如,可以将纳米线薄膜覆盖在手指表面,通过测量手指弯曲/伸直过程中相对电阻的变化进行手势探测。此外,两个不同方块电阻的导电薄膜在拉伸状态下可以产生不同的电信号,利用这一特点,以手指轻微的动作实现信号的传递。假设,中指对应的导电薄膜产生的电信号代表摩斯密码中的"—",食指产生的电信号对应摩斯密码中的"·"。通过交替弯曲中指和食指获得与之对应的电信号,如图 7.13(a)、(b) 所示。

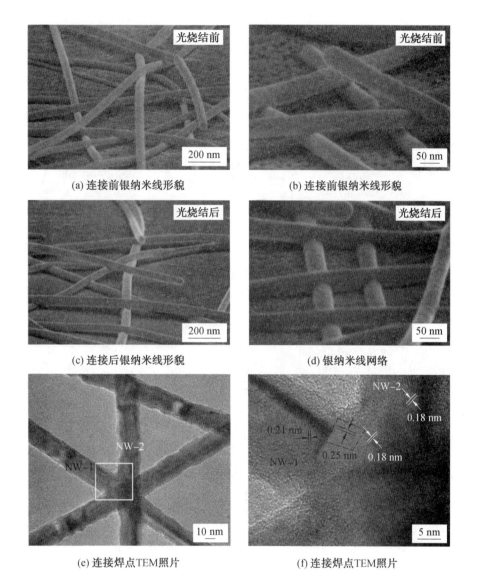

图 7.11 光连接法连接铜纳米线

(2) 激光辐照连接法。

宽波长范围的光源由于能量较低且比较分散，因此难以实现非金属纳米材料的互连。相比之下，激光具有高单色性与方向性，在等离子激元效应的产生与控制方面具有极大优势，同时，激光在空间中具有高操控性，从而在一维纳米材料连接中得到了广泛研究与应用。大多数报道的激光诱导纳米连接实验配置都属于图 7.14 所示的四大类，包括大面积照射、激光聚焦、激光扫描和液体激光加工的技术。

① 大面积照射。纳米连接最直接的方法是通过扩展激光束，使激光覆盖所有器件区域。这种技术易于实现，不需要对单个组件进行任何预定位。在各种条件下，大面积辐照已广泛用于纳米粒子和纳米线的连接。通过在入射激光束中插入中性密度滤光片

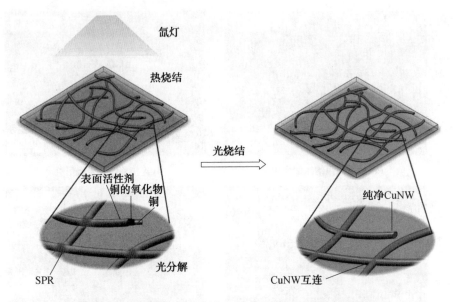

图 7.12 使用光烧结法制备铜纳米线导电薄膜过程示意图

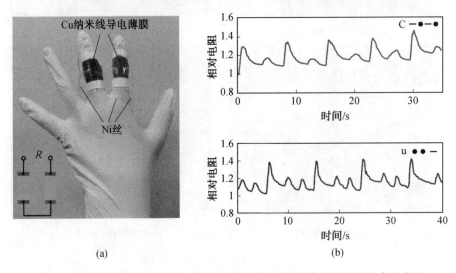

图 7.13 铜纳米线/PU 导电薄膜在探测手势和传递莫斯密码测试中的应用

或结合使用半波板和线性偏振器,可以轻松控制样品表面的照射强度和能量,而照射时间可以通过机械或电动快门来调节。

② 激光聚焦。与大面积照射相比,激光聚焦技术在辐照区增加了功率密度和通量。光斑尺寸由输入光束直径和光束聚焦方法决定。聚焦光束可以通过焦距透镜和不同放大倍率的物镜组合来实现。光束尺寸越小,工作区域的激光功率密度越高。与大面积照射不同,聚焦光束可以定向到特定位置,例如纳米线之间的连接处或纳米线与电极之间的接触区域。这种聚焦方法常用于纳米线的点纳米连接,以及半导体纳米线/2D 石墨烯和电极之间特定区域的连接。

③ 激光扫描。激光扫描结合了大面积辐照和激光聚焦的优点。待连接的样品被安装在双轴载物台上,扫描速度由载物台的移动控制。激光扫描通常用于大面积金属纳米线和纳米颗粒的连接。这项技术适用的工作面积比较大,并且可以与其他工艺集成,例如卷对卷印刷和喷墨印刷。高扫描速度的一个优点是它可以抑制不必要的热效应,例如对基板的加热损坏或金属纳米级材料(如 Cu 纳米线)的热氧化。此外,激光扫描可用于制备特殊结构。可以通过改变激光扫描参数来实现,如像素大小、像素重叠和使用步进时每个位置的停留时间。

④ 液体激光加工。液体激光加工是一种无副产物且快速的技术,用于形成具有各种成分和形态的纳米结构。最近,研究人员将这种方法应用于溶液中均质/异质纳米材料的连接。在此过程中,首先将已知浓度的纳米颗粒溶液分散在诸如水或乙醇之类的溶剂中。对于异种材料的连接,将两种或多种类型的纳米材料以受控的浓度比分散在溶液中。然后将混合物在紧密聚焦条件下照射固定的时间段。这确保了辐照体积包含少量纳米级材料。聚焦激光束还可以增加功率密度并增强能量沉积。研究发现,改变溶剂会影响受激光加工的纳米材料的形貌,因此必须在实验设计中解决这一问题。研究者常采用搅拌转子,以确保纳米级材料均匀分布,使激光照射效果均匀。然而,该方法的一个主要缺点是异质纳米材料连接的生产率低。此外,许多纳米线和纳米颗粒通过涂覆有机层来钝化以防止溶液中的聚集,并且这种材料在液体中的激光加工过程中也会受到改性,并且会对连接行为产生影响。

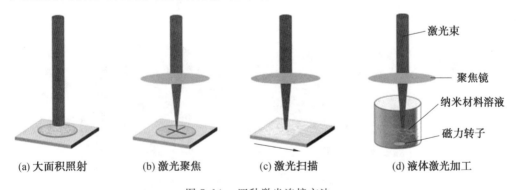

(a) 大面积照射　　(b) 激光聚焦　　(c) 激光扫描　　(d) 液体激光加工

图 7.14　四种激光连接方法

受限于材料对光子的吸收特性,常规激光基于光子线性吸收的"热加工"方式引起的材料变化将仅限于金属纳米结构的互连应用。相比之下,超快激光由于其极短的脉冲宽度和极高的脉冲能量密度,可在较低的平均激光功率下实现纳连接,同时可减小对母材及基板的损伤,实现对纳米材料的"冷加工",因此在纳连接领域具有极大的加工制造优势。超快激光又称超短脉冲激光,其一大特点是脉宽非常短,在激光科学领域,一般把时间宽度在百皮秒即 10^{-10} s(1 ps $= 10^{-12}$ s)至几飞秒(1 fs $= 10^{-15}$ s)之间的脉冲激光称为超快激光。超快激光器则是通常所说的皮秒激光器和飞秒激光器的统称。当超快激光作用于材料时,因材料对光子的非线性吸收而导致材料改性,从而可将加工的材料范围拓展到氧化物或半导体材料领域,被广泛用于探测科学与工程技术领域中的超快动态过程,如原子中电子态激发、分子振转动弛豫时间、材料与电子器件(乃至高速电子检测仪器)的动态响应及各种爆炸冲击波的瞬态记录等。

对于金属纳米线网格的连接,应注意激光的偏振方向与纳米线之间的不同取向关系对光场能量分布的影响。接触状态的金属纳米线会在焊点处产生热点并发生熔化连接。除了接触状态的金属纳米线,有时还需要对非接触的纳米线进行连接,且往往纳米线之间的相对位置各异。针对这种情况,通常的方法是使用熔化钎料进行焊接,但是该方法需要对钎料进行精准的定位操作或精确控制光斑的移动。Lin 等使用线偏振的飞秒激光激发纳米线的表面等离子体共振,在纳米线末端形成高度局域化的电场增强,继而形成"热点",诱导纳米线末端熔化后填充间隙实现连接,如图 7.15 所示。

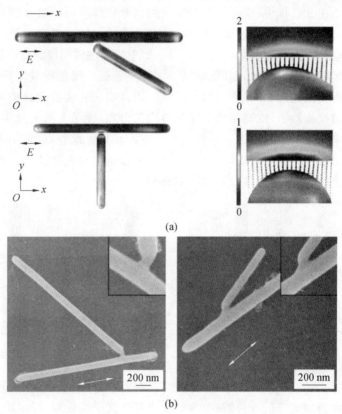

图 7.15　银纳米线在激光作用下的非接触式连接(彩图见附录)

利用飞秒激光作为能量源还可实现银纳米线(AgNW)和碳纳米纤维(CNF)之间的异质连接,焊点的形成受几何因素和激光偏振方向的影响,如图 7.16 所示。从图 7.17 所示的电场强度分布可以看出,产生 SPR 效应的只有银纳米线,CNF 对其周围的电场强度分布几乎没有影响;银纳米线顶端的光场能量最强,因此会发生熔化;CNF 本身不产生等离子激元共振效应,但在飞秒激光极高的功率密度作用下,AgNW 表面电场集中区域的电子获得很高的能量,并在极短的时间内迁移到 CNF 表面,将一部分电场能量传递到 CNF 晶格中,造成 CNF 晶格的变形和软化。当激光的偏振方向平行于

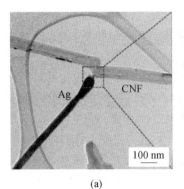 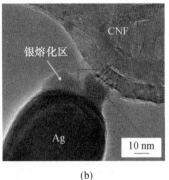 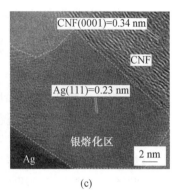

图 7.16　飞秒激光连接银纳米线与碳纳米纤维

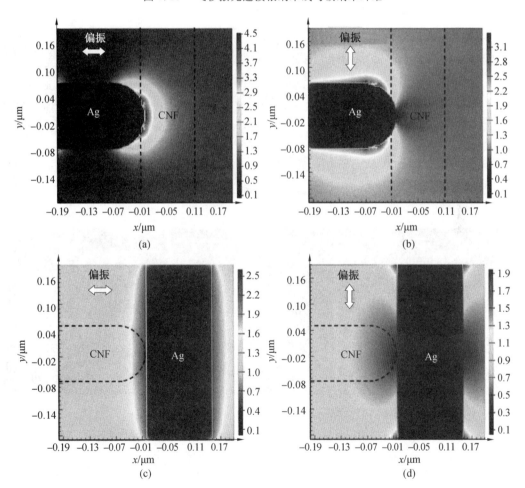

图 7.17　飞秒激光辐照下,不同几何形状和激光偏振方向下银纳米线与碳纳米纤维焊点附近电场强度的分布(彩图见附录)

AgNW 的长轴方向时,电场强度最高的区域出现在 AgNW 尖端顶部,强度沿偏振方向变化;当偏振方向垂直于 AgNW 的长轴方向时,电场强度最高的区域依然在 AgNW 的尖端附近,偏近接触点两侧。

在激光连接过程中,AgNW 尖端会发生熔化,在 CNF 和 AgNW 之间形成熔化区(图 7.18(a)和(b))。同时,AgNW 上的聚乙烯吡咯烷酮(PVP)覆盖层也在激光作用下发生碳化和软化,并润湿延展到 AgNW 熔化区和相邻 CNF 表面,如图 7.18(b)所示。此外,CNF 和 AgNW 界面的高分辨率 TEM 图像(图 7.18(c))表明,AgNW 中的熔合区仍然保持 Ag 的晶格结构(Ⅰ区),图中标注出的面为 Ag 的(111)面,其平面间距为 0.23 nm,几乎与 AgNW(111)面间距理论值 0.235 nm 相同,确定熔化区域 Ag 的晶体结构仍为面心立方结构。TEM 分析结果显示二者之间没有发生互扩散和形成金属间化合物,而是通过原子间作用力直接结合在一起。

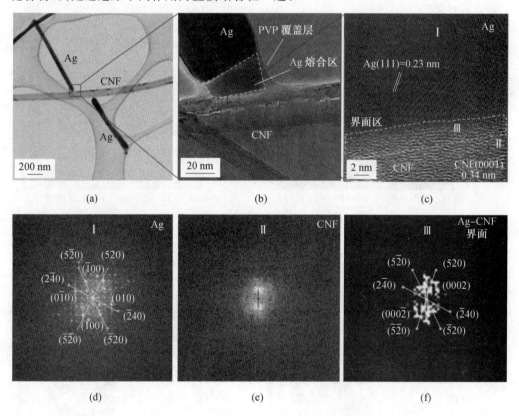

图 7.18　飞秒激光连接银纳米线－碳纳米纤维焊点透射电镜分析

图 7.19 所示为单个 CNF－AgNW 异质焊点的电学性能测量。实验结果表明,在 8.5 mJ/cm² 的飞秒激光辐照下,当辐照时间短于 30 s 时,焊点电导率随辐照时间的增加而增加;当辐照时间长于 30 s 时,焊点电导率随辐照时间延长而下降。连接后单个焊点的电阻值从约 10^{11} Ω 降低到约 10^5 Ω,减小了 6 个数量级。电导率随激光辐照时间延长而发生变化的原因在于,焊点的电学性质发生了绝缘－肖特基接触－欧姆接触的转变过程。

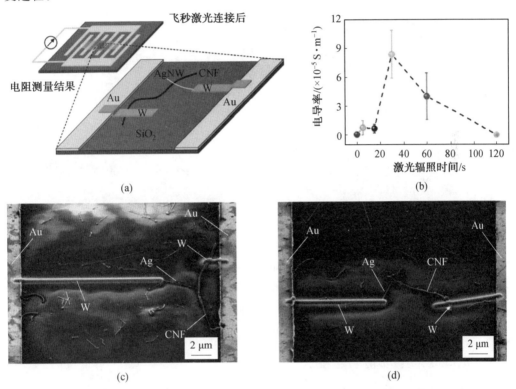

图 7.19 单个 CNF－AgNW 异质焊点的电学性能测量

图 7.20 所示为采用飞秒激光辐照异质连接 CNF－AgNW 纳米线网络制备柔性应变传感器及工作原理示意图。实验结果表明,经飞秒激光辐照后,CNF－AgNW 传感器的灵敏度要远高于未经飞秒激光辐照的传感器,原因是纳米线网络初始电阻的降低可以极大提高电阻变化率。所得到的应变传感器具有较好的循环稳定性,在拉伸和恢复过程中纳米线网络搭接结构会出现纳米线焊点的脱离和重新搭接,这个过程会伴随电阻的增大和缩小,是传感器工作的主要机理。

非金属－非金属纳米线连接中没有金属存在,因此不能利用飞秒激光辐照金属导致的表面等离子体共振和局部电场增强实现连接。但是,超快激光极高的峰值功率密度可以引发材料的非线性双光子或多光子吸收,从而实现高质量微纳连接。作为一种典型的半导体,氧化锌纳米线在组装连接后广泛应用于光电探测器、晶体管和太阳能电池等领域。利用飞秒激光辐照诱导的双光子吸收特性,通过对价态电子的激发产生电

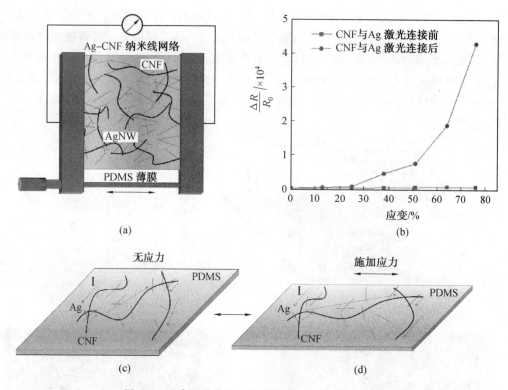

图 7.20 采用飞秒激光辐照异质连接 CNF－AgNW
纳米线网络制备柔性应变传感器及工作原理示意图

子－空穴等离子体,在材料固有的晶体缺陷俘获电子－空穴等离子体的能量后,纳米线连接处发生了局部的加热熔化,从而实现了氧化锌纳米线的连接。

7.3.3 电场辅助连接法

电场辅助连接法是指通过电场提供能量实现纳米材料之间连接的方法。根据电流是否直接与纳米材料发生相互作用,可以将连接分为两类:一类是通过电流产生焦耳热直接与一维纳米材料相互作用实现其互连,也可称为焦耳热连接;另一类则是通过电场的作用驱动金属离子在一维纳米材料表面沉积,从而实现连接,即电沉积连接。

(1) 焦耳热连接。

当电流流经纳米材料时,由于纳米材料之间接触区域很小、接触电阻很高,其接触点会产生远高于本体的焦耳热,因此可以在接触部位的局域内实现加热,从而在促进接触界面处原子扩散并互连的同时,避免对周围区域带来损伤。例如采用焦耳热作为能量源不仅可以实现两根直径为 650 nm 的 Pt 纳米线(图 7.21(a)与(b))和两根直径为 200 nm 的 Ag 纳米线间的同质连接,还实现了直径为 650 nm 的 Pt 线与直径为 5 μm 的 Au 线的异质互连(图 7.21(c)),这也是少有的关于一维异质金属纳米材料之间的研究。值得一提的是,这种方式不仅适用于单根纳米线之间的互连,还可以连接大面积纳米线网络,例如将银纳米线分布于基底表面形成导电网络,随后在两端施加电场,如图

7.21 中(d)、(e)所示。但这种方法要求被连接纳米材料具有合适的导电性,在连接之前既可以保证电流的流通又可以保证产生足够的焦耳热实现互连。此外,当利用焦耳热的方式进行大面积一维纳米网络的连接时,对其初始导电的均匀性要求同样较高,否则易造成局部过热使得连接不均匀。

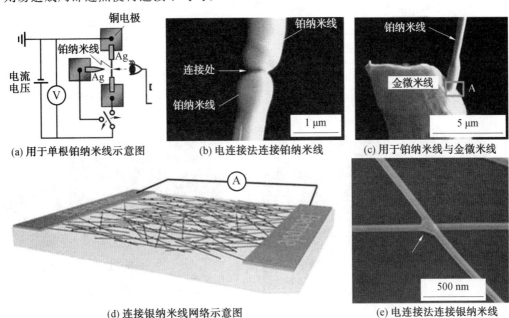

图 7.21 焦耳热法连接金属纳米线

(2) 电沉积连接。

电沉积法连接纳米线网络过程中,电流驱动金属离子在待连接的金属纳米线表面还原沉积,还原后得到的金属原子可以作为"桥梁"使其实现连接。例如,在银纳米线表面使用电沉积镍层的方式实现纳米线之间的互连(图 7.22),该种方法亦推广至铜纳米线之间的连接。并且由于镀层会沿着纳米线的四周生长,因此利用这种方式可以获得具有核壳结构的一维纳米材料。而当采用一些惰性的金属离子进行电沉积互连时,还可以获得惰性的防护层以改善铜、银纳米线的抗氧化、抗腐蚀等性能。

镀层的生长主要按照三种机制完成:① 岛状生长,即镀层原子在纳米线表面随机形核形成孤立的三维小岛,随着小岛逐渐长大相互接触形成连续镀层;② 外延生长,在这种生长模式下,金属原子会以台阶模式逐层生长形成镀层;③ 混合生长,即以上两种方式的混合模式。镀层的界面生长行为与镀层材料和基体材料的选择密切相关,镀层的生长模式主要与两个因素相关:① 镀层金属的晶格和基体金属晶格间的不匹配程度;② 镀层原子之间以及镀层和基体原子之间的结合能大小。如果在电沉积的过程中镀层原子间的结合力远大于镀层金属和基底金属之间的结合力,此时无须考虑界面晶格匹配问题,镀层会按照岛状方式生长;而当不满足这一需求时,界面晶格匹配的影响将会显著突出。当镀层和基体金属晶格相匹配时,镀层以外延方式生长;而当镀层材料

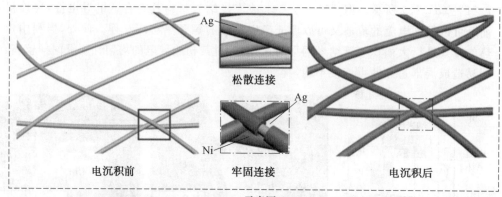

(a) 示意图

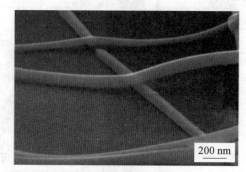

(b) 连接前焊点形貌

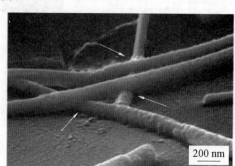

(c) 连接后焊点形貌

图 7.22 电沉积连接银纳米线

与基体之间出现晶格失配时,在原子结合力的作用下会先在基体表面形成一层初始转接板,由于材料之间的晶格不匹配,随着镀层厚度的增加,这种层状生长模式会被破坏,转接板的存在类似基底晶格和镀层晶格之间的过渡层,在过渡层之上后续生长的晶体则会按岛状模式生长,即混合生长模式。

图 7.23(a) 和(b) 分别为镀 Ni 和镀 Ag 连接 Ag 纳米线网络微观形貌,由图 7.23(c) 和(d) 可以观察到镍镀层和银镀层均沿(111) 晶面与基体相结合,二者均可以实现银纳米线之间的连接,但银纳米线表面包覆的镍层比较粗糙,而镀银层比较光滑,几乎分辨不出原来的银纳米线和新生的银镀层之间的边界,但能从焊点处的过渡圆弧判断纳米线形成了连接。由此可以推测,由于镍镀层与银纳米线基体之间的晶格失配度为 15.98%(对应(111) 晶面),电沉积镍的过程中,随着电沉积时间的增加,镍镀层先是在银纳米线表面形核呈"丘状"结构,接着长大形成连续镀层,这一现象也比较符合以上推测。而镀银时,镀层和银纳米线之间完全不存在晶格匹配问题,因此推测其可能按照外延模式生长。

电沉积金镀层连接银纳米线网络同样发现了类似的结果,由于银和金的(111) 晶面几乎完全匹配,因此生长模式同样为外延生长。通过有限元仿真对电沉积过程中的电场分析发现,纳米线相互接触的位置具有更高的电流密度分布,如图 7.24 所示,说明在纳米线的搭接点位置存在纳米限域效应。高的电流密度分布也会促进电沉积液中的

(a) 镀镍连接微观形貌　　(b) 镀银连接微观形貌

(c) 镀镍连接界面　　(d) 镀银连接界面

图 7.23　电沉积镍、银镀层连接银纳米线

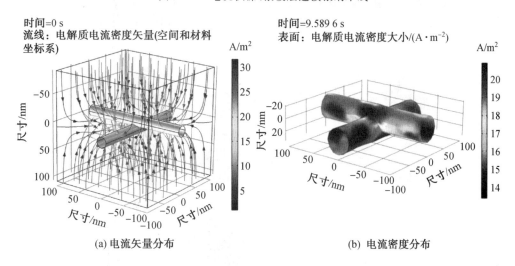

(a) 电流矢量分布　　(b) 电流密度分布

图 7.24　电沉积金镀层连接银纳米线过程中的电场分析(彩图见附录)

金离子优先还原,在纳米线的焊点位置"选择性"生长,促进纳米线之间的连接。

利用电沉积连接的金属纳米线网络可以用于高导电、高稳定、高透光的柔性透明导电薄膜的制备,并进一步用于先进的柔性电子器件的开发。图7.25(a)展示了基于电沉积镍层连接银纳米线开发的柔性电加热器,可以将电能转换为热能,并保持优异的透明性,应用于热理疗设备、防雾玻璃等领域。图7.25(b)展示了利用在电沉积镍镀层连接Cu纳米线网络所制备的柔性触觉传感器,采用激光烧蚀技术将该电极图案化,随后通过三个通道与闪存微控制器相连接,精确地监测手指在方向盘中的位置,实现触觉感知。当在银纳米线网络表面电沉积贵金属防护层时,还可以有效改善其电化学稳定性,拓宽其在电化学器件中的应用。图7.25(c)展示了电沉积连接金属纳米线网络所开发的高性能柔性透明导电薄膜在电化学领域的应用,电沉积引入的金层可以同时实现银纳米线网络的连接和电化学稳定性的提升,进而作为透明导电层用于电致变色储能器件,该器件采用有机小分子紫精作为电致变色材料获得了一体化电致变色器件,当与太阳能电池联动时,可以实现跟随太阳光强度变化的自适应调节,在新型智能窗领域具有广阔的应用前景。

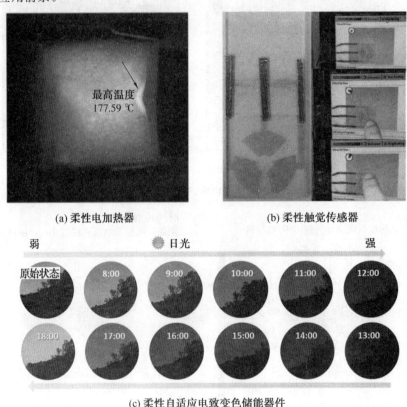

(a) 柔性电加热器　　(b) 柔性触觉传感器

(c) 柔性自适应电致变色储能器件

图7.25　基于电沉积连接纳米线网络所开发的柔性电子器件(彩图见附录)

7.3.4　高能粒子束连接法

纳米线在高能粒子束的作用下会局部发生熔化,基于这一原理可以采用其作为能量源实现互连。高能电子束使纳米线产生连接的原理来自于电子束与固体的相互作用。单个高能电子会通过样品内的非弹性散射损失其一小部分动能。在这些相互作用中至少涉及五个非弹性散射过程:等离子激元的激发、一种或多种声子的激发、内层电子的喷射、外层电子的喷射以及与价带中单个电子的相互作用。非弹性作用会产生热量。这些相互作用会导致其他影响,如溅射、气体形成、解吸和非晶化。在原子水平上,这些影响可能涉及分解、空位的形成和运动、扩散和散热等机制中的一种或多种。

目前,应用于纳米连接领域的粒子束主要包括离子束和电子束。例如通过离子束作为能量源实现的银纳米线之间的连接,如图7.26(a)所示,在经过能量为 2.5 MeV,流量为 5×10^{15} 离子$/cm^2$ 的离子束辐照之后,获得了"X""Y"和"T"等不同形状的焊点。人们还发现高能电子束不仅可以实现单晶的金纳米线之间的互连,还可以实现金纳米线与锡纳米线之间的异质连接(图 7.26(b))。但是采用高能粒子束实现连接一般在真空度极高的 TEM 中操作,成本较为昂贵。

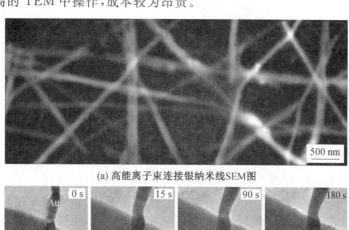

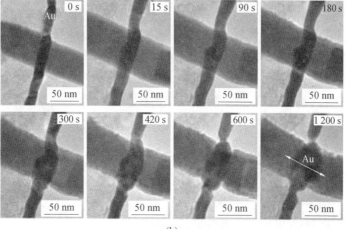

图 7.26　高能粒子束连接金属纳米线

7.3.5　纳米钎焊

纳米钎焊是一种新兴的纳米连接方法,利用特殊的化学反应,在纳米线网络焊点处实现连接。与上述互连方法相比,这种方法无须施加额外的能量供给,是一种十分温和的互连方法。图 7.27 和图 7.28 为自限制反应纳米钎焊法连接银纳米线的机理图。

(a) 交叉的银纳米线形成搭接，接触电阻大

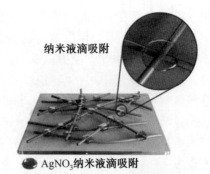
(b) 银纳米线搭接点毛细作用力吸附纳米液滴

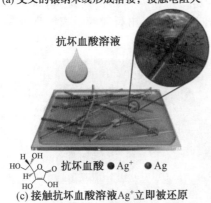
(c) 接触抗坏血酸溶液Ag^+立即被还原

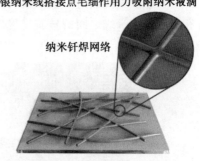
(d) 银纳米线搭接点沉积纳米钎料降低接触电阻

图 7.27　自限制反应纳米钎焊法连接银纳米线的机理图（彩图见附录）

首先，纳米线网络搭接点依靠毛细作用力在搭接点的间隙吸附硝酸银纳米液滴，吸附的纳米液滴能够控制 Ag^+ 供应量，并将 Ag 原子到搭接点的扩散距离限制在纳米尺度。随后，与抗坏血酸溶液反应，纳米液滴中 Ag^+ 被还原为 Ag 原子。最后，生成的 Ag 原子按照原位生长的方式在搭接点沉积纳米钎料。纳米钎料能增加搭接点的接触面积，降低搭接点的接触电阻，使银纳米网络导电性提高。

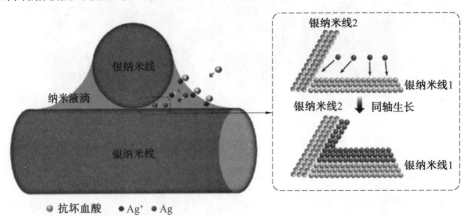

图 7.28　自限制反应纳米钎焊连接银纳米线网络机理图（彩图见附录）

有许多研究者将纳米钎焊用于银纳米线之间的连接。例如将银纳米线浸泡在氯化钠溶液内可实现银纳米线的连接,其电解质溶液较高的势能可以促进银纳米线表面 PVP 的溶解与银原子之间的扩散,进而实现连接。此外还可以通过水合肼蒸气连接银纳米线,其原理为银纳米线在大气环境中会天然地形成一层薄薄的氧化层,而水合肼可以将这层氧化物还原从而实现银纳米线之间的连接(图 7.29(a)~(c))。这种方式虽然操作起来简单便捷,但是水合肼的毒性限制了这种方法的大规模使用。另外一种新颖的自限制纳米反应连接的方法中,通过简单地使用旋涂或干吹,由于液体的毛细管力,将前驱体有效地限制在焊点,引发局部化学反应并将银纳米线焊接在一起实现连接,如图 7.29(d)~(f)所示。还有研究者将纳米钎焊技术应用于 Au—Ni—Sn—Ni—Au 多段纳米线的连接。首先采用模板辅助电沉积方法制造出带有锡的多段纳米线。接下来采用液态电磁自组装与纳米钎焊,实现头对头纳米线钎焊连接,如图 7.30 所示。

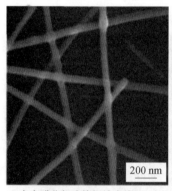
(a) 水合肼蒸气连接银纳米线SEM图

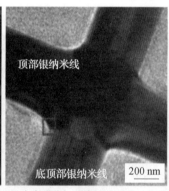
(b) 水合肼蒸气连接银纳米线TEM图

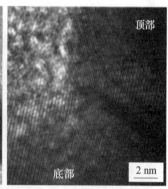
(c) 水合肼蒸气连接银纳米线高分辨率TEM图

(d) 银纳米线化学连接前SEM图

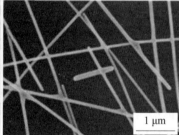
(e) 银纳米线化学连接后SEM图

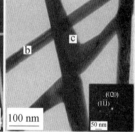
(f) 化学连接后银纳米线TEM图

图 7.29　纳米钎焊连接银纳米线

利用纳米钎焊方法连接的银纳米线柔性透明电极可用于制备高性能有机发光二极管(OLED)。该方法制备的银纳米线柔性透明电极中银纳米线网络镶嵌在高分子基板表面,使其表面粗糙度低至 1.1 nm,并且其透光率为 74.6%,方块电阻为 6.2 Ω/m²。利用其作为阳极制备的柔性 OLED 及其在不同透明电极表面制备的 OLED 的发光光谱如图 7.31 所示。发光光谱在黄光波长范围内出现一个主峰(560 nm)和 580~

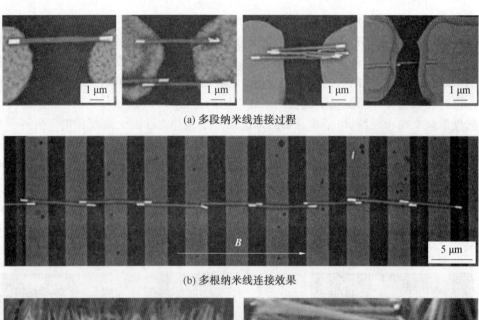

(a) 多段纳米线连接过程

(b) 多根纳米线连接效果

(c) 纳米线接头SEM放大图

图 7.30　纳米钎焊连接多段纳米线

605 nm 伴随的峰肩,在蓝光波长范围内出现一个次峰(468 nm),纳米钎焊银纳米线网络发光光谱的峰位特征与有机发光层的发光特性完全对应,其与 ITO 的发光光谱基本重合,色度图(CIE)坐标都接近纯白光的 CIE 坐标。此外,银纳米线柔性透明电极能够消除波导模式,使柔性 OLED 具有较高的电流效率和功率效率。此外,柔性 OLED 的电流密度很低,有机发光层的衰退速度缓慢,使器件寿命达到 420 min。

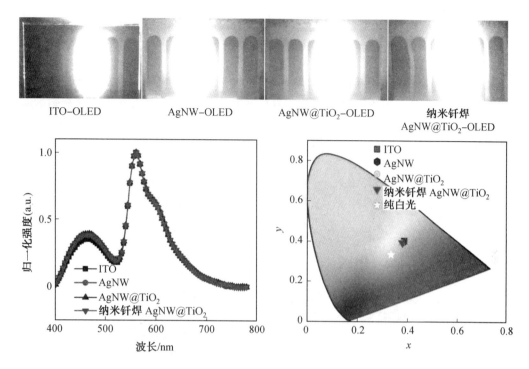

图 7.31　以银纳米线网络为阳极制备的柔性 OLED 发光照片及
不同透明电极表面制备的 OLED 发光光谱（彩图见附录）

7.3.6　碳纳米管连接方法

碳纳米管这类非金属纳米材料的熔点一般高于金属纳米材料，因此其互连也需要更高的能量输入。学者对于碳纳米管连接进行的研究十分有限。一些针对金属纳米材料有效的互连方法，对于碳纳米管连接不再奏效。由于非金属纳米材料的导电性能一般较差，在被连接之前难以保证电流的流通，因此难以采用电流实现互连。目前，关于非金属纳米线连接的研究中，通常使用可将能量密度比较高且集中于纳米线连接处的一些方法，主要分为电子束连接和超声连接。

(1) 电子束连接。

采用电子束对碳纳米管轰击能够成功地实现纳米管之间分子的连接。当电子束轰击靶材时，将会产生不同的损坏机制。根据靶材和粒子特征的不同，主要的机制为动能传递、电子激发、电离等。对于碳纳米管，最重要的机制是由于电子动能传递造成的撞击原子迁移。

带有空位的单壁碳纳米管如图 7.32(a) 所示。碳纳米管中的缺陷只有在入射电子能量足以置换碳原子的情况下才会产生。当采用高束流剂量的情况下（图 7.32(b)），大量原子在高温下快速去除，致使表面重建和直径缩小，这种情况下产生的空位是非常不稳定的。值得注意的是，碳纳米管中的空位在空间上分布不均匀。空位通过拉链机制促使聚合，沿着相邻的管在单个的管点阵上产生连续的原子重组，从而形成分子结合。

CNT 中的缺陷能够通过退火消除,但只能在高温下发生。退火会改变碳纳米管表面的缺陷,使空位愈合,形成非六角形的环和单壁缺陷。图 7.32(c) 和(d) 为同一个碳纳米管经过电子束轰击和退火的前壁。可以看出,退火过程中碳网络中间的两个空位转变为非六角环。退火也增加了单个空位及其右上角相邻碳原子向单壁缺陷的转变,同时,退火也导致了局部直径的缩减。碳纳米管具有优异的消除电子束轰击导致的损伤的能力,这会使碳纳米管基材料的纳米工程更加容易。

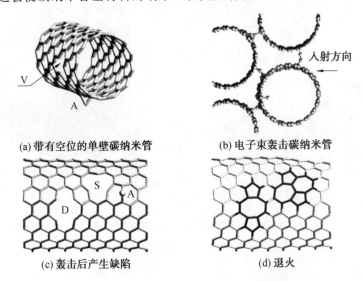

图 7.32 电子束轰击碳纳米管模型
(V、A、D、S 表示不同位置原子的缺失)

有文献报道交叉的单壁碳纳米管(SWCNT)通过电子束焊接形成分子间的连接。采用这种方法,可以在透射电子显微镜下原位实现不同几何尺寸的稳定连接。连接前,在乙醇中通过超声的方式将 SWCNT 分散开来,涂敷在多孔的碳栅格上面以备 TEM 观察。连接过程在高压 TEM 下进行,加速电压为 1.25 MV,样品温度为 800 ℃。高温下电子束辐照产生结构缺陷,通过悬垂键的交联促进纳米管的连接。纳米管通过电子辐照的作用以及接触部位的愈合而连接。如图 7.33 所示,在当前连接形成的过程中,通过样品栅格上个别纳米管和纳米管束的随机交叉分布,可以在纳米管交叉和互相接触的部位发现几个接触点,经过几分钟的辐照,两个交叉的纳米管在接触点处产生融合,形成 X 形状的连接点。

由于交叉的纳米管在没有受到辐照的部位没有产生融合,可以认为电子束作用是形成连接的根本因素。需要强调的是,室温下电子束能够迅速导致纳米管的重度辐照损伤。因此,电子束处理使纳米管内产生空位也是连接形成的必要条件。两个纳米管接触点处空位周围悬垂键成为融合过程产生的桥梁。碳原子重新排列将在表面形成六角形或者八角形的环,这样在纳米管交叉的部位产生负的曲率,如图 7.34 所示。当样品温度较高时,碳间质移动性很强,致使空位-间质对在间质团聚形成之前愈合。

7.3 纳米线连接技术 243

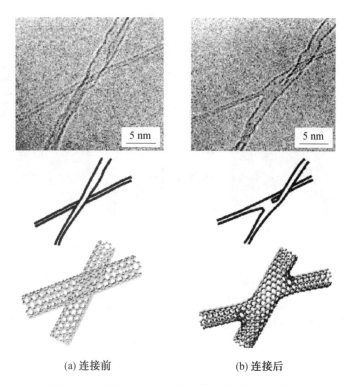

(a) 连接前　　　　　　　　(b) 连接后

图 7.33　TEM 电子束连接碳纳米管（彩图见附录）

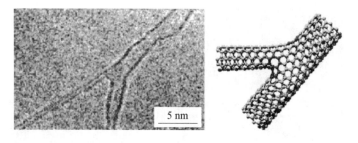

图 7.34　TEM 电子束使碳纳米管形成 Y 结合的高分辨图像和分子模型（彩图见附录）

此外，有研究者发现在微电极的边缘附近沉积一对保护连接点可以使碳纳米管伸出电极那一部分折断而不损伤钎焊连接点。碳纳米管不在保护连接点处断裂，都在纳米管－电极焊点处断裂（图 7.35）。为了避免纳米管被钎焊材料污染，纳米管中间悬空的部分应当避免在高倍率下成像。

（2）超声连接。

利用超声波纳米焊接工艺，可以在单壁碳纳米管（SWCNT）和金属电极之间制造可靠的键合。利用这种技术，单壁碳纳米管和电极之间实现了长期稳定的欧姆接触，电阻降低了三个数量级以上。

超声纳米焊接在超声丝焊设备上进行。将施压面积 $50~\mu m^2$ 和有效粗糙度 $0.2~nm$ 的 A_2O_3 单晶安装到焊接设备上作为焊焊点。图 7.36 为超声纳米焊接示意图。在焊头

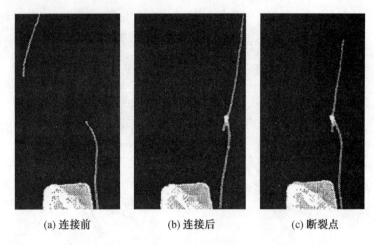

(a) 连接前
(b) 连接后
(c) 断裂点

图 7.35　电子束连接碳纳米管

上施加夹紧力将纳米管和电极接触，同时通过超声变频器在焊头上施加 60 kHz 的超声振动。超声能量通过超声焊头被传递到连接界面，这样单壁碳纳米管端部和电极在超声能量和夹紧力的联合作用下实现焊接。为了研究超声能量对焊接过程的影响，使用了一系列不同的超声能量，焊接过程在室温下进行，时间 0.2 s。在超声纳米焊接过程中，由于超声软化效应，高频超声能量使金属软化，在夹紧应力的作用下产生塑性变形。这样，一维结构纳米尺寸的单壁碳纳米管可以被嵌入和焊接到金属电极里面。

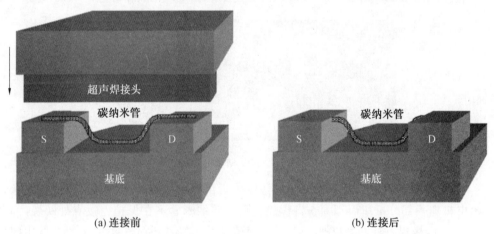

超声焊接头
碳纳米管
S
D
基底
(a) 连接前
碳纳米管
S
D
基底
(b) 连接后

图 7.36　超声纳米焊接示意图

图 7.37(a) 和(b) 为单壁碳纳米管桥接两个 Ti 电极在焊接前后的 SEM 形貌，超声功率为 0.07 W。可以看出焊接前单壁碳纳米管悬挂在两个电极上方，可以清晰地看出两个电极上单壁碳纳米管的形貌。焊接后，单壁碳纳米管的端部嵌入电极内部，电极上很难分辨出纳米管的形貌，在电极表面可以看到超声焊头和电极之间的摩擦造成的刮擦。图 7.37(c) 表明在加压和超声处理过程中多个纳米管被焊接到 Ti 电极上。

超声纳米焊接也可以用在金属电极上焊接大批的SWCNT。图7.37(d)为碳纳米管焊接到50 μm² Ti电极表面的SEM图像。可以看出,超声纳米焊接产生一个明显的带有方向性的焊接区,这是焊焊点方向性的振动造成的。在未焊合区,单壁碳纳米管松散地处在金属电极表面,如图7.37(e)所示。在焊合区内部,单壁碳纳米管和金属基底连接到一起形成新的焊接面。几乎所有的单壁碳纳米管被嵌入和焊接到Ti电极内部,只有一些伸出焊接基底的短的单壁碳纳米管端部可以看到(图7.37(f))。有研究者将超声连接碳纳米管应用于光伏器件中(图7.38(a))。采用催化化学气相沉积法合成的SWCNT,平均直径为0.9 nm。将其完全分散在氯仿中,并通过交流介电泳方法对准到源极和漏极上,形成分散的平行SWCNT束阵列。然后,应用超声波纳米焊接技术将SWCNT黏合到金属电极上,形成牢固且低电阻的触点。图7.38(b)显示了超声纳米焊接后桥接电极的SWCNT束阵列的SEM图像。由于焊接到电极中,SWCNT束的两端在电极上几乎不可见,如图7.38(c)和(d)所示。

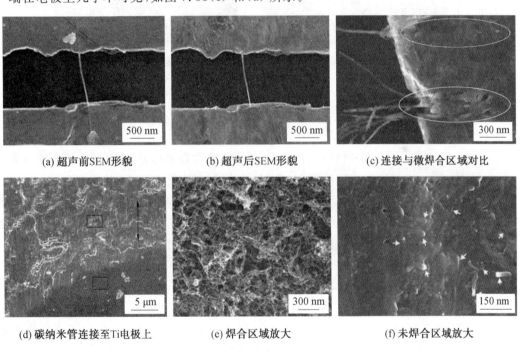

(a) 超声前SEM形貌　　(b) 超声后SEM形貌　　(c) 连接与微焊合区域对比

(d) 碳纳米管连接至Ti电极上　　(e) 焊合区域放大　　(f) 未焊合区域放大

图7.37　超声连接单壁碳纳米管

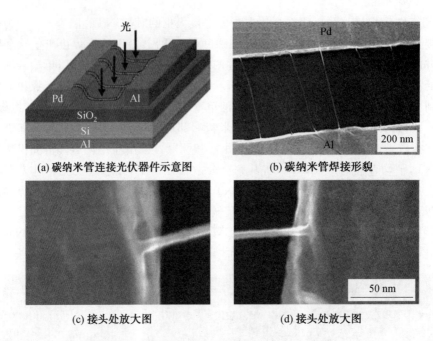

图 7.38 超声连接多根碳纳米管

7.3.7 其他连接方法

此外,利用一些非金属材料,如聚合物材料、氧化石墨烯等,也可以实现金属纳米线之间的互连。在银纳米线网络表面通过旋涂的方式填充 PEDOT:PSS 可粘接银纳米线;通过在银纳米线搭接点处填充氧化石墨烯的方式,可粘接银纳米线。氢等离子处理的方式也可实现铜纳米线之间的连接,这种氢等离子体除了可以去除表面的有机物之外,还可以与铜表面的氧化物发生还原反应,更加有利于铜纳米线之间的互连。

7.4 纳米浆料烧结技术

随着新能源领域的蓬勃发展,电力电子领域对功率半导体器件提出了更严苛的要求,而纳米浆料是一类有望应用于功率半导体器件封装的新兴连接材料。功率半导体器件是一种主要应用于发电、变电、输电等电能转换和电源管理应用的大功率工作器件,例如近年来发展迅速的绝缘栅双极性晶体管(Insulated Gate Bipolar Transistor, IGBT)。它既有 MOSFET 高输入阻抗的优势,又具备双极型三极管(Bipolar Junction Transistor,BJT)大电流的承载能力和耐高压能力。因此 IGBT 器件非常适合用作控制器系统中功率转换部件,尤其是应对高压(600 V 以上)系统中的变流系统。图 7.39 为 IGBT 功率器件封装结构示意图。然而,IGBT 器件经历了一系列复杂的结构演变,其性能早已经趋于硅基材料的本征极限,例如其开关速度、导通压降和工作温度,在超过 100 ℃ 的环境温度下,其高功率产热会使模块的局部温度超过目前硅基 IGBT 器件的额定最大工作温度 175 ℃,因此需要更换新材料来进一步提高器件性能。以 SiC 和 GaN 为首的宽禁带第三代半导体材料,具备禁带宽度高、击穿电压高、载流子饱和漂移速度大、电子迁移率高等优良特性,仅在电气性能上,SiC 功率器件就可以耐 Si 基器件十倍以上的高压,且第三代半导体材料耐热性好,在极端条件下可以忍受短时间 500 ℃ 以上峰值温度,能有效地提高转换效率。但是面对如此高的运行功率,器件的耐热、散热问题成为限制功率器件发展的瓶颈,如果芯片积热无法在短时间内向外导出,器件结温将难以控制,虽然第三代半导体具有极佳的耐热性,但是器件的其他组件很难承受如此高温。

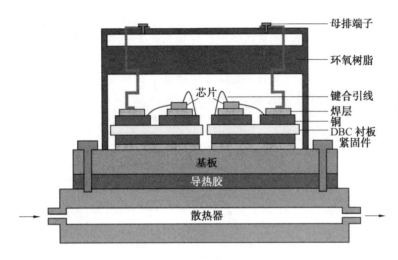

图 7.39　IGBT 功率器件封装结构示意图

　　面对这样的功率半导体散热难题,研究人员提出了可以低温烧结,高温服役的纳米浆料。常用的纳米浆料包括纳米银、纳米铜、铜银复合、金属间化合物颗粒、多尺度复合颗粒浆料等。常用的烧结方法包括热压烧结、超声辅助烧结、脉冲电流烧结、活化烧结等。烧结理论通常从纳米颗粒烧结理论和纳米颗粒烧结扩散机制两方面进行阐释。此外,为了探究纳米浆料在服役过程中的可靠性,通常会测试其热老化、热循环、功率循环、电迁移及化学迁移可靠性。

7.4.1　纳米浆料分类

　　目前常用的纳米浆料从尺寸上大致可分为纳米浆料、微米/亚微米浆料、微纳米混合浆料,从颗粒种类上大致可分为纳米银浆料、纳米铜浆料、其他金属颗粒浆料和复合金属颗粒纳米浆料。不同的纳米颗粒具有各自不同的优缺点,因此研究人员尝试对大量金属纳米颗粒进行烧结。在双金属纳米颗粒开发出来之后,更进一步提高了纳米浆料的可行性,双金属纳米颗粒由于不同金属成分的互补、增强和配位作用,具有优于单金属纳米颗粒的优点,尺寸效应、量子效应、表面效应和组分效应的组合进一步扩展了纳米合金颗粒的可能性。

(1) 纳米银浆料。

2005 年,Ide 等人首次提出使用纳米银颗粒作为互连材料,目前低温烧结银纳米颗粒技术是最有可能替代传统钎料的纳米烧结技术,纳米银材料具有多种优势:① 银金属熔点高达 961 ℃,可以满足大功率器件苛刻的高温服役条件,或者一些极端条件下的服役需求(如地下勘探、新能源汽车器件等);② 银材料化学性质稳定,由于纳米颗粒比表面能很高,化学活性远超过块体材料,其他金属纳米颗粒在空气中极易氧化,难以长时间保存,而银纳米颗粒可以在空气中长时间保持稳定,易于存储和运输;③ 银材料导热率高,块体银材料的导热率为 429 W/(m·K),虽然纳米浆料烧结体无法完全致密,但是烧结焊点的导热率也可以达到 150 W/(m·K) 以上,远超传统钎料。但是银纳米浆料的应用也存在一些缺点,如银纳米颗粒在高温通电服役过程中易发生电迁移效应,在潮湿环境下通电使用易发生电化学迁移反应;银材料价格昂贵,限制了其大批量的生产使用。目前,全球烧结银膏的主要厂商包括德国贺利氏公司、日本京瓷公司和美国铟泰,占全球 65% 以上的市场份额,一些常见商用纳米浆料的性能见表 7.1。

表 7.1 常见商用纳米浆料的性能

公司名称	材料	烧结参数	导热系数 /(W·m^{-1}·K^{-1})	电阻 /(mΩ·cm^{-1})	剪切强度 /MPa
日本京瓷	银	250 ℃ 无压烧结	200	—	—
德国贺利氏	银	>230 ℃ 有压烧结	>200	—	—
	银	>230 ℃ 无压烧结	>100	≤0.008	—
	铜	>260 ℃ 有压烧结	>200	—	—
深圳先进连接	银	有压烧结	300	—	80
	银	无压烧结	150	—	40
哈利玛电材	银	190 ℃ 有压烧结	95	0.012	21
	银	250 ℃ 有压烧结	240	0.005	40
清才科技	银	220~280 ℃ 无压烧结	>150	0.002	>30
	银	180~200 ℃ 无压烧结	>80	—	>20

一般来讲,银纳米颗粒泛指粒径尺寸在 100 nm 以下,可以使用离子溅射、高压水雾化和蒸镀等方法制备的纳米银颗粒,但是制备的粉体尺寸形貌不均匀,且很难通过合适的手段筛分;此外银具有表面容易硫化的特性,影响日后的使用。目前最常用的方法为液相合成法。图 7.40 为纳米银颗粒烧结进程示意图。近年来由于纳米银烧结技术的巨大潜力,研究人员从各种方面改善纳米银的材料性质并研究连接机理。比如通过降低颗粒尺寸来提高表面能,降低烧结温度,有研究人员将纳米银的粒径降低至 10 nm 以下,不过成本高昂;又如通过多种尺寸、形状混合提高焊点致密度。

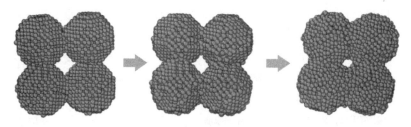

图 7.40　纳米银颗粒烧结进程示意图

(2) 纳米铜浆料。

虽然纳米银浆料已经被证明具有极佳的烧结性能和应用前景，但是银材料本身还存在诸多问题，比如银成本较高，难以大规模应用；银抗电迁移能力较差，在通电情况下比传统钎料更容易失效。与银相比，铜材料是最有替代可能性的纳米浆料材料：铜的热导率和电导率不差于银，但价格只有银的百分之一，且具有强抗迁移性。但是纳米铜需要更高的烧结驱动力，源于铜的高熔点，因此普遍需要高温高压的烧结条件；另外，纳米铜表面活性极高，在空气中会自发性氧化，表面的氧化膜会严重阻碍纳米铜颗粒的扩散和烧结过程，因此通常需要真空或者还原性气氛来实现高质量的纳米铜烧结。这都严重制约了纳米铜浆料的应用前景。不同烧结压力下纳米铜浆料和银浆料的力学性能对比如图 7.41 所示，可以发现纳米铜烧结普遍需要更高的烧结温度和烧结压力来达到同样的力学性能，且需要惰性气体保护才能实现低压连接。不过由于其低廉的成本，纳米铜材料仍然具有较高的研究价值，多家新材料科技公司也开始推出商用纳米铜浆料商品。

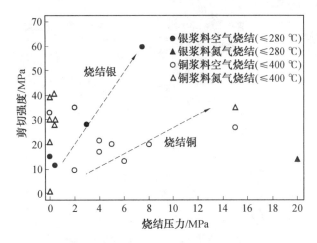

图 7.41　不同烧结压力下纳米铜浆料和银浆料的力学性能对比

(3) 铜银复合纳米浆料。

为了发挥纳米银和纳米铜两种材料的优势，并规避两种材料的缺点，有研究人员提出铜银复合的纳米材料，纳米铜的添加可以有效地抑制纳米银颗粒离子迁移问题，且有效地降低成本；纳米银的添加可以抑制纳米铜颗粒的氧化问题，且提高纳米铜的可焊性。通过机械混合的方法可以将纳米银颗粒和纳米铜颗粒机械混合在一起,再制备成烧结浆料,但是要将两种材料混合至均匀的状态,需要长时间的搅拌,此外机械混合的方式并未解决纳米铜颗粒的氧化问题。研究人员又提出了两种复合浆料,可以有效地解决这个问题,分别为铜银核壳纳米颗粒和铜银固溶体纳米颗粒。

① 铜银核壳纳米颗粒。铜银核壳纳米颗粒是通过化学镀、电镀、沉积等一系列方法,将银元素沉积在纳米铜颗粒表面,形成一层厚度为纳米级的银壳,包裹在纳米铜颗粒的表面。以两步合成法为例,首先通过液相合成法制备尺寸稍大的纳米铜颗粒,并使之均匀地分散在溶剂中,然后加入银盐溶液,通过和铜的置换反应,或者加入还原剂使银元素在铜表面生长,此外还要加入缓蚀剂防止反应过快,使纳米铜消耗殆尽。在实际的生产中,由于纳米银层厚度较薄,很难形成厚度均匀的银壳,更多情况是以更小尺寸的纳米银小颗粒的形式生长在纳米铜颗粒表面(一般为 10 nm 以下)。铜银核壳纳米颗粒的连接示意图如图 7.42 所示,在低温区连接的开始阶段,小尺寸纳米银颗粒的连接和颈缩作为连接的主导,且不同的小银颗粒也在合并长大。随着烧结温度提高,银元素在铜球表面以固态形式"润湿铺展"并成为纳米铜球之间连接的桥梁,最终核壳颗粒的表面由最初的粗糙变得圆滑,形成致密的焊点。该方式成功实现了在非惰性气氛或还原性气氛下烧结纳米铜基浆料,且在 250 ℃ 下就可以获得高达 26.5 MPa 的剪切强度。

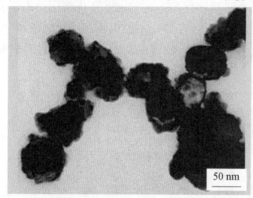

(a) 纳米银小颗粒在铜表面生长

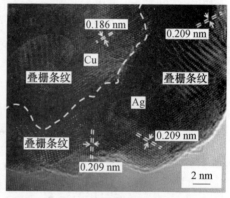

(b) 银颗粒合并长大

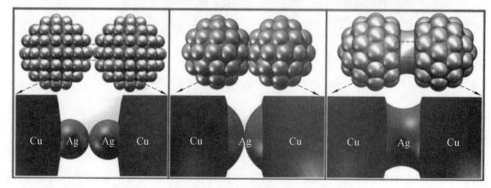

(c) 银颗粒"钎焊"铜核过程示意图

图 7.42　铜银核壳纳米颗粒连接示意图(彩图见附录)

② 铜银固溶体纳米颗粒。该方法是通过液相合成一步法,同步还原银盐和铜盐,在溶液中直接合成两种原子混合均匀的合金稳定相,如图 7.43 所示,由于液相合成法中化学反应速度较快,纳米颗粒倾向于形成热力学非稳态的过饱和固溶体合金结构。例如,当银元素远多于铜元素时,铜原子会规则排列在银晶格中,形成置换固溶体。在长时间的加热烧结作用下,纳米颗粒逐渐相变为热力学稳定相,即富银相和富铜相的两相分离,最终形成铜银混合的类共晶组织。

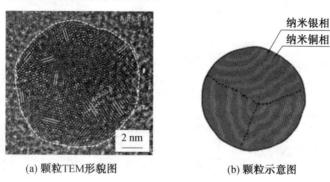

图 7.43 铜银固溶体纳米颗粒(彩图见附录)

研究人员还开发了 Ag—Al 纳米颗粒等其他二元纳米颗粒用于封装互连,该领域还在进一步的研究中。

(4) 金属间化合物纳米颗粒浆料。

传统的电子封装中,锡基钎料一般情况下能够与基板发生反应,在界面处形成金属间化合物 IMC,如 Cu_6Sn_5、Cu_3Sn 等,IMC 的生成代表了两种金属稳定界面的产生和机械、电气互连的实现。但是 IMC 本身脆性较高,当焊点界面处生成过厚的 IMC 时,其高硬度、低塑性的特点会导致界面处应力缓冲能力的下降,另外 IMC 两侧热膨胀系数不匹配,也会造成焊点开裂,因此一般来说希望焊点界面处 IMC 越薄越好。反之,若焊点形成全金属间化合物焊点(full IMC joint),变为 IMC 单一结构,则会有效解决界面薄弱和热应力不匹配的问题,另外 IMC 本身还具备高强度、高硬度、高熔点、抗蠕变、抗氧化等优点。但是全金属间化合物焊点的制备难度较高,IMC 熔点高无法钎焊,若想由相变制得则需要高温和长时间的再流焊接,而纳米颗粒烧结提供了一种新的全 IMC 焊点制备方法。

以传统电子封装领域最常用的 Cu、Sn 材料为例,哈工大研究人员先后制备 Cu_6Sn_5、Cu_3Sn、Cu_3Sn_{10} 等不同种的 IMC 纳米颗粒,并将其制备成纳米浆料用于器件互连中,和纯金属一样也可以在远低于 IMC 熔点的低烧结温度下实现连接。如图 7.44 所示的纳米 Cu_6Sn_5 金属间化合物颗粒,其结构均为单晶,但是由于透射试样常会团聚或者重合在一起,因此会出现疑似多晶的衍射条纹。此外研究发现,将 IMC 晶粒纳米化至一定尺寸后,材料的晶体结构也会发生改变(图 7.45),随着颗粒尺寸的减小材料发生软化,这样的显微组织能够克服 IMC 本身高硬脆性的危害,将其转化成有利的连接材料,这就是著名的反 Hall—Petch 现象。但是这种材料也具有一系列缺点,如可焊

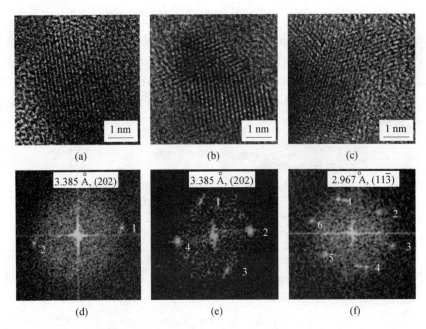

图 7.44 不同形貌纳米颗粒的高分辨 TEM 图片,分别对应 Cu_6Sn_5 的 η 相的三种晶面

性差、焊点强度低等,还有待研究人员进一步开发。

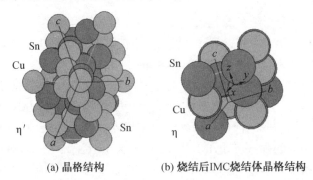

图 7.45 纳米 Cu_6Sn_5 晶格结构和烧结后 IMC 烧结体晶格结构(彩图见附录)

(5) 其他浆料。

目前研究中的纳米浆料,主要是指在纳米银颗粒中掺杂其他组分,来改善纳米银浆料的缺陷。比如针对纳米银无法烧结成完全致密体的问题,有人提出用环氧树脂等热固性塑料作为纳米浆料的溶剂,在烧结过程中热固性塑料固化后填充纳米颗粒的孔隙,形成完全致密的焊点,这种纳米浆料称为树脂增强型浆料,但是树脂一般不耐热,因此不能应用于长时间高温服役的功率器件;有研究人员在纳米浆料中添加高导热组分,来提高焊点的散热性能,比如添加定向排布的石墨烯薄片,利用石墨烯特定方向导热性能强的性能实现定向的散热;此外,SiC、TiC、BN 等材料也被研究添加进纳米银浆料中,一般来说功率器件芯片材料由 Si 或 SiC 材料制作而成,而半导体与金属银的热膨胀系数相差较大,因此与半导体材料热匹配的材料添加会有效地缓解焊点中热应力。

但是杂相的添加通常会带来可焊性下降的问题,以 SiC 为例,作为无机陶瓷材料熔点高达 2 700 ℃,通常需要 1 000 ℃ 以上的烧结温度才能有效地进行机械连接,此外 SiC 和银金属之间也很难互扩散。因此只能少量添加,以保证浆料的可焊性。也有研究人员尝试在 SiC 表面做可焊性镀层,比如做成镀银的核壳材料,再与纳米银形成互连网络。

(6) 多尺度复合纳米浆料。

在单一粒径纳米浆料得到推广之后,研究人员尝试将不同尺寸不同形状的纳米颗粒混合在一起,期待得到更好的焊点性能。研究发现,当原始粉体堆垛密度越高时,烧结焊点的致密度越高;而多尺寸纳米颗粒粉体混合,会提高原始粉体的堆垛密度,如图 7.46 所示。

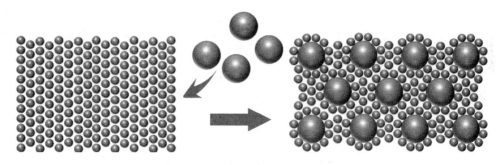

图 7.46　复合尺寸混合后密实度增加

但是如前文所说,颗粒的烧结性能取决于颗粒比表面能,即颗粒体积,体积越大的纳米颗粒连接难度越高。用微米粉体和纳米粉体混合时,微米颗粒很难与微米颗粒直接连接,因此需要纳米颗粒成为连接微米颗粒的桥梁,即用纳米颗粒"钎焊"微米颗粒。烧结后形成了高密度,但晶体缺陷最少的烧结焊点。此外当微纳米颗粒混合烧结后,微米组织起到了阻止裂纹扩散的作用,进一步提升了焊点的机械强度。因此,不同尺寸混合的纳米浆料是未来的重要发展方向。

7.4.2　纳米颗粒制备方法

纳米浆料粉体的制备在纳米浆料烧结技术中至关重要,粉体的质量直接影响烧结工艺和烧结体质量。目前对金属纳米颗粒粉体及其相关氧化物、化合物粉体的制备已经发展了多种不同的方法。根据反应原理可以将这些方法分为物理合成法和化学合成法;根据原料的属性,可以划分为液体法、固体法和气体法。一般来说,化学法中主要包括还原法、电解法和气相合成法;物理法中主要包括雾化法和机械粉碎法。粉体制备方法的选取,主要取决于材料本身的属性(包括化学性质、熔点、硬度等)、需要的颗粒尺寸和形状以及制备方法的产能和成本。随着多种不同的纳米浆料被开发出来,对纳米颗粒的要求也越来越多,因此粉末制备也在不断地发展和创新。

(1) 化学液相合成法。

目前,纳米颗粒制备方法中最成熟、应用最广的是化学液相合成法。从原理上看化学液相合成法属于还原法的一种,即用强还原剂将金属盐或者氧化物在溶液中快速还原成金属单质或合金,并从溶液中分离出来。该方法需要的原材料为还原剂、分散剂(也称表面活性剂)、提供金属元素的金属盐前驱体、调节 pH 值的酸或碱以及合适的溶剂。关于化学液相合成法的反应机理和纳米颗粒的合成机制,目前已经发展出了多种不同的理论体系,其中最经典的是成核－长大机制,该理论虽然不能解释制备过程中的每个细节,但是可以清晰地阐述纳米颗粒制备的流程,有助于理解和优化制备工艺,因此本书以成核－长大机制介绍该方法。

成核－长大机制认为,纳米颗粒在溶液中的生长过程,类似于液态晶体凝固的过程,共分为两个步骤:① 由反应生成的原子单体形成纳米颗粒的生长核心;② 原子在形核中心上沉积、生长,最终长大成纳米颗粒。以纳米浆料中最常用的纳米银颗粒为例,生长过程大致如图 7.47 所示:首先在含有银盐的前驱体溶液中加入强还原剂,并控制反应条件使反应快速进行,银离子被快速还原成原子,多个原子团聚成簇并从溶液中析出形成晶核,该阶段为形核阶段;随后更多的原子被还原出来后沿着晶核表面生长,逐渐长大形成固体颗粒,该阶段称为长大阶段。为了使固体颗粒的粒径小至纳米尺寸,则需要让多数银原子参与形核,减少参与长大的银原子数量,因此液相还原法中通常选用硼氢化钠、水合肼、抗坏血酸等强还原剂;其次溶液中加入了分散剂,一般为长链有机物,在纳米颗粒形成的过程中包裹在了纳米颗粒的表面,限制颗粒的过度生长,以及阻止颗粒长大过程中彼此团聚。在颗粒制备过程中,既有初始阶段的银晶粒成核与长大,也有在反应中后段发生的二次形核现象,这会导致颗粒尺寸不均匀;小颗粒的布朗运动和碰撞也会导致粒径分布发生变化,因此颗粒生成和长大是整个反应的关键环节,粉末的粒度控制过程实际就是控制形核和长大的过程。

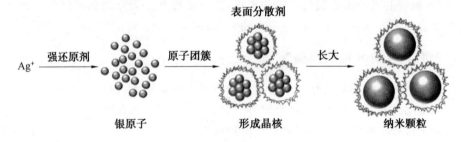

图 7.47 纳米银颗粒合成示意图

研究人员认为,纳米颗粒的生长过程依据 WEIMARN 法则生长,其晶核的生长速度 V_1 为

$$V_1 = \frac{d_n}{d_t} = \frac{K_1(C-S)}{S} \tag{7.1}$$

式中　n——晶核数量;
　　　t——反应时间(s);

K_1——常数;

S——金属粒子在溶液中的溶解度;

C——溶液中的溶质浓度,$(C-S)$ 即为溶质的过饱和度。

晶核形成之后,在温度压强不变的稳态条件下,晶核的生长速度 V_2 可以表示为

$$V_2 = K_2 D(C-S) \tag{7.2}$$

式中　K_2——常数;

D——溶液中溶质的扩散速率。

根据 WEIMARN 法则可以看出,反应中可以通过控制金属粒子在溶液中的溶解度、反应温度、溶质过饱和度和金属离子浓度来调控反应进程,一般来说,形核速度越快,生长速度越慢,则纳米颗粒的粒径越小。由式(7.2)可知产物的溶解度越小,形核速度越快,生长速度越小,纳米颗粒粒径越小;由于金属粒子在常见溶剂中溶解度很小,因此形核速度 V_2 受过饱和度的影响要远大于生长速度 V_2,因此过饱和度越大越利于金属粒子在溶液中形核,纳米颗粒的粒径越小;该反应的温度越高,越促进溶液中原子和小团簇的布朗运动,从而提高了扩散速率 D,提高了微粒之间的碰撞概率,间接导致了纳米颗粒的粒径变大,更不利于小尺寸纳米颗粒的生成。

(2) 物理球磨法。

还可以通过物理粉碎法直接制备粉体颗粒,即通过电火花爆炸、冲击波诱导爆炸、机械粉碎等方法直接粉碎金属源。该方法操作简单,成本较低,适合用于高产能的工业大批量生产,但缺点是容易引入杂质、粒度难以控制且分布不均等,微纳连接领域对纳米颗粒的粒径统一性没有苛刻的要求,所以可以采用这种方法。传统粉末冶金中极细微米金属粉末主要使用的机械粉碎法为球磨法,其常用的超微粉碎机包括球磨机、高能球磨机、行星磨、塔式粉碎机和气流磨等,其原理是在研磨罐中放入高硬度的研磨球和金属原料,在外部机械力的作用下让它们频繁碰撞,颗粒在球磨的过程中反复被挤压、变形、断裂,示意图如图 7.48 所示,目前纳米浆料中的微米大尺度组分多用该方法制备而成。此外在球磨的过程中,外部机械力持续的能量输入,会导致颗粒表面的缺陷程度提高,晶粒细化,最终形成更小尺寸的纳米颗粒。传统的球磨方法效率较低,需要长时

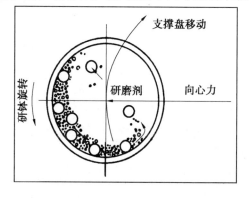
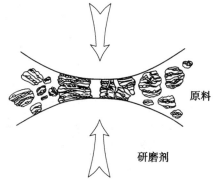

图 7.48　球磨法制备纳米颗粒示意图

间的运作才能得到小粒径的纳米颗粒,高能球磨技术(HEM)一经出现就成为纳米颗粒制备的重要方法。与传统方法不同,高能球磨同时具备搅拌和振动两种工作形式,常用的研磨介质包括不锈钢球、玛瑙球、碳化钨球、刚玉球、聚氨酯球等。目前机械球磨法常被用来制备用常规方法很难制备的高熔点合金或纳米级陶瓷复合材料粉末,尤其适用于制备脆性材料的超微粉末。但是 HEM 机往往需要长达几十小时的工作时间,因此机器易损耗,且工作温度很高,需要采取降温措施;纳米材料比表面能高,比起平常状态下更容易氧化,尤其是在球磨机的高能量输入条件下,因此需要通入惰性气体作为保护气氛;另外高表面能的纳米颗粒极易团聚,球磨法制备成的纳米颗粒表面没有包覆剂,在存储过程中可能会因为长时间团聚后很难散开而失效。这些条件都限制了高能球磨法的使用。

此外,制造纳米颗粒的物理方法还包括溅射法、流动液面上真空蒸镀法、金属蒸气合成法、混合等离子等,由于在电子封装领域应用较少,因此不过多介绍。

(3) 气相沉积法。

1984 年,德国科学家 Gleiter 等首次用惰性气体沉积和原位成型方法,研制出了具有表面清洁功能的铁纳米颗粒,随后出现了以惰性气体凝聚法为基础改进的物理制备方法,称为物理气相沉积法(Physics Vapor Deposition,PVD),又称蒸发冷凝法,该方法的主要机理是用不同方式的能量输入使原料汽化或形成等离子体,然后在惰性气体氛围下骤冷使之凝结成纳米颗粒。该方法的优点是纯度较高,颗粒具有清晰的纳米晶粒组织,且粒度可以自由调控。根据加热源的不同,物理气相沉积法可以分为以下几种:① 真空蒸发－冷凝法,在真空环境下加热供给原料使之蒸发,在气体中冷凝成纳米颗粒,这种方法仅适合制备低熔点且成分单一的物质;② 激光加热蒸发法,使用激光实现对物质源的快速加热,可获得粒径小且尺寸均匀的纳米颗粒,但是耗能大投资大,很难大批量生产;③ 高频感应加热法,以高频感应为加热方式蒸发坩埚内的金属源;④ 高压气体物化法,利用高压气体雾化器将惰性气体高速射入熔融材料中,熔体被破碎成极细颗粒,再骤冷得到超微粒;⑤ 等离子体法,用等离子体将原料粉末熔融蒸发,该方法是制备氧化物、氮化物、碳化物、高沸点金属和金属合金的最有效方法,但是离子枪寿命短,该方法花费较高,目前也在开发电弧汽化法和混合等离子体法等作为新的加热源。

另外还有化学气相沉积法(Chemical Vapor Deposition,CVD),机制类似于物理气相沉积法,是利用两种或多种气体原料在气相中进行化学反应形成基本粒子,然后再通过极冷获得纳米颗粒,其特点是纯度很高,工艺流程可控,但是粒子尺寸较大,且颗粒易团聚。目前常用的方法为等离子体化学气相沉积(PECVD),利用等离子体产生的超高温激发气体发生反应,同时反应腔与周边环境形成巨大温差,这种方法更容易制备陶瓷、化合物等纳米级复相材料。此外,还可以用微乳液法、溶胶－凝胶法、蒸发法、电解法等多种方法来制备纳米颗粒。

7.4.3 纳米浆料烧结方法

纳米浆料的烧结方法也是决定焊点质量的关键因素。原则上讲,烧结方法即为纳米浆料烧结提供能量输入的方式,最传统的能量输入方式是加热,其包括了热传导加热、通电焦耳热加热、激光加热、微波加热、感应加热等不同的方式。研究人员发现不同的加热方法在烧结过程中还以不同的方式促进原子扩散、帮助颗粒烧结,而不同烧结方法由于其工艺不同,也有各自的限制和应用场景。本节将详细介绍目前已经应用在纳米浆料领域中的各类烧结方法。

(1) 热压烧结。

目前研究和应用最广泛的纳米浆料烧结方法为热压烧结法,即在加压的同时对器件/纳米浆料/基板或基板/纳米浆料/散热模块进行加热,加热方式是通过热头和热板热传导,最终获得结构稳定的三明治烧结结构,烧结过程如图 7.49 所示。该方法工艺简单且成熟,成本低廉,是最有应用前景的烧结方法之一。影响热压烧结最关键的参数为:烧结温度、升温/降温曲线、保温时间、施加压力、烧结气氛等。热压烧结的温度远低于块体金属的熔点,一般来讲,热压烧结的起始温度设定可以用如下公式计算:

$$T_b = 0.3 T_m \exp\left[-\frac{2S_m}{3k}\frac{1}{(r/r_0)-1}\right] \tag{7.3}$$

式中　T_b——连接开始温度;
　　　T_m——块体材料的熔点;
　　　S_m——熵;
　　　k——玻尔兹曼常数;
　　　r——颗粒直径;
　　　r_0——原子直径。

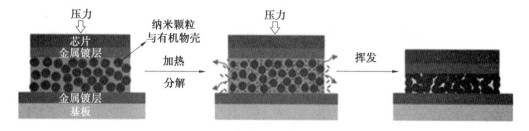

图 7.49　纳米浆料热压烧结示意图

除了考虑纳米颗粒的连接温度,还需要考虑有机溶剂的蒸发,需要适当的升温曲线保证溶剂的完全蒸发,且不会产生气泡缺陷。另外烧结温度也需要考虑纳米颗粒表面分散剂的受热分解过程。成熟的商业用纳米银浆料可以将烧结温度降低到 250 ℃ 以下,甚至低于部分锡基钎料的焊接温度。烧结后焊点形貌如图 7.50 所示,可以发现热压烧结后焊点呈多孔结构,且焊点内部和界面处烧结情况各不相同,因此纳米浆料烧结性能也取决于焊盘金属的选择。

烧结气氛一般分为氧化氛围、还原氛围和中性氛围三种,纳米浆料通常需要在还原

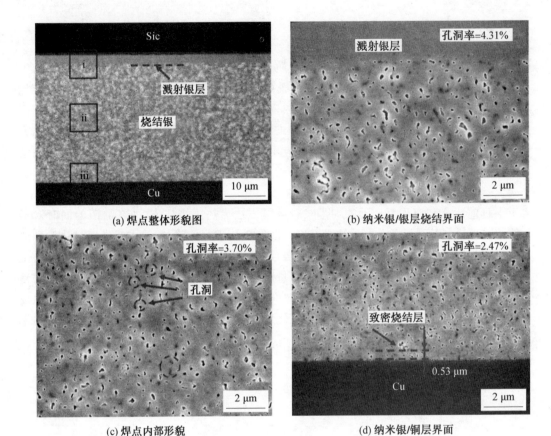

图 7.50　纳米银浆料在 225 ℃、5 MPa 下烧结 10 min 后焊点形貌

氛围下进行,这是因为由于高表面能的作用,纳米颗粒化学活性较高,因此需要隔绝周围环境对烧结体的有害反应(主要为氧化反应),同时也可以保持烧结材料中的有用成分。另外,真空氛围也是常用的烧结氛围,真空是最理想的惰性气体,可以有效地阻止纳米颗粒反应;真空可以改善液相的润湿性,如果纳米颗粒确实存在表面熔化效应,可以改善纳米颗粒的烧结性能;真空烧结本质上是一种减压烧结,可以有效地帮助纳米浆料中有机组分的快速挥发和耗散,减少焊点中的有机组分残留。但是真空条件下烧结体加热速率低,会影响器件的生产效率,此外真空设备也会增加烧结的成本。

烧结时间和烧结压力的选取,取决于不同纳米颗粒和有机填料的性质,一般来说烧结的初级阶段所需时间较短,而孔隙球化和焊点致密至少需要几十分钟甚至 1 h 以上。烧结过程中施加的压力会导致焊点残余应力较高,降低焊点的可靠性,因此研究人员一直致力于研究低压甚至无压烧结法,由于缺少压力可帮助有机组分的逸散,因此设计容易挥发的有机组分;另外缺少压力可提供原子扩散的助力,因此需要增加烧结温度和时间,目前研究的无压烧结温度均要超过 250 ℃。也有研究人员通过开发前文提到的混合尺寸浆料、复合纳米颗粒,来达到无压烧结的目的。此外为了降低烧结压力,降低烧结温度,其他烧结方法也在开发中。

(2) 超声辅助烧结。

烧结方式的选择原则上讲即是能量输入方式的选择,只要能量输入满足能使纳米颗粒跨越能量壁垒,纳米颗粒就可以自发性地烧结。除了加热以外,还存在多种不同的能量输入方式,可以用于辅助纳米浆料的烧结,这其中研究比较早的是超声辅助烧结,如图 7.51 所示。超声辅助技术很早就应用在电子封装领域,在传统封装领域,超声技术可以辅助引线塑性变形、破碎连接材料表面的氧化层;高功率超声技术除了以上作用之外,还可以提供烧结所需的能量输入:在局部压力作用下金属彼此贴合界面形成微连接,功率超声波会诱发局部机械振动,在高频摩擦的过程中界面处产生大量的摩擦热,且摩擦作用下材料变形金属流动,进一步增加界面贴合区的面积,界面温升和超声软化作用促使界面产生高应变速率塑性形变,并逐渐扩大微连接区域。在图 7.52 中展示了热压烧结与施加超声辅助的热压烧结的焊点形貌差别,在同等烧结温度下施加超声辅助的焊点强度比热压烧结焊点高一个数量级,且烧结时间仅用 10 s,可以实现在低温下的快速烧结。

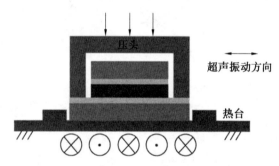

图 7.51 纳米浆料超声辅助烧结示意图

除了固相界面的摩擦热,当纳米浆料中含有液相时,超声空化效应也起到了积极的作用。1927 年,化学家 Richards 等人首次意识到超强声波通过液相时会产生化学效应,当超声波在液相中传播时,液相中的某一定点将出现周期交替的瞬时压缩和拉伸循环,当瞬时拉伸力大于对液相提供的拉应力时,在液相中会出现瞬时的真空空洞,此时处于该真空空洞周围的气体会扩散进入真空空洞,从而形成负压极低的空化气泡;当该处液相中出现瞬时压缩循环时,液相中的压缩作用将对空化气泡形成瞬时的压应力,使得空化气泡中的气相返向液相中扩散。当空化气泡在膨胀时的表面积大于被压缩时,气相从液相向气泡扩散要比从气泡向液相扩散容易得多,因此空化气泡在周期性的超声振动作用下不断长大,尺寸达到临界值后则不再能稳定存在,这时液相将迅速填充空洞并使气泡爆破,这个过程称为空化效应。空化气泡的临界尺寸与超声波的频率有关,频率越大临界尺寸越小。而空化气泡的生长速度与超声波的强度有关。超声波在液相中的作用强度 I 可以通过公式计算:

$$I = \frac{1}{2}\rho c (2\pi f A)^2 \tag{7.4}$$

式中　　ρ——液相的密度;

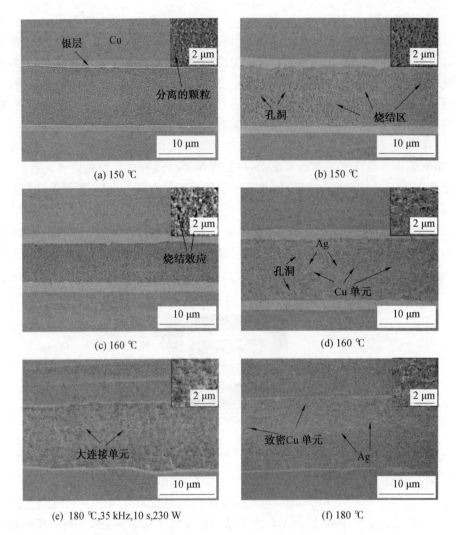

图 7.52 铜银核壳浆料在 5 MPa 下热压烧结 20 min 的形貌图

c—— 超声波在液相中的传播速度；

f—— 超声波的频率；

A—— 超声振动的振幅。

当超声波作用于液相中时，由于固－液界面处存在一系列缺陷，会降低空化气泡生成的形成能，因此空化气泡总是优先生长在固－液界面处。当固－液界面附近的空化气泡爆破时，液相向空化气泡填充时并不对称，远离界面的液相更充足，会优先对气泡填充，从而在空化气泡中生成垂直于界面的液相微射流和冲击波。空化气泡爆破时在固－液界面会形成速度高达 100～500 m/s 的液相射流，这股液相射流会在固－液界面形成微米尺度的瞬时"热点"，当超声波功率足够高时，其瞬时"热点"温度可达 5 000 ℃。

综上所述，针对不同状态的纳米浆料，超声会起到不同的作用。在超声辅助下可以实现超低温烧结纳米浆料(有文献将烧结温度降低到 180 ℃以下),大大降低烧结温度,低烧结温度有效地缓解了焊点的残余热应力,进一步提高了纳米浆料焊点可靠性。

(3)脉冲电流烧结。

脉冲电流烧结法也称放电等离子体烧结法(Sparking Plasma Sintering,SPS),或者等离子体活化烧结法,纳米浆料脉冲电流烧结法如图 7.53 所示。传统的 SPS 是指在粉末颗粒中直接通入脉冲电流,利用瞬间、持续的放电能,进行加热烧结的方法。目前主要使用的 SPS 系统主要由日本生产制造,其设备的主要部分包括轴向压力装置、水冷冲头电极、真空腔体、气氛控制系统、脉冲电源、冷却系统、测量模块和安全控制等单元。SPS 的加热方式主要依靠通断式直流电流、脉冲电流产生放电等离子体、放电冲击压力,在焦耳热和电场扩散作用下,促进焊点的烧结,一般还需要压力系统施压。整个烧结过程可以在真空中进行,也可以在保护气氛下进行。脉冲电流通过上下压头经过,加热系统热容一般很小,因此烧结体升温和传热很快,实现快速的升温和降温。

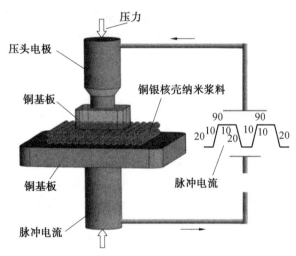

图 7.53 纳米浆料脉冲电流烧结法

在传统粉末烧结理论中,SPS 烧结过程可以看作颗粒放电、焦耳热、加压协作作用的结果。脉冲直流电在粉末的孔隙间产生放电等离子,由放电产生的高能粒子撞击颗粒的接触区域,使物质产生蒸发作用,从而起到净化和活化的作用,等离子体的产生可以净化颗粒表面的氧化层和有机溶剂残留,还可以提高烧结活性,降低金属原子的扩散自由能,有助于加速原子的扩散。当脉冲电压提高到一定值时,粉末间的绝缘层会被击穿放电,颗粒产生自放热进而快速升温。升温后热量通过晶粒间的结合处迅速扩散冷却,电场的作用因离子高速迁移。最终在重复的电压开关下形成烧结体。脉冲电流烧结后焊点形貌如图 7.54 所示,在短短秒级时间内就可以实现纳米铜银核壳浆料的快速烧结,且焊点内部致密性能良好。

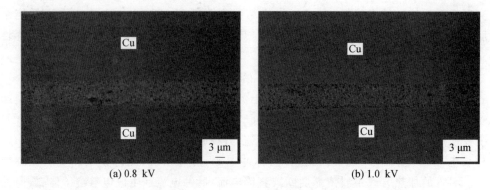

图 7.54 铜银核壳浆料分别在 0.8 kV 和 1.0 kV 电压下脉冲烧结焊点

(4) 活化烧结。

采用物理或化学的方法,使烧结活化能降低、降低烧结温度,或者辅助加速其他进程,最终加快烧结速度,增加烧结体密度的方法称为活化烧结,而在纳米浆料领域,已经有研究人员在研究如何采用化学辅助的方法促进烧结进程。目前活化烧结的研究方向主要有三个:① 辅助去除纳米颗粒表面包裹的有机分散剂,由于分散剂一般都是由长链有机物组成,而这些有机物在低温下很难降解分散,因此可以采用适当方法辅助去除;② 辅助去除纳米浆料中的有机溶剂,由于纳米浆料烧结温度较低,有可能会发生有机溶剂无法完全挥发,残留在焊点中的情况,因此可以采用活化的方法帮助除去溶剂;③ 辅助去除氧化物,这主要针对纳米铜等易氧化的纳米颗粒。有研究人员采用两步活化烧结法实现了纳米银浆料的无压烧结,烧结过程如图 7.55 所示,首先用氧等离子体处理纳米浆料,去除浆料中的有机组分和包覆剂,但是在这个过程中银颗粒会发生氧化,随后用甲醇/氢氧化物蒸气处理烧结体,去除表面的氧化层,实现了纳米浆料的低温无压快速烧结。

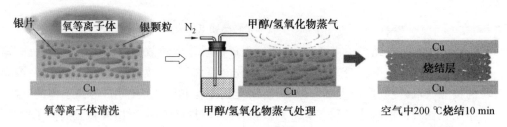

图 7.55 两步活化烧结法示意图

针对纳米铜浆料烧结过程中,铜颗粒极易氧化的问题,还原气氛活化辅助烧结是一个比较有前景的方法。比如通过甲酸蒸气处理烧结,如图 7.56 所示,纳米铜颗粒在生产过程中,无论是化学制备法或者物理粉碎法,表面封端剂都无法完全阻止纳米颗粒的氧化,另外纳米铜颗粒在浆料储存过程中也很难防止进一步的氧化,因此通过甲酸蒸气处理纳米铜颗粒是一个有效降低烧结温度,提高烧结性能、焊点性能的方法。但是在工业封装生产线上,甲酸对设备的腐蚀是比较严重的问题,因此更合适的还原剂也在开发当中。

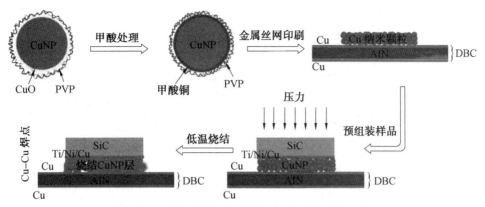

图 7.56 甲酸处理纳米铜烧结示意图(彩图见附录)

也有研究人员利用盐溶液浸泡的方式活化浆料。以两步活化烧结为例,在研究中,颗粒选取的是铜银核壳纳米颗粒,表面包覆剂为油胺(OAM),首先用短链的亲水性稳定剂异丙醇胺(MIPA)浸泡处理纳米颗粒,因为短碳链的胺可以优先吸附在金属纳米颗粒表面,所以可以取代原有的 OAM 实现配体交换。另外,由于 MIPA 中的羟基为亲水亲醇的官能团,因此纳米颗粒由亲油状态转换为亲水状态。随后用强电解质处理纳米颗粒,由于阴离子可以使封端剂(即前面提到的分散剂)从纳米颗粒表面脱离,如图 7.57 所示,因此用强电解质处理可以使纳米颗粒迅速团聚,形成初步的连接。目前该技术应用在纳米颗粒墨水印刷的领域,关于后续团聚的颗粒在下一步的热烧结过程是否有良性的促进作用,以及残留的盐溶液会不会加速焊点腐蚀,影响可靠性,还需要进一步的研究探索。

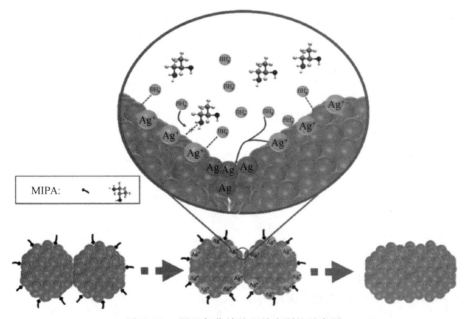

图 7.57 用硼氢化钠处理纳米颗粒示意图

(5) 其他烧结方法。

对于可以短时间承受高温的器件,通过短时间内局部加热的高温烧结手段,也可以快速地烧结纳米浆料,比如传统焊接常用的激光烧结、高频感应烧结等,这些方法可以在短时间内将器件整体加热到 500 ℃ 甚至更高,较高的能量输入除了能促进纳米颗粒烧结,还能达到热压烧结无法实现的高致密度焊点,但是这类方法很难用于批量生产,且过高的温度会对器件产生不良的影响,因此适用于一些特种材料和特殊结构的器件连接。

7.4.4 纳米浆料烧结机理

纳米颗粒的烧结是指在低于其对应的块体熔点的温度下加热,使颗粒间产生连接并达到致密化的过程,可以分为四个彼此联系、承前启后、相互交叠的阶段(图 7.58):有机溶剂蒸发和颗粒重排;纳米颗粒粘接;烧结颈长大;闭孔球化和缩小。从微观上来看,烧结表现为颗粒间通过物理扩散实现接触、致密化及晶粒生长的过程。从能量角度而言,烧结可以被定义为材料表面的消失或表面能降低,也就是说,烧结总是朝着表面积减小的方向进行,以实现体系自由能的降低。烧结理论研究的目的是为了揭示颗粒烧结过程中的物理现象与内在机制,包含烧结的热力学条件、烧结行为以及烧结动力学机制等。下面将从纳米颗粒烧结理论和纳米颗粒烧结扩散机制两方面展开介绍。

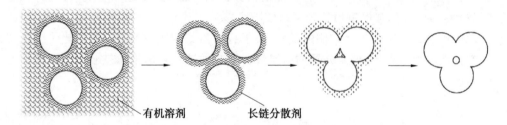

图 7.58 纳米颗粒烧结示意图

(1) 纳米颗粒烧结理论。

与块体材料相比,粉末材料的比表面积大得多,具有过剩的表面能和晶格畸变能,前者是颗粒与外界气氛和孔隙接触的表面自由能,后者是指在颗粒制备过程中颗粒内部具有较多的空位、位错和内应力。虽然对于粉体材料,表面能一般低于颗粒内部的晶格畸变能(通常小一个数量级),但是在烧结后晶格畸变不会完全消失,仍然大量残留在焊点内部,因此烧结过程中起到主要作用的是表面能,尤其是烧结前期。为了方便计算颗粒表面能,可以将纳米颗粒简化为球形实心均质颗粒,其摩尔表面吉布斯能 G_m^s 为

$$G_m^s = \sigma A_m = \frac{3\sigma M}{\rho r} \tag{7.5}$$

式中 σ——颗粒的表面张力;

A_m——颗粒的摩尔表面积;

M——颗粒的摩尔质量;

ρ——颗粒的密度;

r——颗粒的颗粒半径。

从式(7.5)中可以看出，G_m^s 随粒度减小而增加。当颗粒半径的数量级为 10^{-8} m、10^{-9} m 时，对应的 G_m^s 数量级分别为 $10^{-2} \sim 10$ kJ/mol 和 $10^{-1} \sim 10^2$ kJ/mol。能量越高烧结的驱动力越大，但是能量不足以驱动烧结过程在室温下快速自发进行，因此需要烧结工艺进行能量输入，最常见的方式为加热，对于传统微米粉末冶金工艺，烧结温度通常需要达到 $0.7 \sim 0.8 T_0$（T_0 为块体材料的绝对熔点），而纳米材料的表面能远高于传统的微米级粉体，因此可以将烧结温度降低到 $0.3 T_0$ 以下（如前文所说，可以在 300 ℃ 以下烧结熔点为 961 ℃ 的银材料）。

当烧结温度为 T 时，纳米颗粒会烧结成致密烧结体，其体系自由能变化 ΔA 可以表示为

$$\Delta A = \Delta U - T \Delta S \tag{7.6}$$

由于目前常用纳米浆料选用的是单相纳米颗粒，烧结过程中烧结体不发生相变，比热变化可以忽略不计，ΔS 趋于零，因此 $\Delta A \approx \Delta U$。烧结后颗粒的表面会转化为晶界面，而金属间的界面能远低于纳米颗粒的表面能，因此可以把纳米浆料烧结的本征驱动力 ΔE 简化为纳米颗粒和纳米烧结体表面能的差值，即

$$\Delta E = E_p - E_d \tag{7.7}$$

式中　　E_p——烧结前体系的表面能；

E_d——烧结后体系的表面能。

在烧结初期，烧结颈的生成和长大阶段，纳米颗粒从单独的颗粒逐渐演变成网状结构，E_p 代表着原纳米粉体的表面能，而烧结体结构的表面能 E_d 则表现为烧结体内部孔隙金属与气体的表面能，其表面面积和表面能远低于原纳米颗粒总表面能，因此烧结颈的生成和长大两个阶段需要的时间很短。

在烧结末期，孔隙球化和尺寸变小的过程中，孔隙表面自由能降低变成了主要的驱动力，不管总孔隙度是否降低，孔隙的总表面积总是减小的。孔隙闭合后，在孔隙体积不变的情况下，表面积减小主要靠孔隙的球化、小孔隙体积收缩和消失。

（2）纳米颗粒烧结扩散机制。

物质迁移是颗粒之间原子扩散物质传输的过程，而烧结过程中存在多种不同的物质迁移方式，包括颗粒粘接、表面扩散、晶界扩散、体扩散、塑性流动、蒸发凝聚、回复或再结晶等。1945 年，弗兰克尔首次提出了两球烧结模型，如图 7.59(a) 所示，通过晶体材料的黏性流动这一烧结机制解释烧结过程的传质问题，为现代烧结理论做出了里程碑式的贡献，随后研究人员在此基础上提出了黏性流动、塑性流动、位错攀移机制。1949 年，库坎斯基发表了著名的"金属颗粒烧结中的自扩散"论文，第一次提出了球—板烧结模型，如图 7.59(b) 所示，并推导出了烧结过程中烧结颈随烧结时间生长的动力学方程，其结果不同于弗兰克尔的黏性流动机制方程，自此开始了流动学派和扩散学派的激励讨论。本书将引用扩散学派的理论解释纳米浆料的烧结行为，支持扩散理论的学者认为，在烧结颈的凹面上由于表面张力会产生垂直于曲颈向外的张应力，在应力作用下，曲颈下的平衡空位浓度高于颗粒的其他部位，烧结颈、小孔隙表面、凹面和位错会成为提供扩散的空位源，晶界、颗粒表面凸面、大孔隙表面、位错等可以作为吸收空位的

阱，当空位向烧结颈、内孔隙等颗粒表面扩散时，或者小孔隙向大孔隙扩散时，烧结体发生了收缩，小孔隙消失，大孔隙长大。

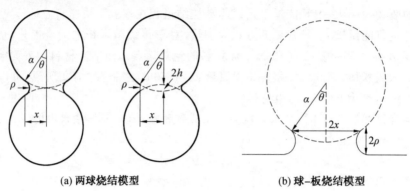

(a) 两球烧结模型　　　　　　(b) 球–板烧结模型

图 7.59　纳米颗粒烧结模型

在纳米浆料烧结过程中涉及的重要扩散机制为表面扩散、晶界扩散、蒸发－凝聚机制和体扩散，接下来会依次介绍不同的扩散机制和动力学方程。

① 表面扩散。

表面扩散是指，通过表面的原子和空位相互交换位置的方式，颗粒彼此发生物质迁移，形成烧结颈和烧结颈长大的过程。金属晶体表面原子呈阶梯状排列，原子很容易发生原子移动和扩散。纳米颗粒表面还存在大量畸变、位错和空位，为原子扩散提供位点。从能量角度说，空位扩散比间隙式扩散或换位式扩散需要的激活能小得多。对于传统粉末冶金理论体系，表面扩散只在烧结初期，即低温和中温温区作为主导扩散机制，烧结初期，颗粒之间的烧结颈快速长大，形成烧结网络后，烧结体中存在大量的连通孔，位于不同曲率表面的原子的空位浓度不同，空位会从凹面向凸面即从烧结颈负曲率表面向正曲率表面迁移，原子向反方向移动，填补凹面处和烧结颈，宏观表现为孔隙球化、小孔隙消失和大孔隙生长。而在烧结后期，孔隙闭合相互隔离之后，表面扩散只能促进孔隙表面光滑，为了致密化继续进行，需要更高的烧结温度，体扩散则取代表面扩散成为主要的扩散机制。但是对于纳米浆料，纳米颗粒具有更高的表面能，更大的比表面积，且烧结至多孔结构后即可满足芯片服役需求，不需要进一步致密化，因此表面扩散是纳米浆料的主要扩散机制。

根据菲克扩散第一定律，单位时间内颈部空位体积的变化率（dV/dt）为

$$\frac{dV}{dt} = A \frac{\Delta c}{\rho} D' \tag{7.8}$$

式中　D'——空位扩散系数；

　　　V——体积；

　　　t——时间；

　　　A——颈部表面积；

　　　Δc——过剩空位浓度；

　　　ρ——曲率半径。

过剩空位浓度 Δc 根据汤姆森公式导出：

$$\Delta c = \frac{\gamma \delta^3}{kT} \frac{1}{\rho} c_0 \tag{7.9}$$

式中　c_0——$c_0 = D_S/D'$，D_S 为表面扩散系数。

库钦斯基根据经典两球烧结模型，推导了表面扩散的速度方程式，定义 $A \approx 2\pi x\delta$，$V \approx \pi x^4/2a, \rho \approx x^2/2a$。代入式(7.8)，得到表面扩散的烧结颈长度的动力学关系式

$$\frac{x^7}{a^2} = \frac{56\gamma\delta^4}{kT} D_S t \tag{7.10}$$

此外，也有研究人员认为，金属粉末表面有少量氧化物、氢氧化物时，能起到促进表面扩散的作用。以纳米银颗粒为例，有学者认为，氧气分压增加会加速银原子的电迁移行为，其证据就是当烧结气氛中氧气含量高于 0.2% 时，焊点的剪切强度会比惰性气氛下烧结强度高。也有人提出了 Ag_2O 分解助烧结的机制，即氧气在烧结过程中侵入烧结颈的表面或颗粒内部的晶界处，在孔洞和缺陷处形核并生成 Ag_2O，高温下 Ag_2O 不稳定，会原位分解成小尺寸的纳米银颗粒，促进烧结体组织的粗化，不过这方面的研究还不完善，有待研究人员的进一步考证。

② 晶界扩散。

如前所述，空位扩散时，晶界可以作为捕捉空位的"阱"，烧结过程中颗粒的接触面上（即烧结颈）极易形成稳定的晶界，纳米颗粒烧结后形成网状晶界，烧结颈边缘和细孔隙表面的过剩空位容易通过邻接的晶界进行扩散或者被吸收。霍恩斯彻拉发现，烧结体中的晶界也会发生弯曲，当弯曲的晶界向曲率中心方向移动时，大量的空位会被吸收。从能量角度看，晶界扩散需要的激活能仅为体扩散的一半，而扩散系数比体扩散大 1 000 倍，且越在低烧结温度下，这种差别越明显，因此晶界扩散在烧结过程中占的比重超过体扩散，证据就是烧结过程中，靠近晶界的孔隙总是优先减少或消失。在图 7.60 中，如果颗粒之间未形成晶界，空位则只能从烧结颈通过颗粒向内表面扩散，如果晶界存在，烧结颈边缘的过剩空位将扩散到晶界上消失，宏观表现为颗粒之间距离缩短，收缩发生。

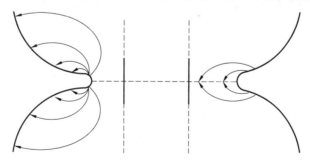

图 7.60　无晶界和有晶界情况下原子扩散方向

在纳米浆料烧结过程中，颗粒与焊盘之间的连接主要依赖晶界扩散，因为焊盘平面表面能低，焊盘中的金属晶界则变为纳米颗粒元素向焊盘材料扩散的主要通道。库钦斯基根据球－板烧结模型推导出颗粒向平面材料的扩散方程为

$$\frac{x^6}{a^2} = \frac{12\gamma\delta^4}{kT} D_B t \tag{7.11}$$

式中　D_B——晶界扩散系数，$D_B = c_0 D'$。

科布尔根据两球烧结模型，采用体扩散相似的推导方法，得到晶界扩散的方程为

$$\frac{x^6}{a^2} = \frac{96\gamma\delta^4}{kT} D_B t \tag{7.12}$$

③ 蒸发-凝聚机制。

蒸发-凝聚机制是指当固体颗粒表面曲率不同时，在高温下必然存在不同的蒸气压，原子通过高蒸气压区域蒸发，再在低蒸气压区域凝聚实现质点的迁移，促进烧结。在经典两球烧结模型中，球形颗粒表面为正曲率半径，蒸气压较高，而在两球连接处有一个小的负曲率半径，蒸气压较低，因此物质将从凸起处传递到凹形，从而实现颈部逐渐被填平的作用。库钦斯基根据开尔芬方程和原子蒸发凝聚速率方程，推导出了烧结颈颈部半径的三次方与时间成正比。金捷里-伯克于1955年采用两球烧结模型，结合南格缪尔公式的数学关系将烧结半径与时间的公式简化成

$$\frac{x^3}{a} = kt \tag{7.13}$$

$$k = 3M\gamma_{SV}\left(\frac{M}{2\pi RT}\right)^{1/2} \frac{p_a}{d^2 RT} t \tag{7.14}$$

式中　M——烧结物质的相对原子质量；

γ_{SV}——纳米颗粒的表面能；

R——摩尔气体常数；

d——烧结半径；

p_a——球面的蒸气压。

在传统粉末烧结过程中，蒸发-凝聚机制仅仅在高温下蒸气压较大的系统内进行，在蒸发-凝聚机制下烧结颈增长只是在开始时比较显著，且随着孔隙球化的过程很快停止。在纳米浆料的烧结过程中，蒸发-凝聚机制为烧结提高多大的贡献，还需要进一步的研究分析。

④ 体扩散。

体扩散也称晶格扩散，即晶格点阵中原子的迁移。根据球-板烧结模型的几何关系可得 $A \approx \pi x^3/a, V \approx \pi x^4/2a, \rho \approx x^2/2a$，代入式(7.8)，可得体扩散烧结颈生长的动力学方程式为

$$\frac{x^5}{a^2} = \frac{B\gamma\delta^3}{kT} D_V t \tag{7.15}$$

式中　D_V——体扩散系数；

B——取值为 50～100。

体扩散是传统粉末烧结中后期高温烧结的主要扩散机制，不过在纳米浆料的烧结进程中，烧结温度低，因此体扩散占比较低，在这里不过多介绍，想要进一步了解的读者可以参考化学工业出版社的《现代粉末冶金原理》。

(3) 奥斯特瓦尔德熟化机制。

以上分析了彼此接触的纳米颗粒的扩散机制,其实研究表明,彼此并未接触的两个纳米颗粒也会发生扩散作用。早在研究纳米陶瓷颗粒烧结行为时,就有学者发现了大颗粒吞并小颗粒的烧结现象,图 7.61 显示的是纳米晶体 $BaTiO_3$ 粉末的烧结过程,可以发现尺寸较小的颗粒体积逐渐缩小,而相邻的纳米颗粒体积则会逐渐长大。

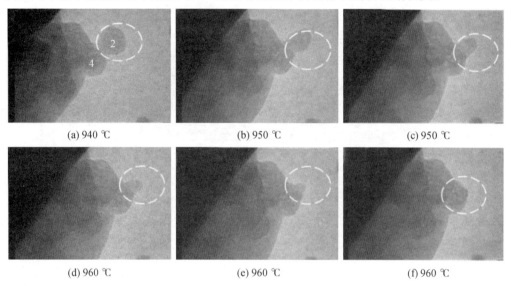

图 7.61　不同温度下 $BaTiO_3$ 粉末中的晶粒生长演变

在纳米浆料的烧结过程中,同样发现了这种通过"大吞小"的方式使晶粒粗化的现象,且两个颗粒并不相邻,因此可以确定这种"大吞小"现象为奥斯特瓦尔德熟化过程。研究人员对烧结 6 nm 粒径的 Cu_6Sn_5 纳米浆料进行分析,结果如图 7.62 所示,箭头所指区域的左上方在烧结前存在一个较大纳米颗粒,而在 250 ℃ 烧结后颗粒消失,而左上方的大尺寸颗粒粒径明显增大。这是典型的非接触时大颗粒通过牺牲小颗粒生长的过程,即奥斯特瓦尔德熟化机制,纳米浆料在烧结过程中,也会通过这种机制使局部颗粒快速长大,形成微观甚至宏观的组织结构。

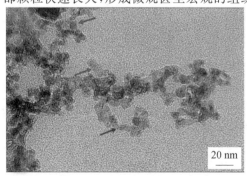 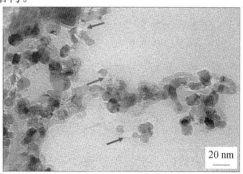

(a) 烧结前　　　　　　　　　　　　　(b) 烧结后

图 7.62　Cu_6Sn_5 纳米浆料在 250 ℃ 烧结前和烧结后

(4) 取向翻转。

在纳米颗粒烧结的过程中,颗粒取向的变化也是非常常见的现象。由于纳米颗粒每一个晶面的表面能是不同的,为了使表面能降到最低,纳米颗粒会自发地翻转、演化。早在1999年,研究人员就通过钙钛矿菱形纳米颗粒水热粗化的过程中,发现了纳米颗粒的定向附着现象,如图7.63所示,可以发现纳米颗粒对接过程中取向自发地翻转成一致。

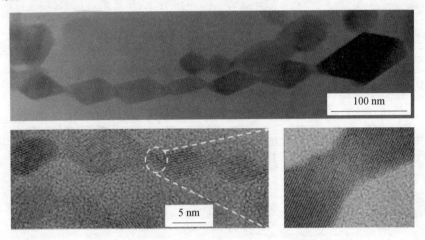

图 7.63 　 $BaTiO_3$ 纳米晶粗化过程中晶向翻转成一致

近年来,研究人员通过有限元仿真结合原位透射加热的方式,研究了金纳米颗粒在加热烧结过程中颗粒的烧结行为,进一步确认了纳米颗粒烧结过程中,存在颗粒翻转的过程,如图7.64所示。在加热之前,纳米颗粒是杂乱无章排布的,加热初期纳米颗粒彼此接触之后,较小的颗粒和较大的颗粒先后开始刚体旋转,与此同时颈部的宽度开始增加,随着最后一次旋转,两个颗粒几乎完美对接,晶格取向趋于一致,但是界面处依旧残留着较小的取向差。通过模拟计算,纳米颗粒在真空中烧结时,刚体旋转发生在颗粒刚刚接触时,但是在浆料中溶剂的作用下颗粒在未接触前就已经开始旋转。当两个对接颗粒具有微小取向差时,颗粒烧结的界面处可以观察到位错节点,这些位错大多是固定位错,并在随后滑移面上滑移通过相邻的颗粒,宏观则表现为烧结过程中的晶界滑移。如果烧结颈处交叉的{111}面的稳定性抑制了烧结颈的继续长大,那么由于表面张力的不平衡这些面的交叉处将残余高表面应力。随后界面处的固定位错在平行于烧结颈{111}面经受高分解切应力作用下解离,并滑动通过纳米颗粒,而这种分解切应力的大小取决于烧结颈颈部凹陷处的表面张力,取决于烧结颈相交表面夹角(见两球烧结模型)。但是在实际烧结过程中还存在多球作用、溶剂作用等影响,颗粒的运动是动态的、无法预测的,因此纳米浆料烧结过程中的取向旋转问题还需要进一步系统地研究。

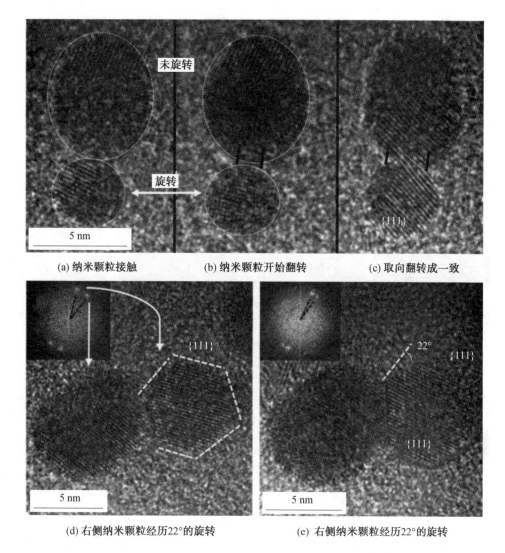

(a) 纳米颗粒接触　　(b) 纳米颗粒开始翻转　　(c) 取向翻转成一致

(d) 右侧纳米颗粒经历22°的旋转　　(e) 右侧纳米颗粒经历22°的旋转

图 7.64　金纳米颗粒烧结过程

7.4.5　纳米浆料焊点可靠性

器件在服役过程中,可靠性是连接材料的关键指标,除了传统连接材料的可靠性问题以外,纳米浆料焊点中的孔隙率依旧是可靠性测试中需要重点关注的问题。由于纳米浆料常常应用在需要长期高温工作的器件中,甚至承担了器件和散热组件之间的传热工作,因此需要考虑纳米浆料焊点高温老化下的性能变化;另外电源多次接通与断开导致焊点在高温和常温下循环过程中累计的热应力也会对性能造成影响。

(1) 热老化可靠性。

针对在高温下长期工作的高功率器件,纳米浆料焊点内部组织演变和孔隙率变化是重要的研究内容。目前不同学者分别对纳米银焊点在150～350 ℃不同条件下保温不同时间,分析焊点的组织形貌和性能,结果如图 7.65 所示,可以发现在高温下存储后,焊点内部较小孔隙逐渐减小并消失,较大的孔隙逐渐长大,靠得较近的孔隙会团聚成较大的孔隙,总体上孔隙率短时间内变化较小,长时间后有大幅上升的趋势。也有研究认为在老化初期,孔隙率会轻微地下降。高温长时间服役后的焊点、孔隙率的提高及个别大尺寸孔隙的出现,直接导致了焊点强度的下降,导电导热性能的降低;如果大尺寸孔隙出现在界面处,会导致界面氧化现象,降低焊点界面处冶金连接强度,导致失效;焊点内部组织再结晶且晶粒粗化,降低组织强度;残留有机溶剂、表面活化剂等有机组分挥发会引起气孔、裂纹等焊点缺陷。可以看出,老化过程对焊点性能的影响是极为复杂的,需要进一步研究建立可靠的老化机制分析,从综合角度对纳米浆料焊点寿命进行预测。

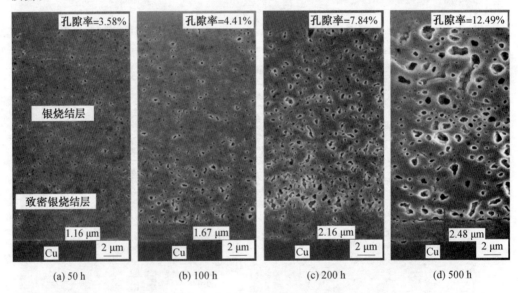

图 7.65　纳米银焊点在 200 ℃ 下高温老化后焊点的组织形貌和性能

目前针对纳米浆料老化组织演变规律,主要基于奥斯特瓦尔德熟化机制来解释。当不同尺寸颗粒混合在一起时,颗粒尺寸越小,颗粒内部压力越大,小尺寸颗粒内原子更不稳定,它们更倾向于扩散或融合进入更大的颗粒内,或者自身被溶解。从热力学上讲,由于核心原子比表面原子更稳定,大颗粒比表面积更小,其表面能比小颗粒表面能更小,更稳定。整个系统倾向于降低能量,小颗粒表面能量较高的原子倾向于向能量更低的大颗粒的表面移动,导致小颗粒缩小。奥斯特瓦尔德熟化的速度主要取决于颗粒周围的溶质浓度,当只有固态和气态存在时可以将孔隙中的气态看作溶质。较大颗粒附近的溶质浓度低于平均水平,而小颗粒表面的溶质浓度高于平均水平。当两个颗粒共存时,小颗粒中的原子会通过扩散的方式移动到大颗粒的表面造成小颗粒尺寸的减小,大尺寸颗粒体积的增大。虽然奥斯特瓦尔德熟化和纳米颗粒烧结机理的驱动力都来自于表面能,但是不同的是奥斯特瓦尔德熟化初始阶段不需要两者有实质性接触。在老化过程中,焊点内部组织大体积的组分逐渐长大,小尺寸组分消融,则宏观表现为小孔隙消失，大孔隙变大。但是这种理论无法解释焊点整体孔隙先降低后提高的现象，因此仍然需要大量的实验对烧结银组织高温可靠性的数据进行分析。另外，相比较于普通的粉末冶金，纳米颗粒尺寸小，烧结温度低，速度快，对于具体的老化机制还不能下明确的结论。

(2) 热循环可靠性。

热循环测试主要通过交替改变外界温度来进行测试，国际标准 JESD22-A104El49 以及 JESD22-A106B.01 对测试过程以及测试条件的选择有详细规定，通过该方法可以评价封装焊点在环境温度变化条件下的可靠性。

有研究者对比了纳米焊膏与传统焊膏的热循环可靠性。Knoerr 等人测试了烧结银焊点在 $-5 \sim 175$ ℃ 温度范围下的可靠性，样品焊点在经历 984 个循环后失效。而使用 SAC305 焊膏和 Pb95Sn5 焊膏的样品则分别只有 75 个循环和 150 个循环就发生失效。在 $-55 \sim 175$ ℃ 温度范围下，烧结银焊点的寿命可达 600 个循环，而 SAC305 和 Pb95Sn5 焊点的寿命则仅有 40 个和 80 个循环寿命，这说明烧结银焊点相比于传统钎料拥有更高的可靠性。

不同焊膏成分对连接焊点的热循环可靠性也有重要的影响。Furukawa 等通过对比铜纳米焊膏焊点与银纳米焊膏焊点在相同热循环条件下的表现，发现铜纳米焊膏焊点内部并没有出现裂痕，而银纳米焊膏焊点内已经出现了明显的纵向裂纹（图 7.66）。Sakamoto 等研究了纳米粒径银焊膏、微米片状银焊膏和纳米片状银焊膏焊点的热循环可靠性，结果显示三种焊膏的焊点强度发生了不同的变化，其中纳米片状银焊膏焊点强度在 250 个循环过程后出现了明显提升，其原因是热循环过程促进了烧结过程的进行，使烧结连接组织更加致密。

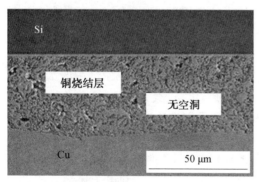
(a) 铜纳米焊膏烧结焊点

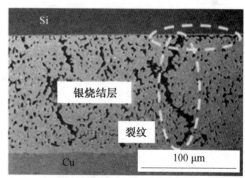
(b) 银纳米焊膏烧结焊点

图 7.66　铜纳米焊膏和银纳米焊膏烧结焊点在经历热循环测试后的截面图

(3) 功率循环可靠性。

高温高功率电子器件在服役过程中一方面要经历环境温度变化的考验，另一方面器件本身在运行过程中也会产生损耗，造成温度上升，影响整体的寿命和可靠性，尤其对于面向下一代功率半导体的新的封装连接工艺，其在高温高功率载荷下的可靠性是最受重视的。

功率循环的具体测试方法是：将封装好的器件或模块安装在散热片上，并在正向施加电压以达到测试电流。通过被测器件的电流会导致整体的功率损耗，导致电子芯片的温度升高。通过定期切换电流通断，芯片的温度会交替上升和下降，交替加热和冷却导致结构温度 ΔT 不断摆动。一个功率循环被定义为结构温度从最小温度 T_{min} 到最大温度 T_{max} 进行加热并冷却的周期。大多数测试过程都要对每个循环中的温度和电压等数据进行监控，如果这些值的增大幅度超过先前确定值的一定比例（例如 20%），则认为达到了最大寿命，测试结束，并使用测试开始到结束的相应循环数 N 来估计封装的寿命。

Kraft 等使用烧结银技术和银带封装技术制作了一款高温模块，在经过长功率循环（30 s）后可看出，该样品失效的原因是纳米银连接层的分层导致银带脱落，随后导致银带和硅二极管的局部熔化。与此同时下层也已经出现了裂纹，并向横向扩展。由于模块中材料层之间热膨胀系数失配，半导体器件下面的烧结层边缘是应力最大的位置，裂纹从这里开始向中心扩展。如果陶瓷覆铜（DCB）基板本身的边缘同时向下弯曲，裂纹也会向金属板的铜层方向扩展。

功率循环实验是分析功率器件/模块实际使用寿命的有效手段。然而，目前文献较少涉及对新的高温电子器件封装技术的高温（超过 200 ℃）测试，对结果的分析也往往不够深入。同时，不同文献的测试结果也有较大差异，难以进行准确的比较，且目前文献对不同条件下的失效机制的详细讨论较少，对特定失效模式也缺乏系统的分析，因此还有待进行进一步深入研究。

（4）电迁移与电化学迁移可靠性。

由于纳米浆料中的金属颗粒以银金属为主，因此电迁移效应是纳米浆料烧结焊点较为严重的可靠性问题。电迁移是指在电场力的作用下，原子或导电离子定向运动导致焊点断路老化的现象。除了前文介绍的电迁移外，纳米银浆料也容易发生离子迁移。离子迁移又称电化学迁移（Electrochemical Migration，ECM），如图 7.67 所示。银是最容易发生迁移，且迁移速率最高的金属。器件在服役过程中，空气中的水汽凝结在器件内部形成一层水膜，而空气中的杂质如硫的氧化物、氧氮化物、烃类及其衍生物会溶解在水膜中并产生强电介质。在电位差的作用下阳极金属发生电化学腐蚀形成银离子，离子随电流定向迁移并在焊点内部形成枝晶，并在阴极沉积。当枝晶生长到一定长度后，可能会导致焊点间或者引线间桥连，最终短路，严重的电迁移也可能使疏松的银焊点一端致密而另一端形成大空洞直至完全断开（图 7.68）。和电子风导致的电迁移现象不同，电化学迁移还受水汽湿度、氧含量、电压和环境温度的影响。

在纳米浆料制备方面，不仅需要考虑成本问题，还需要考虑形貌尺寸的可控制备，以及烧结过程中的温度和压力要求，开发高质量烧结技术成为目前急需解决的问题。另外，在高可靠应用方面，不仅需要解决烧结过程中的致密性问题、多级互连过程中的温度控制问题，还需要解决多能量场作用下及极限环境服役过程中的电迁移及性能退化问题，因此，需要加强对纳米浆料烧结焊点可靠性方面的系统和深入研究，以便实现大功率芯片封装、射频器件封装以及系统级封装在更多领域的高可靠应用。

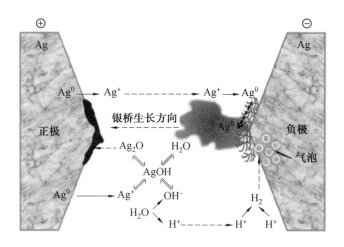

图 7.67 电化学迁移示意图

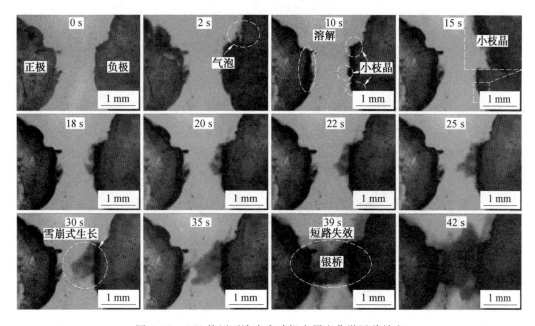

图 7.68 5 V 偏压下滴水实验银金属电化学迁移效应

7.5 纳米薄膜连接技术

纳米薄膜是一类在纳米尺度上只有一个维度的材料。由于纳米薄膜中表面原子数量的增加,与块体材料相比,物理和化学反应性显著增加。纳米薄膜纳米级厚度以及制备过程中获得的高密度界面,使得金属原子在相对较低的温度下即可获得极高的活性及扩散速率。然而,基于纳米薄膜设计的纳米多层材料,其层间的相互制约使得结构处于亚稳态,从而易于存储。并且由于无有机物存在,因此材料互连工艺绿色环保,同时成熟的纳米薄膜制备工艺保障了结构纳米材料的高效设计与制造,改善了常规连接方式的不足。

7.5.1 多层膜扩散连接法

由于纳米多层膜的制备过程将产生大量的界面结构及晶格缺陷,因而多层膜结构通常将处于相对高的能量状态(亚稳态),而通过调整相应的工艺参数以改善纳米膜层间结构将可获得不同热稳定的纳米多层膜结构。对于具有较高界面迁移能力的亚稳态多层纳米膜,其在受热情况下将会通过两相互扩散、层内脱离和界面结构变化等方式,趋向达到低能量的稳定结构。同时由于多层膜结构中的纳米尺度效应,以金属元素为主的扩散过程将得到极大的提升,并且在相对低温的情况下亦可获得高的原子扩散速率,从而在材料的低温异质连接中有着巨大的应用潜力。

通过控制多层膜中金属的扩散速率并利用纳米结构的尺寸效应,可在相对低温下获得材料的高效互连。基于多层膜结构中界面控制的扩散行为特征,通过设计金属－陶瓷组合的交替纳米多层结构,使金属原子在约束空间中进行快速迁移,从而可应用于低温微纳互连。通过设计铜基纳米多层金属－陶瓷薄膜结构(Cu－AlN),可成功在750 ℃明显低于铜块体熔点(1 083 ℃)条件下实现Ti－6Al－4V构件的互连成形(图7.69)。高温热保温过程中,金属原子将在驱动力作用下向远离基板侧迁移,而陶瓷纳

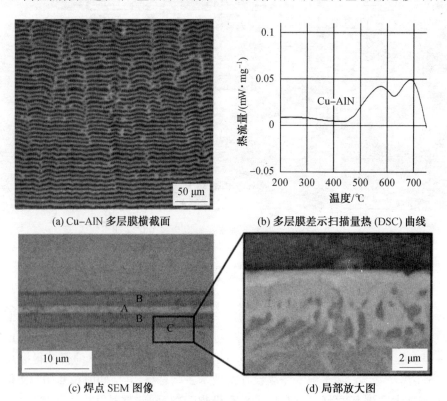

(a) Cu-AlN 多层膜横截面　　(b) 多层膜差示扫描量热(DSC)曲线

(c) 焊点 SEM 图像　　(d) 局部放大图

图 7.69　Cu－AlN 多层膜扩散连接

米层将在压力与高温作用下发生坍塌并烧结致密化,同时在基板界面处发生冶金反应强化界面结构,并在两构件之间将形成互连的 Cu 层,最终实现 Ti－6Al－4V 结构的有效连接。

7.5.2　表面活化连接法

半导体工艺中针对不同的应用场合如微电子、微机电系统、光流体器件等均需要对晶圆级异质材料的高性能互连。而对于应用背景的差异,对连接技术通常要求低温、低/无压、快速,同时得到的焊点需要保持较高的机械强度与气密性,甚至一定程度下需要保障结构的光/电学性能。以金属纳米薄膜作为互连介质同时辅以表面活化技术,由于材料表面的高活性,互连结合后形成较低能量的稳定界面结构,在晶圆级别的异质材料互连中正得到重点研究,特别是针对第三代半导体材料的高效异质连接技术。

利用金属纳米薄层的高表面原子活性,以及薄层结合后间隙处的原子快速扩散而降低系统能量的原理,可以实现薄膜间隙的消除(图 7.70(a)~(c))。通过在 SiC 晶圆表面沉积 15 nm 厚的 Ni 金属层,同时辅以表面活化技术,晶圆之间可在常温无压条件下实现高质量键合。同时,由于焊点处纳米级金属层的存在,快速高温(约 1 273 K)退火后,金属膜层结构会被破坏,同时界面脆化而导致晶圆间脱离键合状态。HÖNLE 等通过磁控溅射的方式在硅晶圆表面沉积一层 15 nm 的非晶态氧化铟锡(ITO)薄膜,并

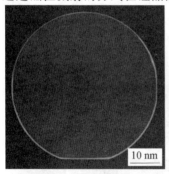
(a) 晶圆与Ni互连后扫描声波图像

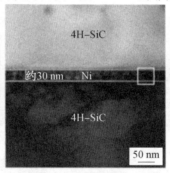
(b) 晶圆与Ni互连后焊点TEM图像

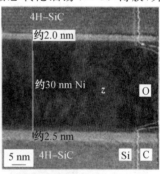
(c) 晶圆与Ni互连后高分辨TEM图像

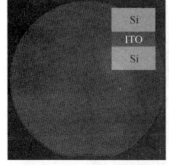
(d) 晶圆与ITO互连后扫描声波图像

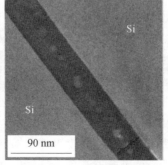
(e) 晶圆与ITO互连后焊点TEM图像

(f) 晶圆与ITO互连后高分辨TEM图像

图 7.70　晶圆与金属层互连

在氮气中300℃下退火1 h实现了晶圆之间的有效互连(图7.70(d)~(f))。在退火作用下,ITO薄膜由非晶向多晶结构转变,使得晶粒沿着初始的粘接界面长大。与此同时,沉积层与硅晶圆界面处也将发生相似的晶粒生长的过程,即初始微小晶粒合并形成更大的晶粒结构。同时截面结构显示,机械内应力引起的层间剥离现象将主要发生在Si—ITO界面处,而不在实际形成的ITO粘接界面,从而由纳米氧化物薄层实现的硅晶圆级互连将可得到相对稳定的ITO—ITO界面强度。

7.5.3 自蔓延反应连接法

自1978年金属薄膜的自蔓延反应被发现以来,以其反应放热为主要热源的材料连接技术得到了极大的关注与发展。自蔓延反应并不依赖于大气环境,同时反应可在真空或者惰性气体中进行,减少了对连接设备的依赖,使其能够满足复杂环境中材料的互连需求。通常自蔓延反应可以由反应触发点传导到整个薄膜体系,甚至有些体系中反应也能够绕过障碍物进行,使得其在材料互连中具有较高的适应性。此外,以自蔓延反应瞬间放热作为局域热源,不仅可以直接用于材料互连,也可辅助钎料实现材料互连,从而可减小母材的热影响区,对热敏感材料的低损伤互连具有极大优势,同时可极大降低连接焊点的残余应力,改善较大热膨胀系数差异的材料互连焊点状态,进而有效提升焊点性能。如图7.71(a)~(c)所示为Ni/Al纳米多层膜自蔓延反应在芯片热沉连接中的应用,图7.71(d)和(e)分别为反应膜的层状结构和反应后形成的纳米尺寸晶粒。

图7.71 Ni/Al纳米多层膜自蔓延反应连接芯片与热沉及反应前后层间结构与组织形貌

如图7.72(a)所示为自蔓延反应膜焊接组件的结构示意图,反应膜被置于熔化层之间,在对反应层进行点火后,可以触发其自蔓延反应,产生高达1 500 ℃的高温,使熔化层变成液态并实现组件之间的焊接。反应层通常包含数千个纳米级层(Al和Ni层),如图7.72(b)所示,其产生的总热量随箔厚度变化而变化(20~200 μm)。焊接过程整体在室温下，无须焊剂或特殊环境；熔化层的材料通常使用商用钎料或钎焊。

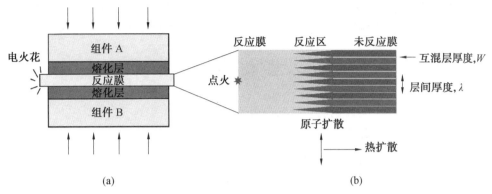

(a) (b)

图 7.72 自蔓延反应膜焊接组件的结构及原理示意图（彩图见附录）

利用 Al－Ni 微纳多层膜的自蔓延反应释放热量作为热源，辅助 SAC305 钎料可以实现金刚石热沉与 LED 芯片铜组件的高导热连接。双金属层中各厚度组合将极大地影响自蔓延反应放热，同时也对稳定和控制互连工艺有重要影响。图 7.73 显示了可通

(a) Al-Ni 多层膜横截面

(b) 不同厚度多层膜DSC曲线

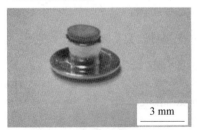

(c) 互连结构示意图

(d) 互连焊点界面SEM图

图 7.73 Al－Ni 多层膜自蔓延互连

过设计组合双金属 Al-Ni 多层膜结构获得特定温度下的能量释放，从而应用于不同场合下的材料互连。因此，设计得到的 Al-Ni 多层结构自蔓延反应有效地促进了钎料在各界面处的反应，并最终获得了焊点质量优于现用银胶工艺得到的焊点。

本章习题

7.1 简述纳米连接的特点及特殊性。
7.2 列举三种纳米线连接方法及机理。
7.3 简述纳米颗粒烧结机理及应用。
7.4 简述电子束辐照碳纳米管形成连接的原理。
7.5 简述纳米薄膜反应连接的优点及机理。

本章参考文献

[1] 尹周平，黄永安. 柔性电子制造：材料，器件与工艺[M]. 北京：科学出版社，2016.
[2] 崔铮. 印刷电子学[M]. 北京：高等教育出版社，2012.
[3] 张贺，王尚，冯佳运，等. 金属/非金属纳米线连接及应用研究进展[J]. 机械工程学报，2022，58(2)：76.
[4] 丁苏. 铜纳米线导电薄膜光烧结法制备机理及器件应用[D]. 哈尔滨：哈尔滨工业大学，2016.
[5] GARNETT E C, CAI W, CHA J J, et al. Self-limited plasmonic welding of silver nanowire junctions[J]. Nature Materials，2012，11(3)：241.
[6] FENG J, TIAN Y, WANG S, et al. Femtosecond laser irradiation induced heterojunctions between carbon nanofibers and silver nanowires for a flexible strain sensor[J]. Journal of Materials Science & Technology，2021，84：139.
[7] XIAO M, ZHENG S, SHEN D, et al. Laser-induced joining of nanoscale materials: processing, properties, and applications[J]. Nano Today，2020，35：100959.
[8] TOHMYOH H, IMAIZUMI T, HAYASHI H, et al. Welding of Pt nanowires by Joule heating[J]. Scripta Materialia，2007，57(10)：953.
[9] 王尚. 银纳米线导电薄膜制备与电沉积修饰及性能[D]. 哈尔滨：哈尔滨工业大学，2019.
[10] XU S, TIAN M, WANG J, et al. Nanometer-scale modification and welding of silicon and metallic nanowires with a high-intensity electron beam[J]. Small，2005，1(12)：1221.
[11] HUANG Y, TIAN Y, HANG C, et al. Self-limited nanosoldering of silver nanowires for high-performance flexible transparent heaters[J]. ACS Applied

Materials & Interfaces, 2019, 11(24), 21850.

[12] 黄亦龙. 高性能银纳米线柔性透明电极制备及其在 OLED 中的应用研究[D]. 哈尔滨:哈尔滨工业大学, 2019.

[13] LU H, ZHANG D, CHENG J, et al. Locally welded silver nano-network transparent electrodes with high operational stability by a simple alcohol-based chemical approach[J]. Advanced Functional Materials, 2015, 25(27):4211.

[14] TERRONES M, BANHART F, GROBERT N, et al. Molecular junctions by joining single-walled carbon nanotubes[J]. Physical Review Letters, 2002, 89(7):075505.

[15] MADSEN D N, MOLHAVE K, MATEIU R, et al. Nanoscale soldering of positioned carbon nanotubes using highly conductive electron beam induced gold deposition[C]. Third IEEE Conference on Nanotechnology, 2003, pp 335.

[16] CHEN C, YAN L, KONG E S W, et al. Ultrasonic nanowelding of carbon nanotubes to metal electrodes[J]. Nanotechnology, 2006, 17(9):2192.

[17] JI H, ZHOU J, LIANG M, et al. Ultra-low temperature sintering of Cu@Ag core-shell nanoparticle paste by ultrasonic in air for high-temperature power device packaging[J]. Ultrasonics Sonochemistry, 2018, 41:375.

[18] 黄圆, 杭春进, 田艳红, 等. 纳米铜银核壳焊膏脉冲电流快速烧结连接铜基板研究[J]. 机械工程学报, 2019, 55(24):51.

[19] 杨帆. 低温烧结纳米银焊点互连行为及可靠性研究[D]. 哈尔滨:哈尔滨工业大学, 2021.

[20] 任辉, 张宏强, 王文淦, 等. 纳米金属颗粒焊膏低温烧结连接及其焊点可靠性研究进展[J]. 中国激光, 2021, 48(8):126.

[21] 刘晓剑. Ag-Cu 超饱和固溶体纳米颗粒纳米冶金及抗电化学迁移机理[D]. 哈尔滨:哈尔滨工业大学, 2017.

[22] 林路禅, 刘磊, 邹贵生, 等. 基于结构纳米薄膜的微纳连接技术研究进展[J]. 机械工程学报, 2022, 58(2):17.

[23] MU F, UOMOTO M, SHIMATSU T, et al. De-bondable SiCSiC wafer bonding via an intermediate Ni nano-film[J]. Applied Surface Science, 2019, 465:591.

[24] XING S, LIN L, ZOU G, et al. Two-photon absorption induced nanowelding for assembling ZnO nanowires with enhanced photoelectrical properties[J]. Applied Physics Letters, 2019, 115(10):103101.

[25] HAN S, HONG S, HAM J, et al. Fast plasmonic laser nanowelding for a Cu-nanowire percolation network for flexible transparent conductors and stretchable electronics[J]. Advanced Materials, 2014, 26(33):5808-5814.

[26] 王联甫, 丁烨, 王根旺, 等. 激光诱导微纳连接技术研究进展[J]. 机械工程学报,

2022,58(2):88-99.
[27] 冯佳运. 基于碳纳米材料表面改性的水/湿气自供电传感器制备及集成[D]. 哈尔滨:哈尔滨工业大学,2021.
[28] 张贺,电沉积制备贵金属纳米线柔性电极及电致变色器件研究[D]. 哈尔滨:哈尔滨工业大学,2023.
[29] LANGE A P, SAMANTA A, MAJIDI H, et al. Dislocation mediated alignment during metal nanoparticle coalescence[J]. Acta Materialia, 2016, 120:364-378.
[30] LIU J, CHEN H, JI H, et al. Highly conductive Cu-Cu joint formation by low-temperature sintering of formic acid-treated Cu nanoparticles[J]. ACS Applied Materials & Interfaces, 2016, 8(48):33289-33298.
[31] YANG F, ZHU W, WU W, et al. Microstructural evolution and degradation mechanism of SiC-Cu chip attachment using sintered nano-Ag paste during high-temperature ageing[J]. Journal of Alloys and Compounds, 2020, 846:156442.
[32] 钟颖. Cu_6Sn_5 纳米颗粒低温烧结机理及耐高温纳米晶焊点的制备[D]. 哈尔滨:哈尔滨工业大学,2017.

第8章 微互连缺陷与失效

微互连焊点是电子单机、设备、装备和系统中数目众多、种类繁多,且极易失效的重要组成单元。它完成各类电子单元之间的物理连接,最终实现系统的功能。目前,随着电子封装的无铅化、电子器件结构和功能的复杂化以及器件尺寸的小型化,焊点的尺寸越来越小,而承受的电流、温度和应力载荷变得更大,因此引发了十分严重的可靠性问题,使电子封装中的连接技术面临更大的困难和挑战。

当机械、热、化学或电气作用导致产品性能不合要求时,如产品的性能参数和特征超出了可接受的范围,即认为发生了失效。电子产品的应用环境存在广泛多样性,会诱发多种缺陷形式,促使和加速微互连焊点发生早期的、无法预料的失效。失效机理与可靠性有着直接的联系,工程上采用失效机理模型进行失效预测,据此调整材料和参数优化焊接工艺,确定工艺标准和失效判据,采用加速试验验证和鉴别有早期失效倾向的器件,避免或延缓失效的发生。

本章介绍几种微互连焊点的常见缺陷和失效及其产生机制,包括曼哈顿效应、桥连、冷焊、溶蚀、空洞、锡须等微互连缺陷,以及铝钉失效、电迁移失效、热疲劳失效、振动失效等微互连失效形式,从理论和工程实际角度介绍缺陷的产生机理和预防方法。

8.1 微互连缺陷

8.1.1 曼哈顿效应

1. 曼哈顿效应的基本概念

曼哈顿效应也称立碑缺陷或墓碑、墓石现象。它是指片式元器件组装再流焊过程中或焊接后,一些元器件出现一端脱离焊盘,并部分或完全直立起来的现象(图8.1)。它是由液态钎料施加到片式元器件两端金属化电极上的表面张力不同所导致的。

在早期的SMT制造中,曼哈顿效应是一个与气相再流焊、红外再流焊有关的问题。气相再流焊中,由于升温过快,热容不同的元器件两端锡膏无法同时熔化而产生曼哈顿效应。红外再流焊中,元器件两端不同颜色吸收热量不同,导致两端焊膏不能同时熔化而产生曼哈顿效应。随着强制对流再流焊技术和先进加热控制技术的发展,可以在印制电路板待焊区域内实现充分的预热和较小的温度梯度,显著减少曼哈顿效应的出现概率。然而,近年随着表面贴装片式元器件尺寸和质量的不断减小,同时随着无铅钎料的广泛使用而带来的组装焊接工艺温度大幅上升,使立碑又成为常见的微互连缺陷。

图 8.1 曼哈顿效应（彩图见附录）

2. 曼哈顿效应产生机制

焊膏的熔化过程对曼哈顿效应的发生概率有重要影响。与焊膏熔化过程相关的参数包括开始润湿时间、润湿力和完全润湿时间。其中，完全润湿时间是控制曼哈顿效应的关键参数。因为钎料完全润湿元器件电极和印制电路板焊盘表面时，作用在元器件上的润湿力是最大的。理想情况下，希望元器件两侧电极端面的焊膏，同时再流、同时润湿和同时凝固形成固态焊点。这样，在元器件两侧，钎料表面张力将同时作用，并相互抵消。反之，元器件的一侧端面比另一侧端面率先达到完全润湿状态，那么将造成元器件两端受力不平衡。熔融钎料施加在元器件的电极端面上的润湿力，将有能力抬起元器件，使得未充分再流或润湿的电极一侧元器件端部向上离开焊盘，如图 8.2 所示。

图 8.2 曼哈顿效应产生机制（彩图见附录）

影响元器件两侧电极端面完全润湿时间的主要因素如下。

（1）元器件两端焊膏的热容。

元器件两端焊膏的热容不同，必然会导致立碑。因为，低热容的焊膏将很快升温、熔化、润湿，率先在元器件对应的电极端面施加润湿力。表贴元器件焊膏的热容，主要由对应的焊盘大小和形状，以及印刷的焊膏量决定。严格按照标准规范进行焊盘设计，是解决该问题的先决条件。IPC-SM-782、IPC-7351 等是电子制造行业常用的焊盘设计标准。

（2）元器件金属端的热容。

元器件两侧电极是金属材料。金属端的热容与元器件类型、外形和尺寸有关。金属端热容的大小,直接影响再流焊过程中,焊点部位的加热速率和加热时间。

(3) 焊膏的种类。

非共晶焊膏拥有固液两相共存温度区间。在固液两相共存温度区间内,钎料有较高的黏度,可以抵消部分表面张力,同时可以延长完全润湿时间,从而降低曼哈顿效应的发生概率。

(4) 印制电路板材料的种类。

在纸基环氧印制电路板上再流焊表面贴装阻容元器件时,曼哈顿效应发生率最高,其次是在玻璃环氧板上。矾土陶瓷板上则较少发生曼哈顿效应。这是因为不同材料的印制电路板,导热系数和热容量大小不同。

(5) SMT 设备的温度均匀性。

提高再流焊炉的温度控制能力,减少印制电路板板面横向温度差,减小板上温度梯度,可以有效地降低曼哈顿效应的发生率。

(6) 预热温度。

再流焊工艺曲线的预热温度越高、时间越长,元器件两端到达焊膏熔化温度的时间越接近,曼哈顿效应的发生率越低。但是,预热温度过高,预热时间过长,助焊剂的劣化严重,会增加虚焊等其他焊接缺陷发生的概率。

(7) 元器件贴装的精度。

如果贴装精度差,那么元器件端部相对于焊盘具有明显的组装公差。这容易引起元器件两侧端部位置显著的热容量偏差,进而导致温度分布不均匀。一般情况下,在再流焊过程中,焊膏熔化产生的表面张力能够拉动元器件,自动纠正贴装时产生的元器件偏移。但是,如果偏移量过大,元器件两端向焊膏传递的热量不一致,会导致其中一侧端面的焊膏先熔化,引起元器件两端与焊膏的黏着力不平衡,最终在失衡的表面张力作用下,黏力小、未熔化的焊膏对应的元器件一端就被拉起。另外,贴片时不但需要 X、Y 轴方向上对准,而且还要控制好 Z 轴方向对准,保证元器件两端浸入焊膏的深度相同。

(8) 元器件安装方向。

在这里设想在再流焊炉中有一条横跨印制电路板宽度的焊膏熔化线,一旦焊膏通过它就会立即熔化。如果片式元器件的长度方向与印制电路板行进方向一致,那么片式元器件的一个端部将先通过焊膏熔化线,元器件一侧焊膏先熔化,先润湿元器件这一侧端部的电极金属表面,该端部率先承受液态钎料表面张力。然而,此时元器件的另一个端部尚未达到钎料熔化温度,在该位置焊膏未发生熔化,因此该端部仅仅承受焊膏内焊剂的粘接结合力。作用于端部的焊膏粘接结合力远小于液态钎料的表面张力,因而使焊膏未熔化一端的元器件端部脱离焊盘向上直立。因此,应确保元器件两端同时进入焊膏熔化线,使元器件两端的焊膏同时熔化,在元器件两侧形成均衡的液态表面张力,从而保持元器件姿态不发生变化。

(9) 氮气保护作用。

当片式元器件的两侧电极端部润湿性不同时,就会发生曼哈顿效应。因为润湿性高的电极端部将很快达到完全润湿,并承受强烈的表面张力。通常当元器件端部电极金属损坏、电镀质量不过关、电极表面污染或可润湿表面积减小等,会影响电极端部的润湿性。焊盘或元器件电极表面越清洁且无氧化物,对应的熔融钎料界面张力越低,钎料润湿过程将更快地开始并完成。如果这些待焊表面发生氧化,待焊接表面的氧化物将延迟开始润湿发生时刻。开始润湿时间延后,为大焊盘或大电极端部提高温度提供了更多有效加热时间,因此能够减小元器件两侧电极端部之间的局部温度梯度。局部温度梯度越小,那么元器件两侧电极开始润湿时间差异就越小。因此如果元器件两侧电极表面氧化程度相同,反而有利于防止曼哈顿效应的发生。氮气气氛下再流焊,可以防止预热和焊接过程中金属表面的氧化,因而有助于促进钎料润湿。但是,钎料润湿快速开始,反而不利于减少元器件两侧电极间温度梯度,因此氮气气氛不利于控制曼哈顿效应。

工程中防止曼哈顿效应的基本原理是,控制再流焊过程中元器件的受力状态。比如,在满足设计准则的前提下,选择比较宽和重的表面贴装元器件,以便获得较大的阻力力矩;或者,设置较小的焊盘伸出长度,以此获得较小的动力力矩;或者,设置较长的元器件下焊盘的长度,让其大于元器件电极金属端的宽度,以此增大阻力力矩;另外,可以借助一些外力,如电磁力,来实现元器件两端的力平衡,防止曼哈顿效应的产生。

8.1.2　桥连

1. 桥连的基本概念

钎料桥连是指软钎焊过程中相邻焊盘上的熔融钎料发生接触并融合,最终凝固生成搭接焊点的现象。桥连问题是微电子封装与组装过程中最常见的焊点成形缺陷,它可见于几乎所有封装类型元器件的组装焊接中。钎料桥连不仅可以导致产品的初期失效,还可以导致漏焊(灯芯效应)等焊点成形问题。

产生桥连的主要原因包括印制电路板设计不合理、焊盘过宽、钎料过多、焊膏印刷精度低、贴片精度过低等。但是人们对桥连问题的现有的研究结果大都是建立在实验的基础上,虽然在生产上取得了一定效果,但易受设备及一些偶然因素的影响,可移植性较差。而且引线密度的提高和一些新的封装形式的出现,又给桥连问题带来了许多新的特点。因此非常有必要详细考察各种因素对桥连的影响规律,研究桥连的产生机理,为改进生产工艺提供指导。超细引线间距器件价格高、组装设备复杂昂贵,而且组装过程中影响因素众多,使得实验周期长、成本高。最有效的办法就是利用计算机模拟技术对桥连焊点的成形进行模拟,并考察各种因素对桥连的影响。

2. 桥连的产生机制

润湿液体在间距很小的两平行板间也会产生毛细现象。根据流体静力学的原理,在两个平行板间弯曲液面的两侧存在压力差,其大小可由下式决定:

$$\Delta p = \sigma \left(\frac{1}{R_1} + \frac{1}{R_2} \right) \tag{8.1}$$

式中　σ——液体的表面张力;

R_1,R_2——液面在垂直于板表面及平行于板表面方向上的曲率半径。

力的方向指向液面的曲率中心。凸的液面存在压力,而凹的液面存在拉力。可以由此解释钎料桥连形成的物理过程。

通常情况下液态钎料能良好润湿引线表面和焊盘表面。因此,钎料熔化后,将向焊盘的端部和趾部铺展。初期时,在端部和趾部熔融钎料都呈凹液面,拉力的作用会促使钎料进一步向前铺展,而且由于引线间液态钎料是连通的,钎料沿着焊盘向前铺展有助于缩小引线间钎料桥连程度。然而在桥连区域,熔融钎料同样形成凹液面,因此作用在钎料表面的拉力有助于扩大和保持桥连。当牵引液态钎料在焊盘上向前铺展的拉力,始终大于在桥连区域作用在液态钎料的拉力时,钎料铺展继续进行。如果钎料量较少,在铺展过程中,桥连不断缩小并最终断开,那么凝固后引线间就没有钎料桥连。而钎料量较多时,当液态钎料在焊盘上的铺展进行到一定程度时,焊盘端部和趾部的钎料液面逐渐平直,促进铺展的力会逐渐减小。当促进钎料铺展的拉力达到与桥连区域的拉力平衡时,钎料铺展停止,凝固以后引线间就将保持钎料桥连。

为了定量描述桥连问题,可以根据其物理机制,建立精确的数学模型。该模型与基于能量最小原理的焊点形态预测方程是一致的。只是初始化条件不一样,需要重新规定各个空间几何约束、能量约束和体积约束条件。

根据热力学基本定律,自然界中任何封闭系统的稳定存在都符合能量最小原理。因此,当熔融钎料的形态达到平衡时,由熔融钎料、焊盘和元器件引线表面组成的焊点系统处于能量最小的状态,其系统总能量描述为

$$E = E_S + E_G \tag{8.2}$$

其中重力势能 E_G 可描述为

$$E_G = \iiint_V \rho g z \, dV \tag{8.3}$$

式中　　ρ——钎料密度;

　　　　g——重力加速度;

　　　　z——竖直方向坐标。

而系统表面势能 E_S 可描述为

$$E_S = \iint_{A_0} \sigma \, dA + \sum_{i=1}^{n} \iint_{A_i} \sigma_i \, dA \tag{8.4}$$

式中　　σ——自由液面表面张力;

　　　　A_0——自由液面总面积;

　　　　σ_i——固－液界面张力;

　　　　n——固－液界面个数;

　　　　A_i——标号为 i 的固－液界面面积。

图 8.3 是 QFP 封装器件引线间钎料桥连初始模型。由于各种原因,钎料在熔化前已经搭接在一起。熔化后,钎料在焊盘和引线上润湿和铺展。如果钎料量较少,则引线间的搭桥钎料可能会断开,最终凝固后就没有桥连缺陷;如果钎料量过多,则即使钎料已经铺展到焊盘尽头,搭桥钎料仍然保持连接不断开,凝固后就形成引线间桥连缺陷。

通过模拟计算,可以找到由焊点尺寸和结构所形成的空间能容纳的最大的钎料量,也就是临界钎料量。临界钎料量是表征焊点结构抗桥连能力的特征参数。

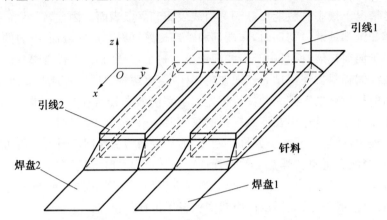

图 8.3　QFP 封装器件引线间钎料桥连初始模型

图 8.4 是关于 QFP256 器件的 J 形引线的桥连模拟计算初始模型。通过上述最小能量原理和有限差分方法进行求解,图 8.5 显示了在不同钎料量时,引线间液态钎料桥连形成和断开的动态过程。

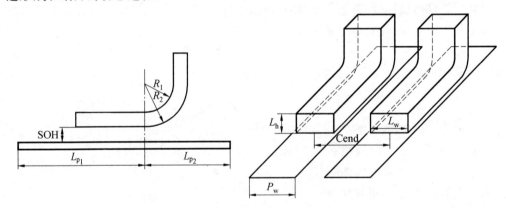

图 8.4　关于 QFP256 器件的 J 形引线的桥连模拟计算初始模型

SOH— 焊点高度;R_1、R_2— 引线曲率半径;L_{p_1}、L_{p_2}— 引线长度;L_h— 引线高度;
L_w— 引线宽度;Cend— 引线间距;P_w— 焊盘宽度

钎料量少,钎料不容易发生,但是焊点的承载能力可能会降低。钎料量多,焊点的承载能力强,但又容易发生桥连。因此,对于实际电子组装工艺,焊点系统能容纳的临界钎料量,是判断抗桥连能力的关键指标。

根据上面的计算结果及分析,可以认为当焊点结构确定以后,一定存在一个临界钎料量。当实际钎料量大于临界钎料量时,润湿铺展达到平衡以后,桥连仍然存在;当实际钎料量小于临界钎料量时,在液态钎料铺展焊盘的过程中,引线间桥连部分已经断开,最终凝固后引线间不发生钎料桥连。

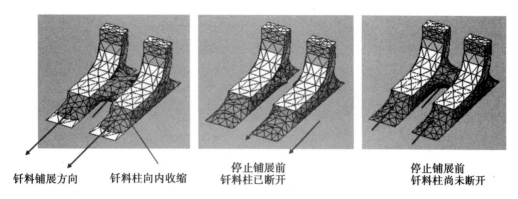

图 8.5 在不同钎料量时,引线间液态钎料桥连形成和断开的动态过程

临界钎料量表示为 V_k,其值越大,焊点系统越不容易发生桥连,或者说可以放置更多的钎料。为了确定临界钎料量,监测钎料铺展过程中系统总能量的变化。发现当钎料桥连断开时,系统能量发生了突变;而如果桥连一直保持,能量突变不会发生,如图 8.6 所示。连续地改变给定钎料量,得到一系列的能量曲线,从而确定临界钎料量 V_k。那么对于此焊点系统,不发生桥连的基本条件是

$$V < V_k \tag{8.5}$$

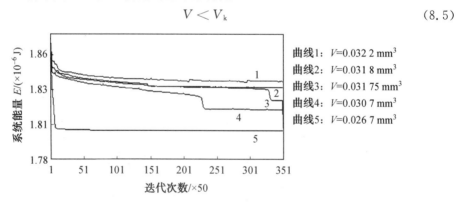

图 8.6 不同钎料量时焊点系统能量的变化

下面分析影响临界钎料量的关键因素、焊点结构和钎料润湿性。

焊点结构指的是引线、焊盘的尺寸和形状以及引线与焊盘之间的相对位置。在实际生产中,由于引线尺寸一般由元器件生产厂家事先给定,同时钎料类型一经选定一般很少进行变动,因此焊接生产中可调整的参数有焊点结构、焊盘尺寸和钎料量。

图 8.7 显示了焊盘宽度对焊点抗桥连能力的影响。在这里,器件引线的宽度为 0.2 mm。按照一般的设计规则,焊盘宽度应该与引线宽度一致,因为此时焊盘(引线)之间的间距最大,各引线钎料之间不容易发生桥连。但是分析结果显示,当焊盘宽度比引线宽度大 20%~30% 时,桥连最不容易发生。

焊盘另外一个可调整的参数是其长度,具体包括两部分:前端长度和后端长度。从焊点系统的临界钎料量随焊盘长度的变化规律(图 8.8)中可以看出,随着焊盘长度的增加,不管是前端长度还是后端长度,系统的临界钎料量变化曲线都呈不断上升的趋

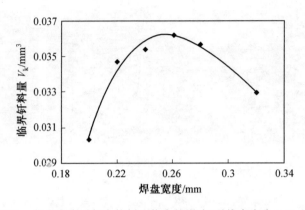

图 8.7　焊盘宽度对焊点抗桥连能力的影响（引线宽度为 0.2 mm）

势。但随着焊盘长度的增加，临界钎料量上升的速度变慢，并在焊盘较长时临界钎料量趋近于恒定。此时继续增加焊盘长度并不能改善焊点系统的抗桥连性能。同时还可以发现，和焊盘前端长度比起来，焊点系统的临界钎料量对焊盘后端长度更敏感。在初始阶段，在增加相同的焊盘长度的前提下，V_k 随焊盘后端长度增加而增大的速度，明显大于随前端长度增加而增大的速度。但 V_k 的增加速度却随着焊盘后端长度的增加迅速变慢，V_k 最终趋于常数。

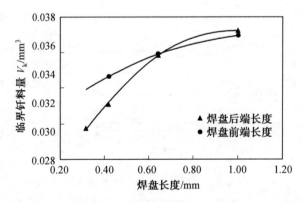

图 8.8　焊盘长度对焊点抗桥连能力的影响（焊盘宽度为 0.24 mm）

图 8.9 是引线在焊盘上的位置对临界钎料量的影响。从中可以看出，焊点系统的临界钎料量先是略有上升，当引线处于焊盘长度方向的中间位置附近时到达最高点，之后开始迅速下降，即系统的抗桥连能力呈现出先上升后下降的趋势。焊盘长度不变而改变引线与焊盘的沿长度方向的相对位置时，随着引线的后移，焊点系统的平衡形态从两个成形良好的焊点，变为一个相互桥连状态。同时焊点前端形态由微凸变为内凹，焊点后端形态（引线弯角以后部分）内凹程度逐渐变小。这再次证实了焊点系统的抗桥连能力，对焊盘前端长度不敏感，而对焊盘后端长度较为敏感的结论。

钎料润湿性能（润湿角）的好坏，直接影响熔融钎料在焊盘及引线表面的铺展情况，对能否形成良好的钎焊焊点有重要影响。考察润湿角在 5°～30°之间变化时焊点平衡形态以及焊点系统临界钎料量的变化情况，结果表明润湿角对焊点形态有较大影

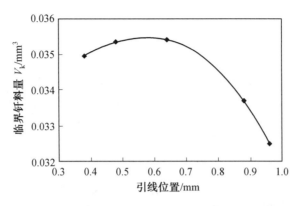

图 8.9　引线在焊盘上的位置对临界钎料量的影响

响(图 8.10)。在相同的钎料量和焊点结构情况下,随着润湿角的增大,钎料在焊盘及引线表面的铺展面积逐渐减小,同时引线水平段两侧的焊点形态的外凸程度明显加大。当润湿角达到 25° 时,在给定的钎料量下熔融钎料已经不能铺满整个焊盘,而且钎料已经不能到达引线水平段两侧的顶端。当润湿角增大到 30° 时,熔融钎料已很难在焊盘及引线表面铺展。从临界钎料量随润湿角变化曲线可以看出,随着润湿角的增大系统的临界钎料量先是缓慢下降,在润湿角达到 20° 时,系统的临界钎料量仍然能够达到润湿角为 5° 时的 98%。当润湿角超过 20° 以后,临界钎料量下降速度明显增大。当润湿角达到 30° 时,系统的临界钎料量已经只有 5° 时的 86.6%。可见钎料性能对焊点成形的影响主要体现在钎料在被焊材料表面的润湿角上。从焊点成形角度考虑,为得到较好的抗桥连性能,钎料在引线及焊盘表面的润湿角应小于 20°。

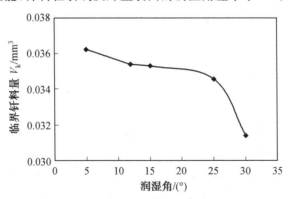

图 8.10　润湿角对临界钎料量的影响

8.1.3 其他微互连缺陷

1. 冷焊

冷焊是指焊点呈现出润湿不良及灰色多孔外观,或呈现出不均匀纹理。宏观上,冷焊通常表现为焊点表面粗糙,如图 8.11 所示。冷焊产生的原因通常是焊接热输入不足。热输入不足的情况下,焊接过程中焊膏内钎料粉末上的氧化物没有完全去除,从而导致不均匀、不致密、未融合的焊点焊点。冷焊也可能由助焊剂不足、钎料杂质过多、焊接前清洁不彻底、钎料表面过度氧化等原因引起。

图 8.11 冷焊焊点外观

2. 溶蚀

溶蚀是指在焊接时贱金属被溶解到液体钎料中。尽管溶解是焊接过程的一部分,但过度的溶解会导致贱金属的完全消失,并最终导致不湿润。这种现象可能发生在薄膜或厚膜的焊接上。

3. 空洞

钎焊后焊点中的空洞大部分是指钎焊过程中形成的气孔,如图 8.12 和图 8.13 所示。空洞可能由许多机制引起,如收缩性空洞和排气性空洞。这里将重点讨论排气性空洞,也称气孔。

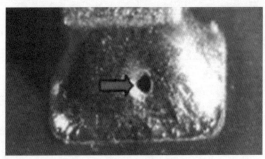

图 8.12 片式电容表贴焊点内的气孔

再流焊焊点内部形成气孔的直接原因是,当钎料处于熔融状态时,焊膏内部助焊剂等材料释放的气体未及时排出。气孔体积分数随着助焊剂活性的增加或润湿时间的减少而减少。被焊材料可钎焊性的增加,将大幅降低空洞发生概率。相对而言,与提高助

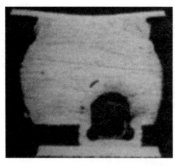 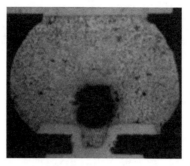

图 8.13　BGA 焊点内的气孔

焊剂活性相比,提高被焊材料的可焊性对减少气孔更有帮助。当然,助焊剂的活性也影响气孔大小的分布。图 8.14 显示,随着助焊剂活性的降低,大气孔的体积分数增加。此外,表贴焊点越大,也就是焊膏印刷宽度(焊膏覆盖焊盘的面积)越大,焊点内气孔出现的概率也会越大(图 8.15)。

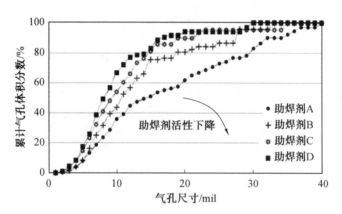

图 8.14　助焊剂活性对气孔尺寸分布的影响规律

(1 mil = 25.4 μm)

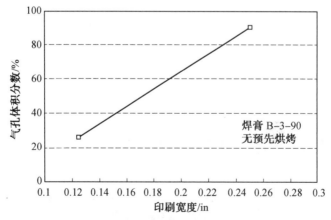

图 8.15　焊膏印刷宽度对气孔率的影响

8.2 微互连失效

8.2.1 铝钉失效

铝及铝合金是常用的集成电路金属布线,也广泛应用于集成电路的金属化。铝布线或铝金属化层穿透自然生长的 SiO_2 层(厚度约 1 nm),可能扩散并深入硅片内部,使 PN 结短路的现象称为铝钉失效(图 8.16)。从铝-硅相图(图 8.17)可见,热处理温度为 450 ℃ 时,硅在铝中的固溶度为 0.5%,525 ℃ 时为 1%。铝钉失效形成的示意图如图 8.18 所示,当铝与硅直接接触时,由于硅在铝中有很高的扩散速度(通过晶界扩散),且铝布线又相当于庞大的溶质元素吸收体,所以硅一旦溶入铝中,会沿铝的晶界快速扩散,随后离开接触面,并在硅中形成空洞,最后铝填充此空洞便形成铝钉,使 PN 结短路失效。

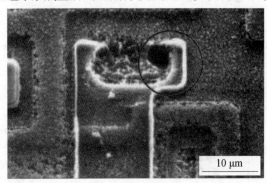

图 8.16 铝金属化布线窗口处铝钉失效导致的空洞

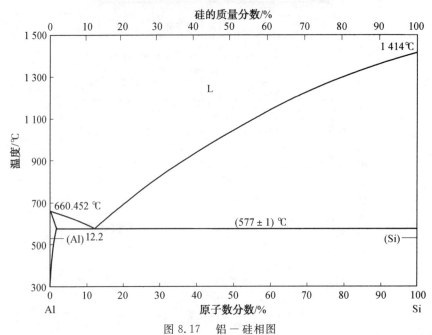

图 8.17 铝-硅相图

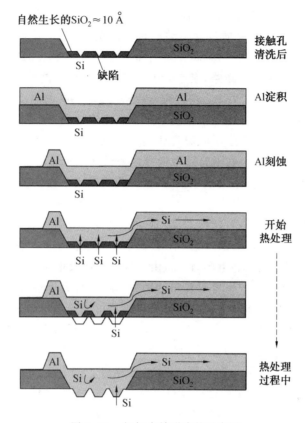

图 8.18 铝钉失效形成的示意图

另外,当环境温度降低时,铝中的硅会析出形成硅原子团。硅原子团的直径可达到 $1.5\ \mu m$,对于极细的布线来说,该尺寸接近其横截面宽度。因此,在电流流过布线时,将在硅原子团附近发生局部升温,导致布线熔化失效。

工程上以含少量硅的 Al-Si(1%~2%) 合金代替纯铝,以此降低硅在铝中的扩散渗入倾向。或者,通过在铝和硅之间制备阻挡层金属的办法,降低铝钉失效发生概率。

8.2.2 电迁移失效

1. 电迁移效应

随着集成电路芯片单位面积内晶体管数目的不断增长,晶体管的尺寸与金属导线的线宽也随之缩小,因此在金属导线截面流过的电流密度变得越来越大。与此同时,为了在更小的封装面积上实现更多的功能,需要对多芯片进行三维叠层封装,这势必会增加流经封装焊点的电流载荷。过高的电流密度在芯片和封装器件工作过程中会引发一系列可靠性问题。除了会导致芯片产生大量焦耳热之外,大电流密度本身还对金属导线和焊点中的金属原子产生力的作用,驱动金属原子发生迁移并逐渐对导体本身产生严重的破坏作用,这一现象称为电迁移。

很多物理场梯度都会造成固体材料内部的质量传输,如应力梯度、化学势梯度、温度梯度、电势梯度(电场)等。电迁移是指在电场作用下由电流应力主导的质量传输过程，是电子和晶格原子在碰撞过程中动量转移的结果，通常发生在金属导体中。在电流、温度和时间的共同作用下，金属导体内部会逐渐形成宏观的空洞、互连金属电阻逐渐增大，最终由于空隙出现断路，或形成小丘或晶须导致短路发生。

电迁移发生的必要条件是足够大的电流密度、足够高的温度和足够长的时间。例如，一根普通的家用电线在导电的情况下不会发生电迁移，这是因为电线中的电流密度很低，约为 10^2 A/cm²，而且环境温度太低，铜中不会发生原子扩散。然而，在高于 10^4 A/cm² 的电流密度下，电子的散射则会显著增强电子流动方向上的原子位移，造成原子位移的增强和质量传输的累积效应，比如集成电路中微米级的金属布线，从而引起金属原子的电迁移。

2. 电迁移产生机制

如图 8.19 所示，当电流通过金属导体时会对金属离子产生两种力。第一种力是由金属导体中的电场产生的静电场力 F_{el}，由于导体中的负电子在一定程度上屏蔽了正金属离子，因此在大多数情况下可以忽略这种力。第二种力 F_{wind} 是由晶格中传导电子和金属离子之间的动量转移产生的。这种力可以通过类比想象为风中气体分子对宏观物体产生的力的作用，它作用于电子流动的方向，也称电子风力，是电迁移的主要原因，金属离子受到的合力如式(8.6)所示，其中 Z^*、Z^*_{el}、Z^*_{wd} 分别为电迁移、静电力和电子风力作用下的等效电荷，e 为元电荷电量，E 为电场强度。如果电子风力传递给离子的能量超过迁移的激活能 E_a，则定向迁移过程就会开始。由此产生的物质传输沿着电子运动的方向进行，与电场方向相反，即从阴极(一)到阳极(+)。

$$F_{em} = F_{el} + F_{wind} = (Z^*_{el} + Z^*_{wd})eE = Z^*eE \tag{8.6}$$

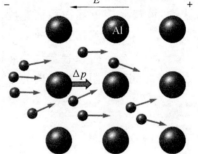

图 8.19　金属离子在电迁移过程中的受力示意图

如图 8.20(a) 所示，电迁移现象可以直接从一组 TiN 基线上短铝条的形貌变化中观察到，这种结构被称为电迁移测试的 Blech 结构，图 8.20(b) 是其中一个铝条的 SEM 放大图像，示意图如图 8.21 所示。铝条的线宽为 10 μm，厚度为 100 nm，在 TiN 基线中施加的电流沿着金属条的低电阻路径流过。当电流密度和温度足够高时，原子发生迁移，在 225 ℃ 下，施加 10^6 A/cm² 的电流密度约 24 h 后，可以直接观察到金属条表面产生空洞和挤出凸起。

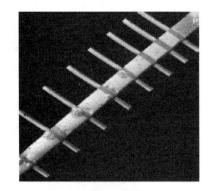 

(a) 低倍SEM图像　　　　　(b) 其中一个铝条的高倍图像

图 8.20　电迁移后 TiN 基线上的铝短条

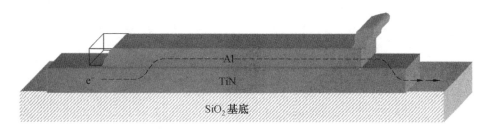

图 8.21　Blech 实验示意图

实际的扩散路径取决于材料,包括晶内扩散、晶界扩散,以及表面扩散,具体由它们各自的活化能大小决定。每种材料中的每种元素都有多个不同的扩散激活能,各个激活能的大小决定了哪种扩散机制占主导地位,以及整个扩散通量的组成。如果材料在每个位置都是均匀的,那么在电迁移过程中材料不会有任何变化:补充的材料量与移除的材料量相同。然而芯片布线和封装焊点的结构包含许多不均匀性的特征,包括引线的端点、互连方向的变化、换层、互连横截面的变化、晶格或材料的变化、制造缺陷或公差、不同的温度分布或机械应力梯度。这些不均匀的材料在电迁移的作用下会发生空位的传输、聚集和积累,从而形成宏观可见的空洞和凸起。图 8.22 显示了在铜互连的双大马士革结构中,由于电迁移在阴极端通孔的上端和下端形成空洞的图像。它们中的每一个都导致了断路,被检测到明显的电阻增加。

3. 电迁移的质量迁移模型和寿命预测模型

对于一维材料中的电迁移,可以利用扩散公式简单地定量计算出电迁移过程中的质量输运通量,根据著名的爱因斯坦关系式

$$D = \mu_p kT \tag{8.7}$$

式中　D——扩散常数;

　　　μ_p——粒子的迁移率,是粒子的迁移速度 v_d 与迁移的驱动力 F 之比,$\mu_p = v_d/F$;

　　　k——玻尔兹曼常数;

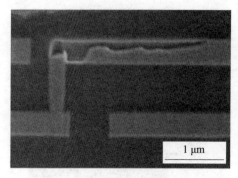 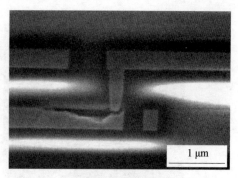

(a) 通孔上端空洞　　　　　　　　　　　(b) 通孔下端空洞

图 8.22　在铜互连的双大马士革结构中因电迁移而形成的空洞

T——绝对温度。

结合扩散通量的公式 $J=Cv_d$（C 为金属中的空位或可迁移离子的浓度），可以推导出：

$$J = C\frac{D}{kT}F$$

其中 F 即为电迁移过程中金属离子所受的合力 F_{em}，因此电迁移的扩散通量即可表示为

$$J_{em} = C\frac{D}{kT}F_{em} = C\frac{e|Z^*|D}{kT}\rho j \tag{8.8}$$

式中　　ρj——电场强度，ρ 为电阻率，j 为电流密度。

在简单的情况下，可以利用扩散公式定量地分析电迁移过程中材料传输的散度，得出材料的损耗量和积累量，并预测会发生初始损伤的位置。这种定量方法也有助于获得金属材料的电迁移平均使用寿命。但是，即使是最简单的情况，也需要多次迭代和数值分析来确定使用寿命。由于解析解通常过于耗时且不切实际，因此可能需要进行数值模拟，即使是导线方向或横截面的单一变化。在 20 世纪 60 年代，Black 首次提出了一个可以确定简单线性金属条带电迁移平均失效时间（MTF）的经验模型：

$$\text{MTF} = \frac{A}{j^2}\cdot\exp\left(\frac{E_a}{kT}\right) \tag{8.9}$$

式中　　A——一个与横截面相关的常数；
　　　　j——电流密度；
　　　　E_a——激活能；
　　　　k——玻尔兹曼常数；
　　　　T——绝对温度。

在式(8.9)的后续使用中发现，对应于不同类型的主要失效机制，电流密度 j 的常数指数 2 应被变量 n 取代，从而更加贴近实际。例如，不同的互连材料，如铝和铜，对应的变量 n 不同。铝最主要的扩散形式是晶界扩散，失效时间由空洞生长控制，此时 $n=2$；相比之下，铜最主要的扩散形式是表面扩散，失效时间由空洞形核控制，此时 n 在 1.1～1.3 之间。另外，对于典型的晶圆级测试，在高电流密度下（10^6 A/cm²），n 值大

于2;而对于典型的封装级测试,其电流密度较低,n值大多数在1~2之间。

随后,考虑到温度梯度、电流密度以及空洞形核和生长的竞争效应对n的影响,Lloyd对Black公式进行了修正,提出了下述拟合公式来描述形核和生长的竞争过程,涉及特定的动力学状态,即电流密度相关性:

$$\mathrm{MTF} = \left(\frac{AT}{j} + \frac{B(T)}{j^2}\right) \cdot \exp\left(\frac{E_a}{kT}\right) \tag{8.10}$$

式中　A——常数,是与金属线条密度、电阻率、晶粒大小、晶粒尺寸的分布、离子质量、几何尺寸有关的因子;

　　　$B(T)$——与失效形式相关的温度函数。

利用Black公式及其修正公式,可以很容易地估计使用寿命与电流和温度之间的关系,为加速试验提供了有用的信息。然而该公式的适用范围依然有限,这是因为当电流急剧上升时,材料的失效机制会发生改变。由于电流产生的焦耳热增加,可能会出现较大的温度梯度并导致热迁移,甚至热失效。

4. 电迁移引起的其他质量迁移

电迁移对于材料传输的影响不仅限于电流和电场本身的作用,还会引起材料的焦耳热效应、应力状态的改变以及空位的不均匀分布,因此电迁移往往还会在金属材料内部引起三种其他类型的扩散:应力迁移、热迁移和化学迁移。IC设计师必须特别注意热迁移和应力迁移,并考虑电-热-力的耦合作用对材料可靠性的影响。

(1) 应力迁移。

应力迁移是材料内机械应力不平衡导致的扩散。当电迁移产生原子的迁移后,原子多的区域会产生压应力,而原子少的区域会产生拉应力,在应力作用下会有净原子流进入拉应力区域。与热迁移类似,这会导致负机械应力梯度方向的原子扩散。最终空位浓度会平衡,以匹配机械应力。机械应力产生的材料迁移通量可以表示为

$$J_{\text{stress}} = -C\frac{D}{kT}F_{\text{stress}} = -C\frac{\Omega D}{kT}\frac{\partial \sigma}{\partial x} \tag{8.11}$$

式中　Ω——单个原子的体积;

　　　$\frac{\partial \sigma}{\partial x}$——应力梯度。

1976年,Blech和Herring发现,当导体长度小于临界值时,质量传输达到稳定状态(约30 μm),在给定的电流应力条件下,低于该长度导体不会发生电迁移失效。他们还观察到,电流密度在阈值以下不会发生质量传输。Blech认为,由于背应力的存在,原子的"再流"方向与电迁移方向相反,机械应力迁移与电迁移达到动态平衡,此时$J_{\text{em}} = J_{\text{stress}}$,可以得出

$$\frac{\partial \sigma}{\partial x} = \frac{e|Z^*|\rho j}{\Omega} \tag{8.12}$$

对其沿着金属导体长度方向积分可得

$$\sigma = \sigma_0 + \frac{e|Z^*|\rho j}{\Omega}x \tag{8.13}$$

σ 是指在 x 位置的应力，σ_0 是指在 $x=0$ 位置的应力，那么这样便可以得出，当电流密度为 j 时，金属导体刚好不会发生质量迁移的临界长度：

$$(jL)_c = \frac{(\sigma - \sigma_0)\Omega}{e|Z^*|\rho} \tag{8.14}$$

这一乘积也被称为 Blech 乘积。该关键乘积的典型值范围为 2 500（铜／低 k 材料）～6 000 A/cm（铜／SiO_2）。该模型完美地解释了实验结果，在一定的 jL 应力条件下，电迁移失效在相当长的时间内不会发生，因此在进行可靠性设计的过程中，将实际电流与线条长度的乘积控制在 Blech 乘积之下便可有效减缓电迁移失效。然而，值得注意的是，即使应力累积可能会产生再流，但是在电迁移效应被完全补偿之前，也有大量金属原子在过渡阶段发生移动并形成空洞，因此依然不能排除失效的可能。因此，Filippi 等人对 Blech 乘积进行了进一步的修正，提出在金属导体电阻变化达到饱和的情况下，缺陷的形成与 jL^2 具有相关性，在电路设计时如果电流密度和引线长度不超过某一 jL^2 的阈值，那么电迁移能够形成的空洞体积将不超过 V，过小的空洞将不会引起电迁移失效。这一设计准则在实际的应用中也得到了充分的验证。

（2）热迁移。

除了应力迁移，电迁移产生的温度梯度会产生热迁移。高温会导致原子运动的平均速度加快，所以从高温区域扩散到低温区域的原子数会高于反向扩散的原子数。因此，材料便会在负温度梯度方向上存在净扩散，并可能导致显著的质量传输。热迁移的扩散通量可以表示为

$$J_{\text{thermal}} = -C \frac{D}{kT} \frac{Q^*}{T} \frac{\partial T}{\partial x} \tag{8.15}$$

式中　　Q^* —— 材料的热容；

$\frac{\partial T}{\partial x}$ —— 温度梯度。

（3）化学迁移。

材料中存在浓度（或化学势）梯度时会发生化学迁移，这也会导致净质量传输。在多组分的材料中，如合金，不同金属元素由于有效电荷数不同，在电迁移的作用下迁移方向相反，会发生相分离现象，从而在电迁移的方向上产生负的浓度梯度；在纯金属中，也会出现空位和间隙原子的浓度梯度。根据 Fick 定律可知，化学迁移的扩散通量可以表示为

$$J_{\text{chemical}} = -D \frac{\partial C}{\partial x} \tag{8.16}$$

不同的迁移过程最终会形成平衡状态，一种迁移过程总会被另一种或多种迁移过程限制或抵消。在电迁移和应力迁移（Blech 效应）、热迁移和化学扩散（Soret 效应）之间，或两种及两种以上迁移类型的任何其他组合之间，都可能存在着平衡。总结以上质量迁移的过程可知，电迁移过程中的扩散通量是电迁移、应力迁移、热迁移、化学迁移的总和，可以表示为

$$J=\sum_i J_i = \begin{cases} J_1 = -D_v\,\nabla C_v \\ J_2 = -\dfrac{D_v C_v}{kT} Z^* e\,\nabla V \\ J_3 = -\dfrac{D_v C_v}{kT} f\Omega\,\nabla \sigma_h \\ J_4 = -\dfrac{D_v C_v}{kT}\dfrac{Q^*}{T}\,\nabla T \end{cases} \quad (8.17)$$

5. 钎料焊点的电迁移

相比于铜铝等纯金属,电子封装中钎料焊点的电迁移失效问题要更加严重。三维叠层封装与系统级封装等高密度封装形式将更多的芯片集成在一个封装体,进而极大提高单个焊点电流通量的同时,焊点的尺寸也在不断减小,甚至小于 $50\ \mu m$,这便使得焊点承载的电流密度很轻易地超过了钎料发生电迁移的阈值。倒装芯片焊点中流过的平均电流密度约为 $10^4\ A/cm^2$,但从局部来看,焊球肩部电流塞积处的真实电流密度可能是假设的几倍大。

钎料焊点相比于 Al、Cu 等纯金属组分容易发生电迁移失效的原因如下:①Sn 基软钎料的熔点相比于 Al、Cu 等金属电路要低得多,而在焊点服役过程中,焊点的温度上升至少 100 ℃,其绝对温度分别达到低共熔 SnPb 和 SnAgCu 钎料熔化温度的 82% 和 76% 左右,因此钎料在高电流密度和高服役温度下十分容易发生电迁移;② 电迁移驱动的元素扩散增强了钎料组成元素之间的相互作用和扩散,提高了金属材料中原子的能级,促进了金属间化合物的形成;③ 焊点的阵列式几何排布使其在行列间存在很大的电流密度交换,这导致电流密度的局部升高,在某些部分甚至可以达到平均电流密度的 10~20 倍,最典型的例子就是电流塞积现象;④ 焊点与焊盘连接处产生焦耳热,这种焦耳热不仅会使焊点温度升高,还可能在焊点中形成一个温度梯度导致热迁移的发生,一个直径为 $100\ \mu m$ 大的焊点如果存在 10 ℃ 的温度差,将造成 $1\,000$ ℃/cm 的温度梯度,引发严重的热迁移。

Sn－Pb 倒装焊点的长时间电迁移过程如图 8.23 所示,电流塞积发生在 BGA 焊点 UBM 的右上角,96 h 后,UBM 在自上向下的电子流作用下,发生了局部快速溶解并变为锯齿状,同时可以看到阳极的化合物变厚;120 h 后,电流拥挤区域的 UBM 和窄 Cu 迹线被完全消耗,同时,Sn 和 Pb 原子在背应力的作用下重新填充了 Cu 和 Ni 迁移形成的空位;随着电流应力时间进一步增加到 180 h,回填的 Sn 和 Pb 原子随着电迁移流向阳极,从而在阴极电子流入处引发了严重的开路故障。

电迁移对钎料焊点的影响主要包括以下几点。

(1) 电迁移导致的铜锡金属间的扩散加剧。

在倒装焊点中,电流流过芯片和基板,在芯片上的 UBM 和基板上的焊盘可以分别看作阴极和阳极。电迁移将溶解掉 UBM 中的铜,使铜原子溶解到钎料中,并在电迁移的作用下迁移到阳极,在阳极形成铜锡金属间化合物。在固相迁移过程中,绝大多数金属元素会在电迁移的作用下由阴极迁移到阳极,使得阳极金属间化合物的生长速度显

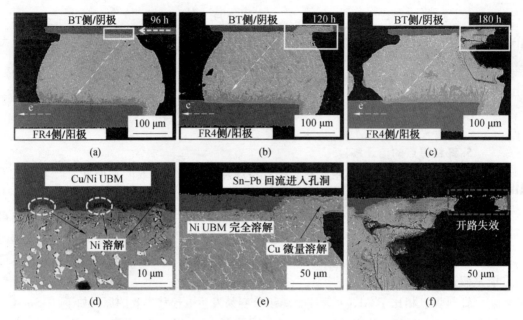

图 8.23 焊点在不同时间的电流应力下的截面 SEM 图像
((d)～(f) 分别是(a)～(c) 中焊点右上角的放大图)

著高于阴极,这一现象称为电迁移的极性效应,如图 8.24 所示。少数金属元素会在固相电迁移过程中,在背应力的作用下由阳极迁移到阴极,或者在固-液电迁移的过程中表现出正的有效电荷数,典型例子为 Sn—Zn 钎料中的 Zn 元素,此时阴极金属间化合物的生长速度会高于阳极,称为反极性效应。

(2) 倒装芯片焊点中的电流塞积。

电流塞积通常发生在焊点和互连线之间的连接界面上,从电极流入焊点的电流并不是均匀分布的,而是趋向于沿着最短路径流动。在流入焊点的位置电流密度最大,从而形成了电流的塞积,导致其电流密度比焊点内平均电流密度高约一个数量级,使得钎料中整体电迁移失效所需的电流密度阈值降低,模拟的结果如图 8.24 所示。在电子器件中,倒装芯片焊点而非 Al 和 Cu 互连导线中的电迁移是最主要的可靠性问题。因为电流塞积,倒装芯片焊点阴极连接界面会出现扁平状空洞变形,加速焊点整体的失效。

(3) 共晶焊点中的相分离。

在电迁移中,倒装芯片焊点内部以及阴极和阳极界面微观结构的改变与 Al 和 Cu 不同。由于钎料合金的两相共晶结构,Sn 在高温下反向流动,而 Pb 在接近室温时反向流动,如图 8.25 所示。这是由于在有限的焊点体积内,Sn 和 Pb 在高温和低温时的扩散系数不同,因此在电迁移的作用下 Sn 和 Pb 原子发生了位置的置换。在 Sn—Bi 钎料焊点中也发现了相似的相分离现象,如图 8.26 所示,相分离现象将钎料分成了性质截然不同的两相,二者的热膨胀系数和弹性模量等力学参数截然不同,非常容易在相界面处萌生裂纹。

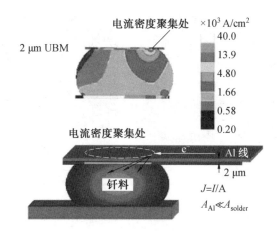

图 8.24　凸点结构电流塞积模拟结果（彩图见附录）

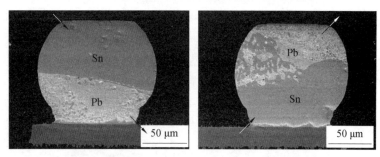

图 8.25　电流密度 0.6 A,135 ℃下 Sn38Bi 钎料焊点发生的相分离现象

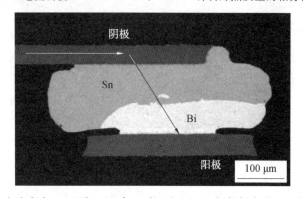

图 8.26　电流密度 5×10^3 A/cm^2,75 ℃下 Sn58Bi 钎料焊点发生的相分离现象

(4) 电迁移中的凸点下金属化层(UBM)失效。

因为利用了 UBM 来形成焊点,电迁移加强了钎料凸点阴极一边 UBM 的分解并溶解到阳极一边,而在阳极一边形成大量的 IMC。电迁移驱动原子由阴极向阳极移动,因此会阻碍阴极上 IMC 层的生长并促进阳极上 IMC 层的生长。如果作为阴极的 UBM 很薄,它将很快被电迁移效应所腐蚀并产生空洞,从而导致严重的可靠性问题,如图 8.27 所示。

抑制电迁移的方法:从设计的角度而言,应尽量避免过高的电流密度和服役温度,

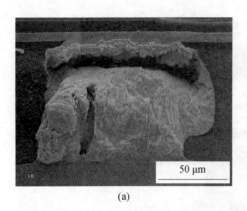
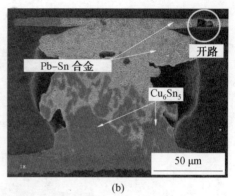

图 8.27　焊点焦耳热效应引起的 UBM 溶解失效

避免在结构中出现容易发生电流塞积的尖锐结构。从材料的角度，在使用 Sn 基钎料焊点时，应注意四方晶系 β-Sn 晶粒的 c 轴方向不要与电流方向平行，这是因为原子沿 β-Sn c 轴方向的扩散速率更快，会加速电迁移失效的发生。此外，开发特定取向和织构的焊盘材料（如单晶铜），或将铜焊盘替换为厚铜柱（图 8.28），或将金属间化合物作为焊点材料（图 8.29），也可以有效提高焊点的抗电迁移能力。

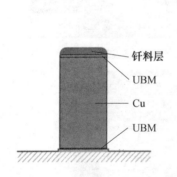
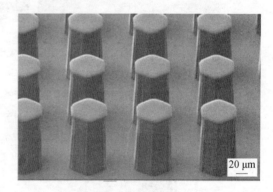

图 8.28　铜柱凸点作为焊盘材料，顶端为钎料层

钎料的电迁移尚有许多未研究清楚的部分，如孔洞的形核与生长机制，金属间化合物在固-固和固-液电迁移中的生长预测，以及各种缺陷的生长系数与生长速度。对以上问题的研究有助于焊点寿命预测准确性的提升，满足大功率、高密度封装器件在苛刻环境高可靠服役的需要。

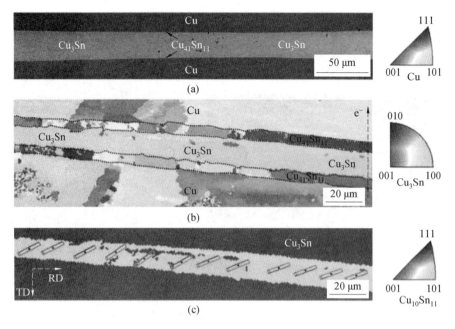

图 8.29　铜焊盘之间的全 Cu_3Sn 焊点（彩图见附录）

8.2.3　锡须

锡须是从电镀锡表面自发生长出来的长笛状生长物，典型的锡须直径在 $1\sim 5~\mu m$ 之间，而长度甚至可达 $5~000~\mu m$ 以上，其 SEM 形貌如图 8.30 所示。目前，许多纯锡涂层已被证明易受锡须自发生长的影响。锡基钎料服役过程中，可能会在一定时间内（几天或几个月到几年）产生锡须，从而在高密度电路的引脚间造成短路现象，而锡须尖端与另一引脚之间的狭小间隙存在的高电场，易引起电火花燃烧，造成元器件或设备的失效。

图 8.30　SEM 下观察到的锡须形貌

锡须的生长一般认为是表面应力松弛现象,诱发锡须的压缩应力是由 Cu 向 Sn 的间隙扩散和在 Sn 晶界中形成 Cu_6Sn_5 金属间化合物造成的体积膨胀引起的,在 Sn 表面氧化物层的限制下,锡晶粒会在裂纹处发生应力松弛,从表面挤出生长形成锡须,原理示意图如图 8.31 所示。

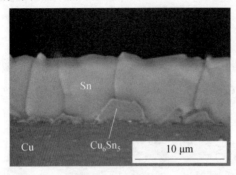
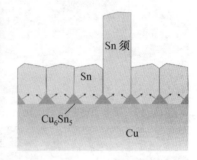

图 8.31 压应力导致的锡须生长

锡铜之间形成 Cu_6Sn_5 的化学反应为晶须的自发生长提供了持续的驱动力,锡铜室温下的快速反应、压应力和锡表面稳定的氧化层,是锡须生长的充分必要条件。锡的晶体结构为体心四方晶系,晶格常数 $a=0.583\ 11$ nm,$c=0.318\ 17$ nm。大部分锡须通常沿着锡 c 轴方向生长,但也发现少部分锡须沿着其他轴生长,如[100]和[311]晶向,如图 8.32 所示。锡须生长的温度范围为室温~60 ℃,且锡须生长存在潜伏期,既可以发生在几秒钟内,也有可能潜伏几年。

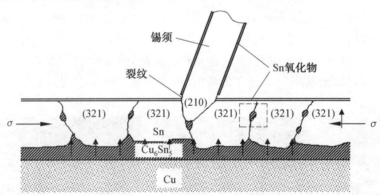

图 8.32 锡须形成机理示意图

锡须的生长过程如图 8.33 所示。在实验中复现锡须的生长通常比较困难,这是由于锡须生长的温度范围非常有限,很难通过加速测试快速形成锡须。如果温度较低,则由于原子扩散缓慢,锡须生长动力学不足;如果温度较高,Sn 晶格内部产生的压应力会被释放,因此产生的驱动力不足。锡须的这一生长特点造成了对其深入研究的困难。尽管如此,学者们的研究仍表明,压应力不是锡须生长的充分条件,锡须要进行局部生长,表面必须具备合适厚度范围的氧化物来限制锡须的生长位点,如果表面氧化物膜厚度足够,同样可以阻挡锡须生长。

图 8.33 锡须的生长过程

预防锡须生长的措施一般包括如下方法:首先,可以在钎料中添加软元素以减小应力梯度,如 Pb、Bi、In 和 Zn 等元素;其次,可以在 Cu/Sn 界面处引入阻挡层以减少 IMC 的形成,如 Ni 层;另外,热处理以及对纯镀锡表面进行再流处理同样可以释放锡钎料内部的压应力,避免锡须萌生;此外,共晶体系中的两个分离和混合相在长程扩散方面相互阻挡,限制锡须生长;最后,可以将 Cu 或其他元素添加到锡或共晶 Sn-Cu 钎料中,以形成 Cu_6Sn_5 沉淀的扩散阻挡层。如图 8.34 所示为 Sn-Cu、Sn-Bi 和 Sn-Zn 钎料与纯 Sn 锡须的生长情况对比。

图 8.34 Sn-Cu、Sn-Bi 和 Sn-Zn 钎料与纯 Sn 锡须的生长情况对比

8.2.4 热疲劳失效

电子封装及其组件在工作过程中,由于功率损耗和环境温度的周期性变化,以及焊点两侧材料的热膨胀系数不匹配,在焊点处产生热应力和应变,从而引起互连的热机械疲劳损坏,最终导致整个封装器件或装联组件的失效。因此,互连的热疲劳失效问题是电子封装可靠性设计的热点问题。

1. 热失配与热疲劳

热疲劳失效的根本原因是热失配。电子封装由不同的材料组成,它们的热膨胀系数一般不相同,因此导致相互连接的材料之间热膨胀大小的差异。热失配产生的应力一般并不足以立即破坏互连焊点,而表现为逐渐累积的疲劳损伤和失效,也就是热疲劳失效。

由热失配导致的芯片键合失效是一个例子。由于键合材料和芯片的热膨胀系数显著不同,在交变温度作用下芯片内产生弯曲应力,导致芯片中间发生开裂。当芯片边缘存在晶圆切割时遗留的划痕或毛刺时,边缘处承受应力也会导致芯片拐角处发生开裂。如果芯片键合采用较为柔软的材料,如硅酮、聚酰亚胺等,就可以有效提高键合焊点的疲劳寿命。

由热失配导致的 FC 互连失效是热疲劳失效的经典案例。图 8.35 是典型的失效的 FC 钎焊焊点截面微观组织照片。在经历 6 967 ~ 7 228 热循环周次的 −40 ℃ ~ +125 ℃ 的热循环之后,FC 钎焊焊点靠近芯片的界面处发生热疲劳裂纹。

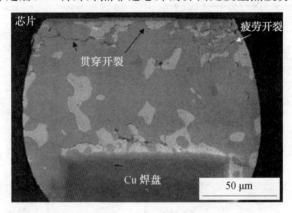

图 8.35 典型的失效的 FC 钎焊焊点截面微观组织照片

影响芯片封装互连热疲劳寿命的因素,主要有芯片尺寸、焊点形状、界面的金属间化合物、钎料合金的力学性能等。芯片尺寸越大,由热失配导致的塑性应变越大,热疲劳寿命越低。焊点形状影响焊点内部的应力分布和塑性应变范围,从而影响焊点热疲劳寿命。与钎料合金相比,焊点界面金属间化合物较脆,在热循环温度变化速率较快,或者在焊点热循环经历极低温等极端恶劣条件下,可能影响焊点疲劳寿命。而在大多数情况下,钎料合金的蠕变性质是影响焊点热疲劳寿命的关键因素。

2. 疲劳寿命模型

目前,焊点的热循环失效的寿命模式基本是以低周疲劳的 Coffin-Manson(C-M) 模型为基础,即材料的低周疲劳寿命和塑性应变范围之间的经验关系。但 Knecht 采用 C-M 模型研究热加载服役条件下材料的疲劳寿命时,由于其没有描述蠕变变形使预测结果表现出较大的误差。所以在具体应用中,C-M 模型被修正成多种形式,如 Total Strain 模型、Norris-Landzberg 模型和 Engelmaier 模型等。现阶段使用最为广泛的是 Engelmaier 模型,该模型综合考虑了循环频率、温度等因素和弹塑性变形对焊点疲劳寿命的影响。但该模型仅建立在等温实验数据上,塑性应变范围通常被处理成非弹性应变范围,无法考虑蠕变变形对焊点失效的贡献,所以存在局限性。所以 Knecht 针对幂级蠕变提出了一种位错疲劳模型。在此基础上,Syed 针对幂级蠕变和颗粒边界滑移蠕变提出 Syed 模型。该模型对于热循环测试,蠕变效应非常明显,但因其忽略塑性变形,故无法准确预测所有的产品,所以没有被广泛应用。

另外,各学者从损伤方面出发,用断裂力学模型考虑焊点的疲劳裂纹扩展,Li 基于线弹性断裂力学理论提出应力强度因子模型,Lau 基于弹塑性断裂力学理论提出 J 积分模型。中国科学院徐步陆等人使用 J 积分模型计算得到不同构型、不同裂缝长度下的能量释放率,并做比较,为预测裂缝传播速率提供基础。但该模型必须假设裂纹萌生的位置和裂纹扩展的路径,所以需要借助内聚力模型进行裂纹的计算,并且该模型无法用于循环载荷过程。为弥补缺陷,Akay 提出直接能量预测模型,用来预测有线框形式的封装,但该方法很少用来预测 BGA 形式的封装。随后 Darveaux 提出间接法,先预测裂纹开始发生的循环数,再利用断裂力学预测裂纹的扩展速率,推出裂纹扩展至区域完全破坏的时间,使其广泛应用。河南工业大学田野等人对细间距倒装组装焊点采用子模型方法,结合 Darveaux 寿命模型进行寿命预测,并计算得到四个模型参数。复旦大学章蕾等人利用功率循环加速实验以及 Darveaux 寿命模型分析了贴片焊层厚度对功率器件热可靠性的影响,发现在一定的范围内,BLT 越大器件的可靠性越高。但该寿命预测模型同样需要借助内聚力模型进行裂纹萌生及扩展计算,操作较为复杂。常用的焊点疲劳模型见表 8.1。

表 8.1 常用的焊点疲劳模型

模型分类	模型名称	模型公式	符号含义
应变疲劳模型	Coffin-Manson 模型	$N_f = \frac{1}{2}\left(\frac{\Delta\gamma}{2\varepsilon'_f}\right)^{1/c}$	N_f 为失效循环周期数 $\Delta\gamma$ 为剪切应变 ε'_f 为疲劳延性系数 c 为疲劳延性指数
	Engelmaier 模型	$N_f = \frac{1}{2}\left(\frac{\Delta\gamma}{2\varepsilon'_f}\right)^{1/c}$ $c = -0.442 - 6\times 10^{-4} T_m +$ $1.74\times 10^{-2}\ln(1+f)$	T_m 为焊点平均循环温度 f 为循环频率

续表8.1

模型分类	模型名称	模型公式	符号含义
断裂力学模型	J积分模型	$\Delta J = \dfrac{S_p}{B(W-a)} f(a,W)$	S_p 为载荷－位移曲线面积 B 为试样厚度 W 为试样宽度 a 为裂纹几何尺寸
能量疲劳模型	Akay模型	$N_f = \left(\dfrac{\Delta \overline{W}_{\text{total}}}{W_0}\right)^{1/k}$	N_f 为损伤周期数 $\Delta \overline{W}_{\text{total}}$ 为应变能增量 W_0 和 k 为材料常数
能量疲劳模型	Darveaux模型	$N_0 = K_1 (\Delta W_{\text{ave}})^{K_2}$ $\dfrac{da}{dN} = K_3 (\Delta W_{\text{ave}})^{K_1}$ $N_f = N_0 + \dfrac{a}{da/dN}$	N_f 为损伤周期数 K_1、K_2、K_3 为裂纹增长常数 N_0 为初始裂纹周期数 ΔW_{ave} 为能量密度增量 a 为断裂特征长度
蠕变疲劳模型	Knecht－Fox模型	$N_f = \dfrac{C}{\Delta \gamma_{mc}}$	C 为与材料微观组织结构相关的常数 $\Delta \gamma_{mc}$ 为位错应变幅
蠕变疲劳模型	Syed模型	$N_f = (0.022 D_{gbs} + 0.063 D_{mc})^{-1}$	D_{mc} 为基体蠕变引起的等效蠕变应变幅 D_{gbs} 为晶界滑移引起的等效蠕变应变幅

3. 疲劳寿命的计算

加速寿命试验虽然能极大地缩短试验时间,但是大量的试验需要消耗大量的资源,并且加速寿命试验本身具有破坏性质,对于高成本封装器件,试验成本很高。基于有限元仿真技术的疲劳寿命计算,需要消耗资源少,且能得到传统试验无法得到的丰富数据。

钎料是低熔点金属,在加载条件下,它的变形具有弹性、塑性、蠕变共存的特征。对互连焊点进行应力－应变有限元分析,其关键问题是建立钎料在加载条件下的应力－应变关系模型,即本构方程。所建立的本构关系应能合理地描述钎料非弹性应变速率与应力、温度和微观组织的依赖关系,以及微观组织随焊点变形而发生的演化过程。

焊点材料的力学特征主要表现为低应力状态下的钎料黏塑性行为。对于钎料的黏塑性,可使用目前比较通用的 Anand 黏塑性本构模型来描述,工程应用中只需确定和输入相应的参数,即可对钎料进行黏塑性分析。

Anand 本构模型有两个基本特征:① 认为材料没有屈服过程,开始加载就产生塑性应变。② 只用变形阻力这一个内部变量来描述材料在塑性应变中受到的阻力。焊点内等效内应力与变形阻力成正比,即

$$\sigma = c \cdot s \tag{8.18}$$

式中 s——变形阻力;

σ——等效内应力;

c——与材料有关的常数,当应变速率一定时可用下式描述:

$$c = \frac{1}{\xi}\mathrm{arcsinh}\left[\left(\frac{\dot{\varepsilon}_\mathrm{p}}{A}\mathrm{e}^{\frac{Q}{RT}}\right)^m\right] \tag{8.19}$$

式中 ξ——应力乘子;

$\dot{\varepsilon}_\mathrm{p}$——非弹性应变速率;

A——黏塑性系数;

Q——活化能;

R——气体普适常数;

T——绝对温度;

m——应力灵敏度。

$\dot{\varepsilon}_\mathrm{p}$的具体形式如下:

$$\dot{\varepsilon}_\mathrm{p} = A\exp\left(-\frac{Q}{RT}\right)\left[\sinh\left(\xi\frac{\sigma}{s}\right)\right]^{\frac{1}{m}} \tag{8.20}$$

Anand 模型中变形阻力的表达式为

$$\dot{s} = \left[h_0\left|1-\frac{s}{s^*}\right|^a \cdot \mathrm{sign}\left(1-\frac{s}{s^*}\right)\right]\cdot\dot{\varepsilon}_\mathrm{p} \tag{8.21}$$

式中 h_0——硬化常数;

a——硬化灵敏度;

s^*表示给定温度和应变速率时形变阻力的饱和值,可用下式描述:

$$s^* = \hat{s}\left[\frac{\dot{\varepsilon}_\mathrm{p}}{A}\exp\left(\frac{Q}{RT}\right)\right]^n \tag{8.22}$$

式中 $\hat{s}$——变形阻力饱和系数;

n——变形阻力灵敏度。

综上,考虑变形阻力的初始值 s_0,Anand 模型中共有 9 个材料参数:A、Q、ξ、m、$\hat{s}$、s_0、h_0、a 和 n。

以 Sn63Pb37 钎料为例,Anand 模型相应参数见表 8.2。有限元仿真计算时,只需将相应参数输入,即可准确分析焊点的应力-应变状态。

表 8.2 钎料的 Anand 模型相应参数

定义	符号	单位	Sn63Pb37 钎料
黏塑性系数	A	s^{-1}	1.49×10^7
应变活化能	Q/R	K	10 830
应力乘子	ξ	—	11
应力灵敏度	m	—	0.303
变形阻力饱和系数	$\hat{s}$	MPa	80.415

续表8.2

定义	符号	单位	Sn63Pb37 钎料
变形阻力初始值	s_0	MPa	56.63
硬化常数	h_0	MPa	2 640.75
硬化灵敏度	α	—	1.34
变形阻力灵敏度	n	—	0.023 1

进行焊点热疲劳寿命有限元分析的第一步,是建立封装器件焊点的几何实体模型(图 8.36)。

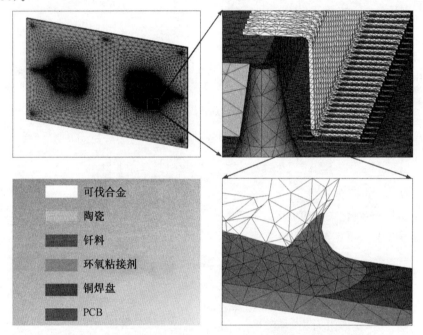

图 8.36 焊点热疲劳寿命有限元分析实体模型(彩图见附录)

在热循环过程中,互连焊点各部分将产生周期性的膨胀与收缩。由于钎料与元器件及基板材料的热膨胀系数不同,钎料会受到不同程度的剪切和拉伸,在焊点三维结构中应力－应变呈多轴状态分布。因而在分析焊点在热循环条件下的力学行为时,采用表示综合应力强度的等效应力和等效应变来描述焊点内部的应力－应变分布状态。图 8.37 是热循环中焊点应力－塑性应变的响应曲线。由图可见热循环第六周期之后焊点的应力－应变响应曲线已趋于稳定。图 8.38 是典型器件焊点内应力分布状态。

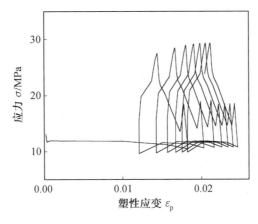

图 8.37 热循环中焊点应力-塑性应变的响应曲线

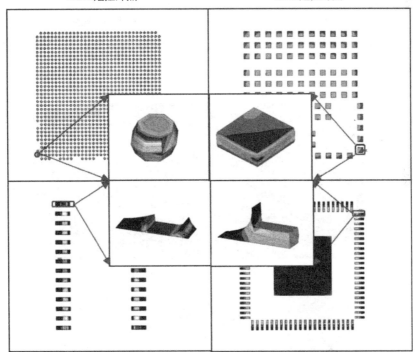

图 8.38 典型器件焊点应力分布状态(彩图见附录)

8.2.5 振动失效

1. 机械冲击及振动

与热载荷和点载荷不同,机械载荷是一种力学载荷,通过应力施加可直接促使裂纹的萌生和扩展。新加坡国立大学的研究者们通过高速摄像研究了 PCB 级焊点在跌落冲击过程中的循环弯曲测试下,发现反复弯曲引起的拉、压应力交替作用是导致焊点产生裂纹直至失效的主要原因。在后续的研究中发现正剥离应力是焊点失效的主要原因,焊点裂纹将在 IMC 与焊盘界面处产生及扩展。随后,芬兰阿尔托大学 Marjamaki 等人对跌落测试和冲击测试两种载荷特征的差异进行了深入的研究,对比发现,简谐振动会致使焊点失效模式由 IMC 层失效转变为体钎料失效,而跌落冲击导致焊点内部存在"应力松弛"的作用,会使焊点一直承受高强度应力。上海交通大学的研究者们在对无铅的 BGA 焊点的随机振动载荷研究中发现,随着振动功率谱密度的增加,失效模式会由焊点体钎料疲劳断裂转变为界面 IMC 的脆性断裂,呈现出脆性断裂特征,如图 8.39(a) 所示。哈尔滨工业大学的研究者们对 PCB 级封装焊点的不同装卡可靠性进行了仿真分析,整个仿真模型涉及 BGA、LGA、QFP 等 12 种类型、104 个器件,器件尺度横跨微米到厘米,发现当不同位置螺丝松动会导致固有频率发生改变,易引发共振,导致焊点承受应力增大,如图 8.39(b) 所示。

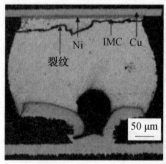
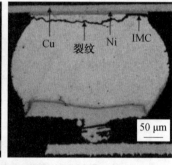

(a) 跌落冲击失效焊点的微观形貌

(b) 固定位置对应分布的影响

图 8.39 机械载荷作用下的焊点失效行为研究(彩图见附录)

2. 随机振动寿命预测模型

在结构的振动疲劳分析中,载荷的应力幅值是影响疲劳寿命的关键因素。故在进行随机振动疲劳寿命预测时,应力幅值的变化规律是重点关注的内容。随机振动是一个复杂的现象,其载荷和响应都是随机变化的,但通常可以忽略各种干扰因素,假设其为高斯分布(Gaussian distribution)。基于高斯分布假设,在进行了大量的电子设备随

机振动分析后,结合 Miner 线性累计损伤法则提出了随机振动疲劳寿命预测的三区间法,如下所示:

$$\Delta\varepsilon_t = 3.5\frac{\sigma_u}{E}N_f^{-0.12} + D^{0.6}N_f^{-0.6} \tag{8.23}$$

式中　σ_u——材料最终拉伸强度;
　　　E——材料弹性模量;
　　　D——疲劳塑性系数;
　　　N_f——疲劳寿命循环次数。

但该方法只适用于振动响应呈高斯分布的情况,不具有普适性,故在进行随机振动疲劳寿命预测时,应力幅值的变化规律是重点关注的内容。而幅值的变化规律是由幅值的概率密度函数(Probability Distribution Function,PDF)决定的。幅值概率密度函数定义为幅值落于某指定频率范围内的概率,是幅值功率谱的函数,它随所取范围的幅值变化而变化。若随机振动过程是各态经历的,对于实测随机振动响应的某个应力时间历程 $x(t)$,其应力幅值概率密度函数 $p(S)$ 定义为

$$p(S) = \frac{\sqrt{1-\alpha_2^2}}{\sqrt{2\pi}\sigma_S} e^{-\frac{S^2}{2\sigma_S^2(1-\alpha_2^2)}} + \frac{\alpha_2 S}{\sigma_S^2} e^{-\frac{S^2}{2\sigma_S^2}} \Phi\left(\frac{\alpha_2 S}{\sigma_S\sqrt{1-\alpha_2^2}}\right)$$

$$\Phi(x) = \frac{1}{\sqrt{2\pi}}\int_{-\infty}^{x} e^{-\frac{\tau^2}{2}} d\tau \tag{8.24}$$

式中的所有参数均可以由功率谱密度 PSD 求得。对于窄带高斯随机振动,应力幅值概率密度函数服从瑞利分布,可以表示为

$$p_N(S) = \frac{S}{2\sigma_S^2} e^{-\frac{S^2}{2\sigma_S^2}} \tag{8.25}$$

由此便衍生出了众多寿命预测模型,如窄带近似模型、Wirsching — Light 模型、Zhao — Baker 模型等,这些模型的区别在于采用了不同的幅值概率密度函数,其中 Dirlik 模型是目前频域内应用最为广泛的疲劳寿命预测模型,在工程中有很大的应用价值。该模型的正确性已被大量振动疲劳试验所验证。Dirlik 在对 70 余种不同的功率谱密度函数进行蒙特卡洛模拟统计分析后,用两个瑞利分布和一个指数分布来描述幅值概率密度函数,具体表达式见表 8.3。

表 8.3　幅值概率密度函数模型

模型名称	表达式
窄带近似模型	$T_{NB} = \dfrac{1}{D_{NB}} = \dfrac{C}{V_P(\sqrt{2m_0})^k \Gamma\left(1+\dfrac{k}{2}\right)}$ $\Gamma(s) = \displaystyle\int_0^\infty x^{s-1} e^{-x} dx$
Wirsching — Light 模型	$\lambda_{WL} = a(k) + [1-a(k)](1-\varepsilon)^{b(k)}$ $\varepsilon = \sqrt{1-\alpha_2^2}$

续表8.3

模型名称	表达式
Single — Moment 模型	$\lambda_{SM} = V_P^{-1} \left(\dfrac{m_{2/k}}{m_0}\right)^{\frac{k}{2}}$
Empirical 模型	$\lambda_\alpha = \alpha_{0.75}^2$
Zhao — Baker 模型	$T_{ZB} = \dfrac{C}{V_P m_0^{\frac{k}{2}} \left[w\alpha_{ZB}^{-\frac{k}{\beta}} \Gamma\left(1+\dfrac{k}{\beta}\right) + (1-w)2^{\frac{k}{2}} \Gamma\left(1+\dfrac{k}{2}\right)\right]}$
Dirlik 模型	$T_{DK} = \dfrac{1}{D_{DK}} = \dfrac{C}{V_P m_0^{\frac{k}{2}} \left[G_1 Q^k \Gamma(1+k) + (\sqrt{2})^k \Gamma\left(1+\dfrac{k}{2}\right)(G_2 \mid R\mid^k + G_3)\right]}$

3. 疲劳寿命的计算

机械或结构系统在其平衡位置附近的往复运动称为振动,它是一个状态改变的过程。通常根据激励可将振动分为自由振动和受迫振动两大类。自由振动也称固有振动,是不受外力作用下的振动。理想情况下的自由振动称为无阻尼自由振动。自由振动时的频率也称固有频率,由振动系统自身条件决定,与振幅无关。受迫振动是系统受外界周期性激励作用而产生的振动。物体的受迫振动达到稳定状态时,其振动频率与激励频率相同。

模态分析用于确定设计结构或机器部件的振动特性,即结构的固有频率和振型,它们是承受动态载荷结构设计中的重要参数。同时,也可以作为其他动力学分析问题的起点,例如瞬态动力学分析、谐响应分析和谱分析,其中模态分析也是进行谱分析或模态叠加法谐响应分析或瞬态动力学分析所必需的前期分析过程。在 ANSYS 中的模态分析是一个线性分析过程。任何非线性特性,如塑性和接触(间隙)单元,即使定义了也将被忽略。

随机振动在 ANSYS 中采用谱分析,如图 8.40 所示。谱分析是一种将模态分析的结果与一个已知的谱联系起来计算模型的位移和应力的分析技术。谱分析替代时间 — 历程分析,主要用于确定结构对随机载荷或随时间变化载荷(如地震、风载、海洋波浪、喷气发动机推力、火箭发动机振动等)的动力响应情况。谱是谱值与频率的关系曲线,它反映了时间 — 历程载荷的强度和频率信息。ANSYS 的谱分析有三种类型:响应谱分析、动力设计分析、功率谱密度分析。

功率谱密度是一种概率统计方法,是对随机变量均方值的量度。一般用于随机振动分析,连续瞬态响应只能通过概率分布函数进行描述,即出现某响应水平所对应的概率。它是结构在随机动态载荷激励下响应的统计结果,是一条功率谱密度值 — 频率值的关系曲线,其中功率谱密度可以是位移功率谱密度、速度功率谱密度、加速度功率谱密度、力功率谱密度等形式。数学上,功率谱密度值 — 频率值的关系曲线下的面积就

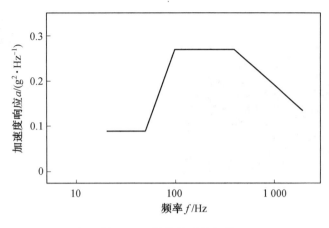

图 8.40　随机振动载荷谱

是方差,即响应标准偏差的平方值。随机振动分析是一种定性分析技术,分析的输入输出数据都只代表它们在确定概率下的可能性发生水平。随后通过软件进行计算,可以得到器件引脚在受随机振动载荷下的受力及应力、应变情况,以及器件互连结构焊点和引脚处的应力、应变响应结果,图 8.41 和图 8.42 所示为随机振动结果云图。这些应力、应变结果将结合前述所得的 $S-N$ 曲线代入振动寿命预测模型中,进行振动寿命预测。

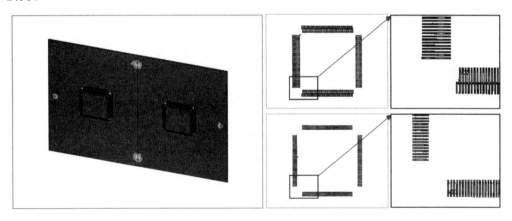

图 8.41　器件应变云图(彩图见附录)

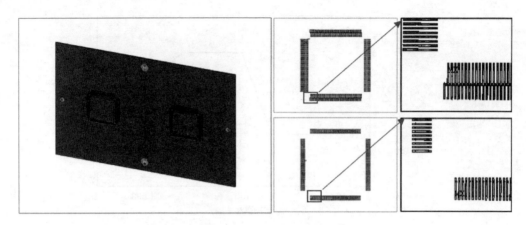

图 8.42　器件应力云图（彩图见附录）

8.3　总　　结

本章介绍了常见微互连缺陷与失效各方面的内容。但是必须指出本章并未涵盖实际工程中出现的微互连缺陷和失效的所有种类。而且，随着我国电子制造业的高质量发展格局的逐步形成，以及电子封装与测试行业的跨越式发展，电子器件集成度越来越高，但速度越来越快，封装也追求更高效率、更可靠和更具性价比，应用的场合逐渐延伸到高温、低温、大电流和多物理场载荷等极端环境中。这一趋势给微互连焊点可靠性提出了诸多全新的挑战，一方面面临老问题在新环境、新工艺、新结构下的复发，另一方面面临新问题在老环境、老工艺、原结构中的出现。这方面的研究还在持续进行，有待进一步探索澄清微互连缺陷和失效背后的机理。

本章习题

8.1　铝钉失效产生的原因及其解决措施是什么？

8.2　曼哈顿效应产生的现象和原理是什么？如何避免？

8.3　桥连现象产生的原因、过程机理是什么？焊盘设计采用等宽原则是否合理？

8.4　微互连电迁移的机理、失效评估方法及防止措施是什么？

8.5　铜引线上镀锡层的 Whisker 生长机理是什么？如何避免？

8.6　热疲劳导致互连失效的原理是什么？

8.7　写出 Coffin — Manson 模型的公式并指出各参数和方程的意义。

8.8　给出基于应变疲劳的三种寿命预测模型。

本章参考文献

[1] LAU J H, LEE N C. Assembly and reliability of lead-free solder joints[M]. Singapore: Springer, 2020.

[2] 张磊,李明雨,王春青. 细间距器件焊点桥接研究[J]. 电子工艺技术,2001, 22(1): 3.

[3] JENS L, MATTHIAS T. Fundamentals of electromigration aware integrated circuit design[M]. Springer, 2018.

[4] CHOI W J, TU K N. Current crowding induced electromigration failure in flip chip solder joints[J]. Journal of Applied Physics, 2002, 80: 580-582.

[5] LIU B L, TIAN Y H, QIN J K, et al. Degradation behaviors of micro ball grid array (μBGA) solder joints under the coupled effects of electromigration and thermal stress[J]. Journal of Materials Science: Materials in Electronics, 2016, 27: 11583-11592.

[6] LI R S, CHUDNOVSKY A. Examination of the fatigue crack growth equations[J]. International Journal of Fracture, 1996, 81(4): 343-355.

[7] WIRSCHING P H. Fatigue under wide band random stresses[J]. Journal of the Structural Division. 1980, 106(7): 1593-1607.

[8] LUTES L D. Improved spectral method for variable amplitude fatigue prediction[J]. Journal of Structural Engineering. 1990, 116(4): 1149-1164.

[9] ZHAO W B. On the probability density function of rainflow stress range for stationary Gaussian processes[J]. International Journal of Fatigue. 1992, 14(2): 121-135.

[10] 田茹玉. 极端温度环境下Sn基钎料焊点组织演变及失效机理[D]. 哈尔滨:哈尔滨工业大学,2019.

[11] 刘宝磊. Cu-Sn化合物电流辅助定向生长与微焊点瞬态键合机理[D]. 哈尔滨:哈尔滨工业大学,2017.

[12] 撒子成,王尚,田艳红,等. SiP器件组装焊点形态预测及其随机振动可靠性仿真研究[J]. 机械工程学报,2022,58(2):276-283.

[13] 李跃,田艳红,丛森,等. PCB组装板多器件焊点疲劳寿命跨尺度有限元计算[J]. 机械工程学报,2019,55(6):54-60.

[14] 张贺,冯佳运,丛森,等. 62Sn36Pb2Ag组装焊点长期贮存界面化合物生长动力学及寿命预测[J]. 工程科学学报,2023,45(3):400-406.

[15] 王尚,田艳红,韩春,等. CBGA器件温度场分布对焊点疲劳寿命影响的有限元分析[J]. 焊接学报,2016,37(11):113-118.

附录　部分彩图

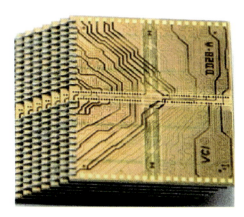

图 5.15

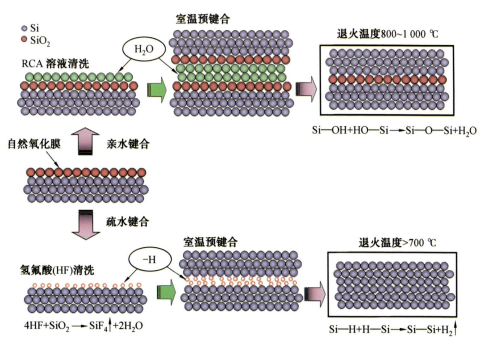

图 6.10

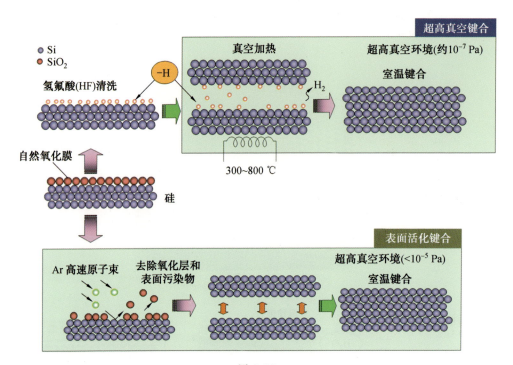

图 6.12

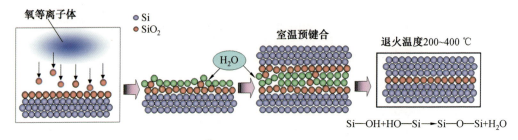

图 6.13

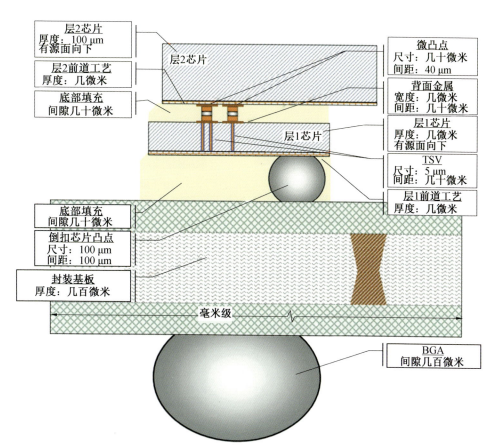

(a) 结构示意图

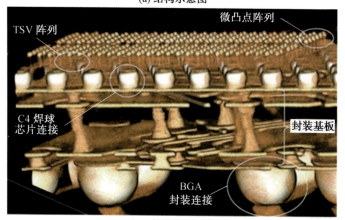

(b) X射线断层照片

图 6.30

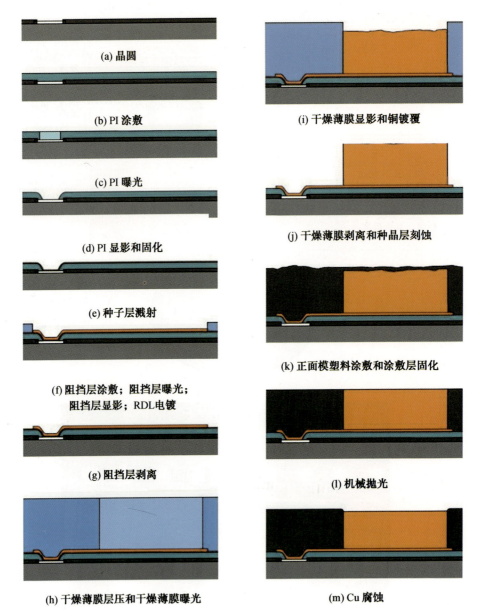

图 6.36

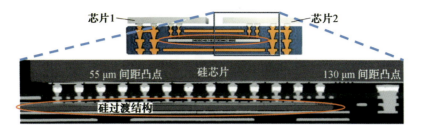

图 6.37

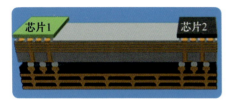
(a) 2.5 D 封装结构

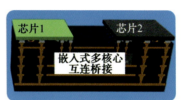
(b) EMIB 封装技术

图 6.38

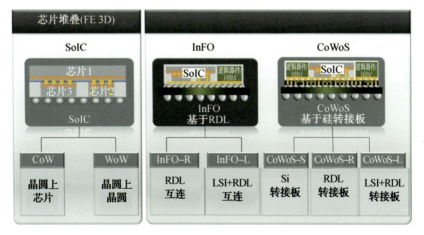

图 6.40

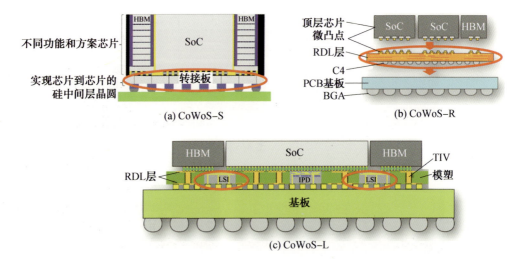

图 6.42

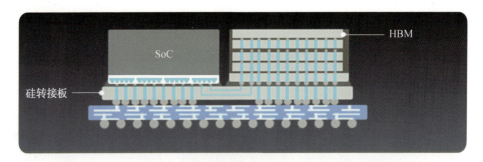

图 6.43

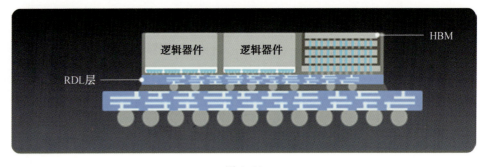

图 6.44

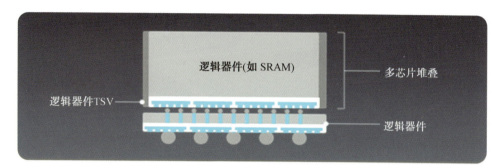

图 6.45

图 6.46

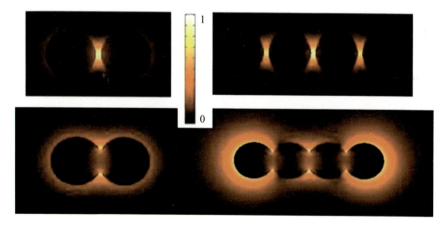

图 7.3

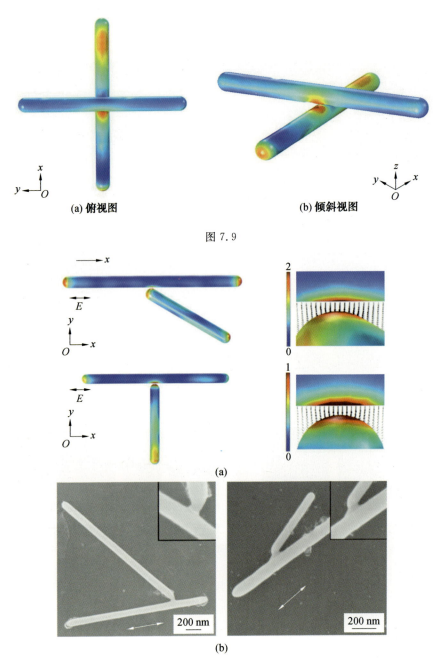

(a) 俯视图　　　　　　　　　(b) 倾斜视图

图 7.9

(a)

(b)

图 7.15

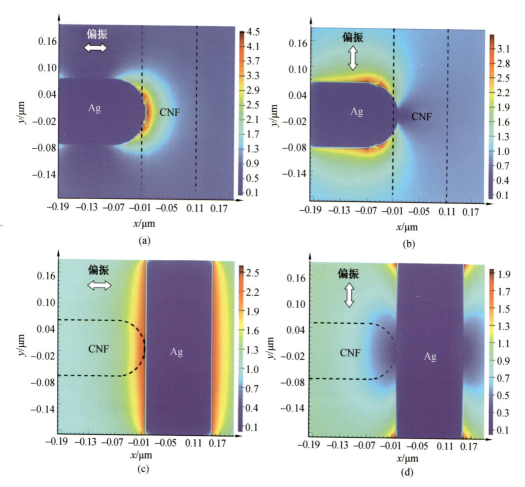

图 7.17

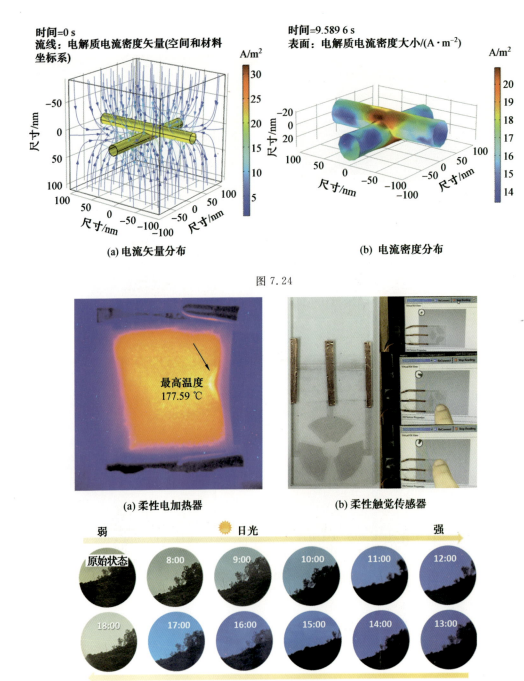

(a) 电流矢量分布

(b) 电流密度分布

图 7.24

(a) 柔性电加热器

(b) 柔性触觉传感器

(c) 柔性自适应电致变色储能器件

图 7.25

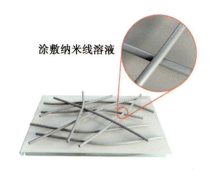
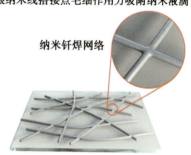
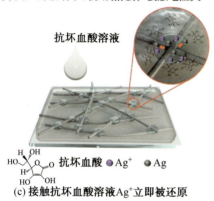

(a) 交叉的银纳米线形成搭接，接触电阻大

(b) 银纳米线搭接点毛细作用力吸附纳米液滴

(c) 接触抗坏血酸溶液Ag^+立即被还原

(d) 银纳米线搭接点沉积纳米钎料降低接触电阻

图 7.27

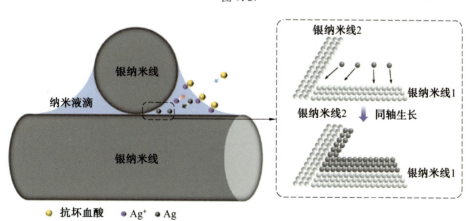

图 7.28

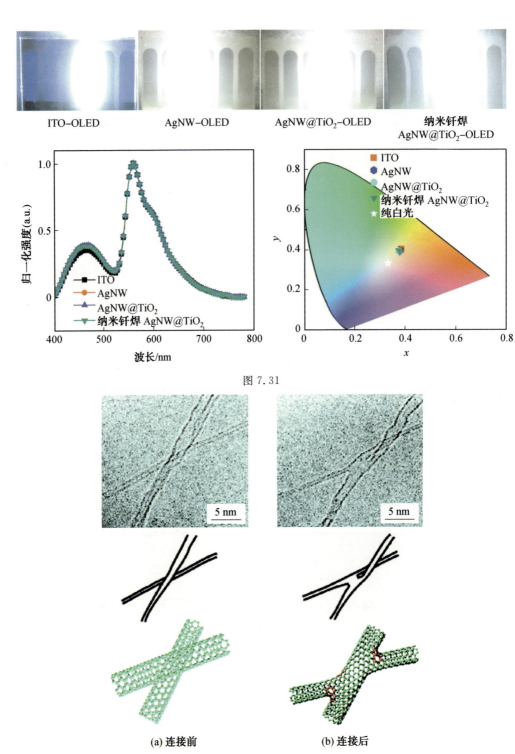

图 7.31

(a) 连接前　　　　　(b) 连接后

图 7.33

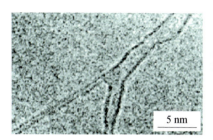 

图 7.34

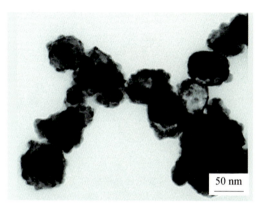 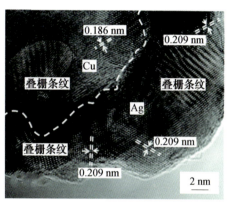

(a) 纳米银小颗粒在铜表面生长 (b) 银颗粒合并长大

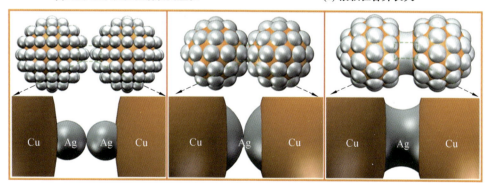

(c) 银颗粒"钎焊"铜核过程示意图

图 7.42

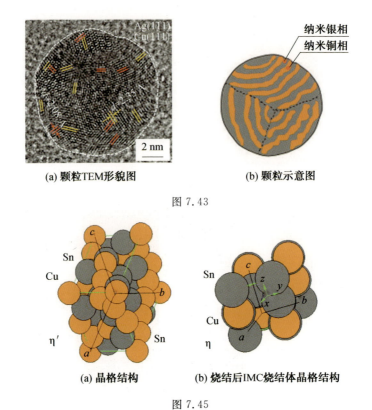

(a) 颗粒TEM形貌图　　(b) 颗粒示意图

图 7.43

(a) 晶格结构　　(b) 烧结后IMC烧结体晶格结构

图 7.45

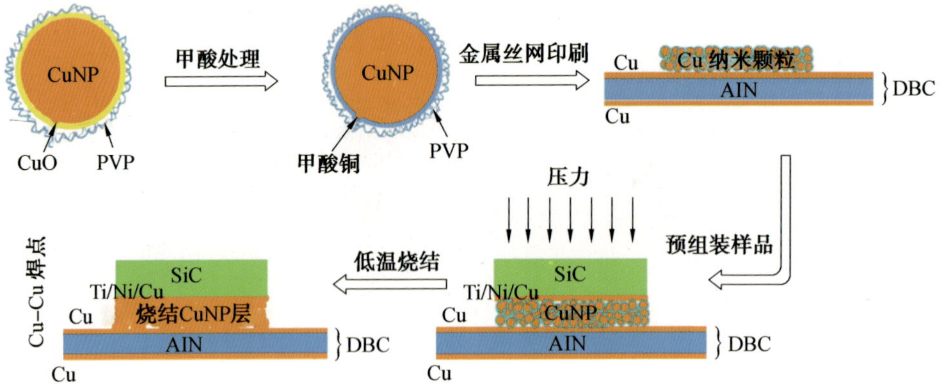

图 7.56

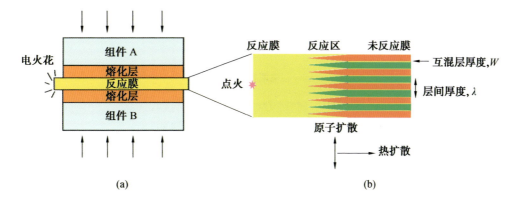

图 7.72

图 8.1

图 8.2

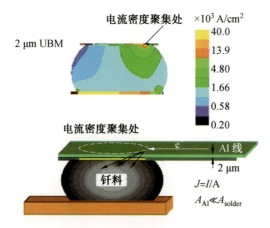

图 8.24

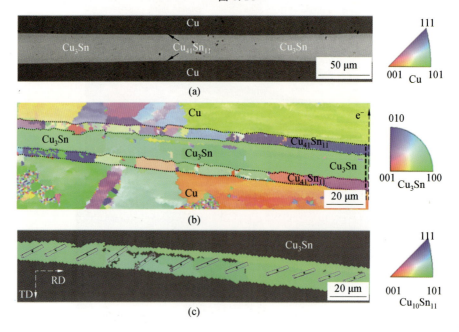

图 8.29

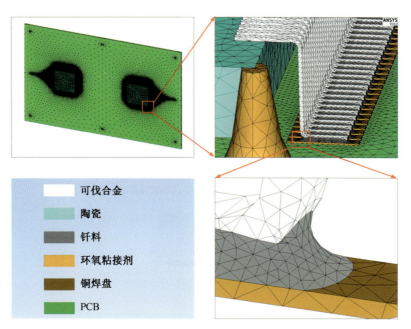

图 8.36

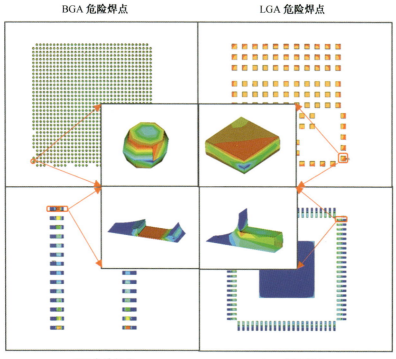

图 8.38

338　微纳连接原理与方法

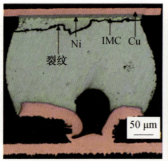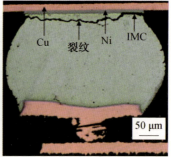

(a) 跌落冲击失效焊点的微观形貌

(b) 固定位置对应分布的影响

图 8.39

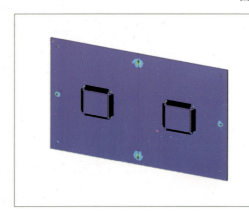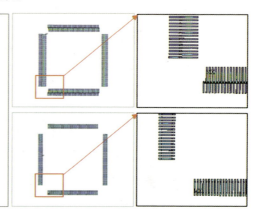

图 8.41

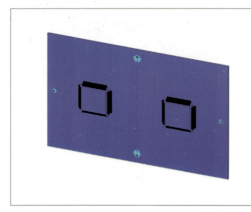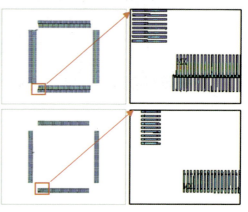

图 8.42